STUDY ON DESIGN METHODS OF FREE-FORM IMAGING SYSTEMS AND THEIR APPLICATION IN HEAD-MOUNTED DISPLAYS

自由曲面光学系统设计方法及其在头盔显示技术中的应用研究

程德文　王涌天　著

北京理工大学出版社
BEIJING INSTITUTE OF TECHNOLOGY PRESS

内容简介

本书主要介绍自由曲面成像光学系统的设计方法以及在头盔显示技术中的应用。本书主要内容包括：自由曲面数理描述方法；自由曲面成像系统逐步逼近优化算法；通用型 Wassermann-Wolf 偏微分方程系统初始结构的求解方法；像面整体成像质量的自动平衡算法；自由曲面楔形棱镜式头盔显示器目视光学系统的设计和优化；自由曲面拼接式大视场、高分辨率头盔显示设方法；自由曲面双焦面真实立体感头盔显示方案和相关设计。本书可作为高等院校相关专业高年级本科生以及研究生学习光学成像系统设计的教材或参考书。

图书在版编目（CIP）数据

自由曲面光学系统设计方法及其在头盔显示技术中的应用研究 / 程德文，王涌天著. -- 北京：北京理工大学出版社，2023.4

ISBN 978-7-5763-2314-6

Ⅰ. ①自… Ⅱ. ①程… ②王… Ⅲ. ①曲面—光学系统—设计—应用—防护头盔—显示—研究 Ⅳ. ①TB811

中国国家版本馆 CIP 数据核字（2023）第 072954 号

出版发行 / 北京理工大学出版社有限责任公司
社　　址 / 北京市海淀区中关村南大街 5 号
邮　　编 / 100081
电　　话 / (010) 68914775（总编室）
　　　　　(010) 82562903（教材售后服务热线）
　　　　　(010) 68944723（其他图书服务热线）
网　　址 / http://www.bitpress.com.cn
经　　销 / 全国各地新华书店
印　　刷 / 保定市中画美凯印刷有限公司
开　　本 / 710 毫米 × 1000 毫米　1/16
印　　张 / 14
字　　数 / 189 千字
版　　次 / 2023 年 4 月第 1 版　2023 年 4 月第 1 次印刷
定　　价 / 88.00 元

责任编辑 / 刘　派
文案编辑 / 李丁一
责任校对 / 周瑞红
责任印制 / 李志强

前　言

几何光学是一门历史悠久而又迅猛发展的学科，早在公元前400多年，中国的《墨经》中就观察和解释了小孔成像问题；现代，照相机、显微镜、望远镜、投影仪等光学设备被人们广为熟知，几何光学已经广泛在科学探索、提高人类生活水平中发挥重要作用。

光学成像设备通常关注的核心指标有小像差、高传函和高透过率。传统光学镜头通常采用平面或球面光学元件，因为这些光学元件的加工工艺成熟、生产方式相对简单、成本较低，并且通过多个元件的组合可以矫正不同的像差。然而随着光学系统技术参数和传感器性能的迅速提升，单纯依靠传统光学表面进行像差矫正的挑战很大，即使增加光学元件的数量，成像质量也难以提升，甚至无法满足使用要求；另外，会出现降低系统透过率、增加系统装调难度、增大系统体积重量和成本等一系列问题。因此，非球面等面形更为复杂、自由度更多的光学表面应运而生。

光学自由曲面也是一种光学曲面描述方式。光学自由曲面是表面形状自由度非常高的光学面形，相较于传统的平面、球面具有更多的数理描述自由度和灵活性。它不仅可以更有效地矫正系统像差、改善成像质量、增大系统的视场和工作距离等技术指标、减少光学元件数量进而提升系统透过率，同时还能够简化光学系统结构、减小系统的体积和重量。

单就光学元件而言，其进步主要包括材料科学的进步，如渐变折射率材料、折射率和阿贝数的提高，提高了元件材料选型的自由度；光学表面加工工艺的进步，如面形描述能力的提升、自由度的增加，从非球面到自由曲面，从光学平面到衍射表面再到微纳表面（折反射到衍射再到光场调控）。做好光学“表面文章”，势必大幅促进光电科学仪器设备的发展。

国内外已有不少光学系统设计的著名著作，在阐述光学系统像差理论、像质评价方法、典型光学结构和材料时，引入具体的光学设计软件，讲解光学设计方法。然而针对自由曲面离轴成像光学系统设计的相关著作尚不多见。本书将详细地讲述自由曲面光学系统的数理描述、拟合及设计方法，结合经典的自由曲面棱镜光路结构和头戴显示系统等实例向读者介绍光学自由曲面的设计方法。

我们编写此书的目的，旨在探索一种能够培养光学设计人才的新型教学途径，满足我国制造业对光学设计人才的需求。本书的内容体系是将光学设计软件为工具融入理论学习与光学设计实践等多环节中，对有关的光学设计理论，着重阐述如何应用，摒弃一些著作或教材使用的复杂数学推导，只保留前人在像差理论、光学设计结构选型等方面的实用结论，用浅显易懂的语言讲述对复杂光学结构的优化方法，介绍基于自由曲面的光学设计与工程应用等方面的基础知识。

本书内容分为7章。

第1章绪论，首先介绍光学自由曲面的定义、应用实例及作用、意义，然后分析自由曲面成像系统描述方法、像差评价和优化方法的研究现状，综述自由曲面在头盔显示技术中的应用。

第2章详细介绍光学自由曲面的数学描述方法，同时介绍了自由曲面的形态演变，包括最佳拟合球面和复曲面基底面的拟合方法、曲面重构的最小二乘法、奇异值分解方法和最优化求解方法；此外，还介绍了一种能够提高设计效率、简化光学设计流程、改进转换精度的自由曲面数学描述方法。

第 3 章介绍了自由曲面成像系统设计的逐步逼近优化算法，利用球面搭建光学系统的初始结构，使其满足基本的结构和初阶光学特性要求，在此基础上逐步升级曲面的面形描述方式，并结合更为严格的优化控制条件进行设计，最终得到满足要求的设计结果。

第 4 章介绍 G. Wassermann 和 E. Wolf 两位著名科学家提出的 W－W 偏微分方程设计方法，针对目前 W－W 方法不够通用的问题，进一步提出了通用型 W－W 偏微分方程组，使其适用于离轴非对称光学系统的设计。通过通用型 W－W 方法求解自由曲面成像系统的初始结构，并在此基础上进一步优化出满足要求的系统。

第 5 章介绍自由曲面成像系统的像面像质自动平衡，旨在全面提升自由曲面光学系统设计中后期的优化效率和效果，确保设计结果达到最优化，缩短产品的研发周期。

第 6 章介绍自由曲面成像系统的优化边界条件和头盔目视光学系统的优化设计，并以自由曲面楔形棱镜式头盔目视光学系统为例，给出了对其优化时特殊边界条件的设计思路和控制方法；介绍了大视场、大相对孔径、光学透视式头盔显示器的设计和研制结果。

第 7 章是自由曲面高性能头盔显示系统的研究，介绍了作者团队对两个方面进行的研究：①大视场、高分辨率头盔显示方案；②多焦面和变焦面头盔显示方案。在深入分析已有方案中存在问题的基础上，充分发挥自由曲面光学的优越性，创造性地提出了一种新型大视场、高分辨率拼接式头盔显示器和一种双焦面真实立体感头盔显示器，研究了相应的设计方法，成功地设计了上述头盔显示器所需的自由曲面目视光学系统。基于已经完成加工的自由曲面楔形棱镜，研制了自由曲面拼接式头盔显示器原理样机。

本书是作者在多年从事光学设计研究工作的基础上产生的成果，并编成了教材。作者希望在此基础上，能有更多的光学设计爱好者产生从事光学设计方法研究的浓厚兴趣，使光学设计由少数人掌握的"艺术"变成易于掌握的实用化技术。

本书获北京理工大学优秀博士学位论文出版项目基金资助，在此表示感谢。

作者水平有限，书中不妥之处望读者提出宝贵建议。

作　者

2022 年 9 月于北京

目　录

第 1 章

绪　论

自由曲面具有非对称面形，能够提供众多的设计自由度和灵活的空间布局。自由曲面在成像光学系统中应用时，不仅可以大幅提高系统性能、改善成像质量，还能有效减小系统的体积和重量，从而满足现代光电成像系统的发展需求。头盔显示器目视光学系统是典型的大视场、大相对孔径成像系统，对系统的体积、重量有严格的要求，是自由曲面光学应用的一个良好范例。本章首先介绍光学自由曲面的定义、应用实例及其作用与意义，然后分析自由曲面成像系统描述方法、像差评价和优化方法的研究现状，综述自由曲面在头盔显示技术中的应用，最后介绍本书的研究内容和章节结构。

1.1　自由曲面成像光学系统

随着国防和民用光电技术的不断发展，自由曲面光学元件对现代成像系统的性能、像质、体积和重量等多方面都提出了更高的要求，不仅要求高品质的光学特性参数和优良的像质，还需满足小型化、轻量化等物理结构要求。在航天航空等领域，为了实现特殊的结构需求以及避免光路遮拦，光学系统往往需要采用离轴和反射相结合的方式折叠系统光路，这不可避免地产生了非对称和高阶像差，仅使用传统的球面、对称非球面元件将难以校正这些非对称像差，甚至无法实现基本的成像要求。自由曲面光学元件具有非对称面形，能充分满足现代光电成像系统的发展要求，因此相关研究成为近年来国际光学工程领域的一个重要发展方向。

光学自由曲面随着光学加工、检测能力的提高应运而生并逐渐得到应用。从 20 世纪 90 年代起，自由曲面开始在非成像光学领域，例如在照明光学系统中得到成功的应用，主要体现在车灯设计、LED 照明、光束整形等方面，通常作为反射器件的面形，按照度分布要求反射光能[1]。与成像系统相比，照明系统对元件表面形状的加工误差要求相对宽松，这是光学自由曲面首先在照明系统中得到大规模应用的主要原因。

在很长一段时间内，光学自由曲面在成像系统中的应用受到了加工、检测水平的限制。近年来，美国、德国、日本等国在光学非球面和自由曲面相关技术上投入大量资金和研究力量，取得了长足的进步。随着多轴单点金刚石车床和树脂、玻璃模压技术的逐步成熟[2]，以及多轴数控玻璃磨削和抛光技术的迅速发展[2,3]，采用树脂或模压玻璃材料的自由曲面光学元件的大批量加工已经成为可能，甚至实现了光机一体化加工，大幅降低了系统的装调难度。目前采用光学自由曲面的成像系统产品包括激光打印机、扫描仪、大屏幕投影电视、近距投影仪、渐变焦距眼镜、无死角汽车后视镜、全景相机、超薄相机、鼠标光学镜头、轻便型视频眼镜等[1,4]。这些产品的市场需求十分巨大，并且在迅速增长[5]。

1.1.1 光学自由曲面的定义

广义地说，光学自由曲面是以下几种曲面的总称[1,6-8]。

（1）没有旋转对称轴的复杂非常规连续曲面，包括双曲率面、复曲面（Anamorphic Aspherical Surface，AAS）、*XY* 多项式曲面、泽尔尼克多项式曲面等。

（2）非连续、有面形突变的曲面，例如微透镜阵列、衍射面和二元光学面等特殊曲面。

（3）非球面度很大的曲面，包含旋转对称曲面，如用于描述共形光学整流罩的椭圆曲面。

故此，没有一种统一的方程能够描述所有的自由曲面面形。本书的研究工作主要是针对上述第一种定义的自由曲面开展的。

1.1.2　自由曲面在成像光学系统中的应用实例

R. Hicks 介绍了几个自由曲面在成像方面的应用实例[4]。本节将更为详尽地介绍光学自由曲面在成像系统发展史上的部分应用实例。

1.1.2.1　电视、电影投影系统

早在 1936 年，一位德国工程师在现代机械杂志《流行力学》上发表了一篇关于电视投影系统的文章[9]，这是一个自由曲面在成像系统中的早期应用实例。当时电视显像管上的图像很小，只能在非常近的距离观看。该系统通过电动马达驱动一片螺旋状的自由曲面反射镜，将原本很小的图像放大到足够让观众可以在大影院里进行观看。1937 年，F. Hoorn 设计了一种用于记录或放映电影的螺旋形反射镜装置[10]，该螺旋面是圆锥面的一部分，它的曲率半径随着中心轴的上升而逐渐减小。

1.1.2.2　渐变多焦点眼镜片

渐变多焦点眼镜片是一种上方看远、下方看近、上下光焦度不同的镜片。从镜片上方远用区的固定度数到下方近用区的固定度数是渐进变化的[11]，如图1－1（a）所示。1957 年，C. Kanolt 提出了渐变眼镜专利[12]，虽然它不是第一个渐变眼镜专利，但是它首次给出了自由曲面具体的描述公式及各项系数值，其中一个实例的面形描述方程为：

$$z=0.0000145y^3+0.00004975x^2y\pm0.00000156x^3y+0.00000000405y^5-0.000000023625x^2y^3$$

该眼镜片表面的部分外形如图 1－1（b）所示，表面下方的光焦度明显高于上方。

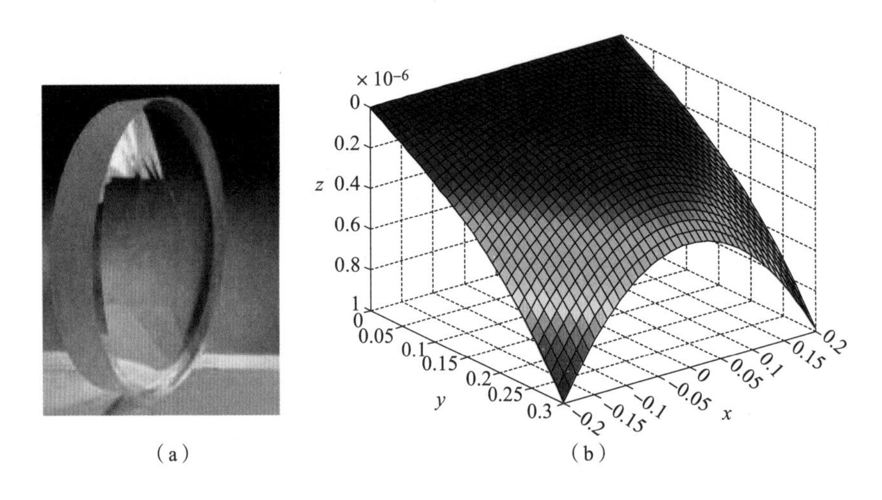

（a）　　（b）

图 1－1　渐变多焦点眼镜片外形及三维轮廓图

（a）渐变多焦点眼镜片外形；（b）渐变多焦点眼镜片表面三维轮廓图

1.1.2.3　照相机物镜

1982 年，W. Plummer 等将自由曲面引入到 Polaroid SX－70 超薄相机的设计中[13,14]，如图 1－2 所示。为了实现可折叠的超薄设计，该相机采用了离轴折反式结构，因此需要采用自由曲面来补偿离轴像差。它包含两个自由曲面光学元件：一个位于光阑附近的自由曲面光学元件（图 1－2 中的 D），用于校正球差、像散和彗差；另一个是用于取景系统中的目镜（图 1－2 中的 G），以利于控制整个观察视场内的场曲和像散。该相机系统中使用了 6 阶 XY 多项式自由曲面。

为了实现适合卡片相机和手机使用的超薄相机物镜设计，2004 年，日本奥林巴斯公司推出了两个自由曲面棱镜组合的超薄相机物镜[15－17]，如图 1－3（b）所示。该物镜将厚度控制在 8.5 mm 以内，

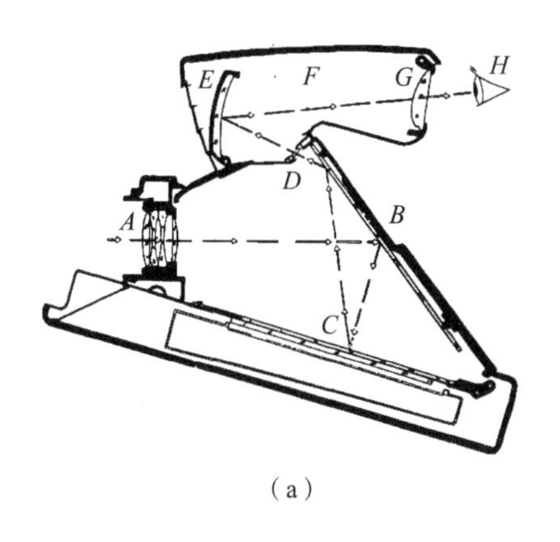

(a)

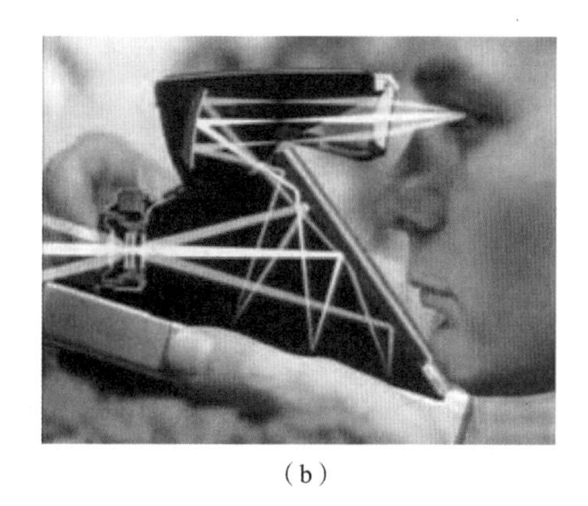

(b)

图1-2 Polaroid SX-70 超薄相机光路结构及产品实物

(a) 光路结构；(b) 产品实物

与图1-3（a）中的传统相机镜头相比，轴向长度大幅缩短。该物镜具备130万像素的分辨率，边缘视场的空间分辨率可达200 lps/mm，中心视场达250 lps/mm。由于采用了自由曲面和折反射式结构，降低了像面边缘主光线的入射角，从而保证中心和边缘视场的成像质量比较均衡。而传统光学系统的边缘视场的光线在像面上的入射角通常比较大，这是造成边缘视场成像质量低于中心视场成像质量的主要原因之一。

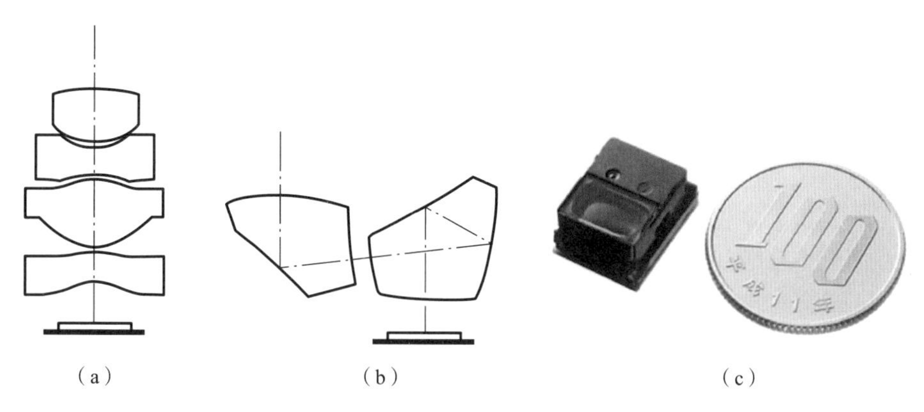

(a) (b) (c)

图1-3 奥林巴斯超薄相机物镜

(a) 传统轴对称式结构相机物镜示意图；(b) 自由曲面棱镜组合的超薄相机镜头示意图[16]；(c) 自由曲面棱镜超薄相机镜头与实物对比图

2006 年，韩国的 H. Jeong 等设计了由 4 个光学自由曲面组成的超薄相机镜头[18]，结构如图 1 – 4 所示。通过折反射离轴结构，并结合双通道共像面技术，将整体轴向厚度减小到 2 mm 以下。相机视场角为 60°，分辨率达 100 万像素，在 100 lps/mm 处所有抽样视场的传递函数均高于 0.5。

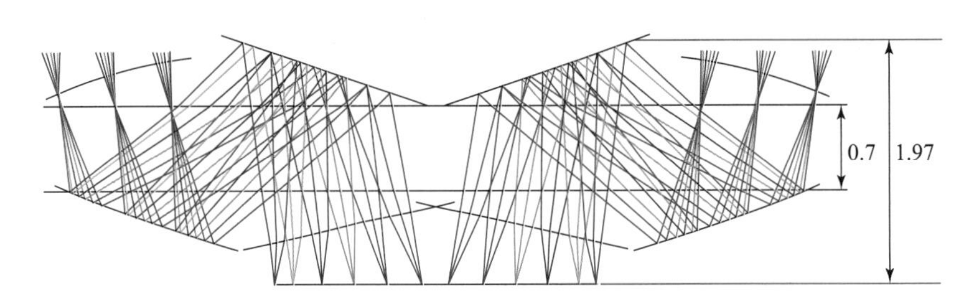

图 1 –4　自由曲面超薄双通道共像面相机镜头结构

1.1.2.4　激光扫描系统

F – theta 透镜是扫描系统中最重要的元件，一般由若干光学镜片组成，如图 1 – 5（a）所示。自由曲面的应用大大简化了扫描系统，将原来的镜片组简化成一片，如图 1 – 5（b）所示。在转鼓扫描系统

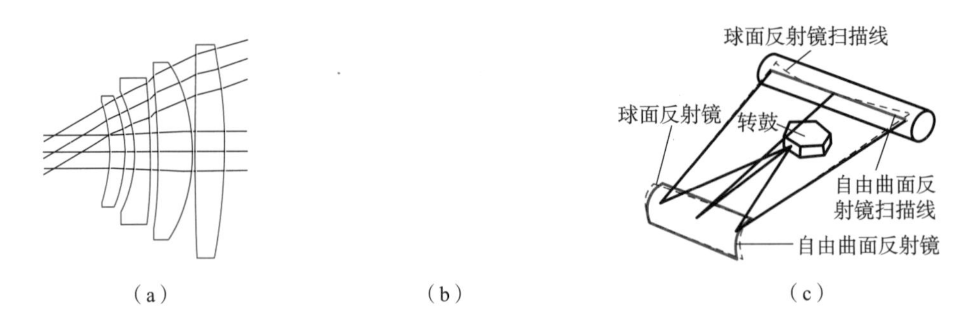

图 1 –5　扫描透镜及结构

（a）传统球面扫描镜头结构；（b）自由曲面扫描透镜；

（c）转鼓扫描系统结构

结构中，扫描线视场由于像旋和场曲等像差的影响而产生弯曲的扫描线，如图1－5（c）所示，不利于线阵探测器的信号收集。使用扭曲形状的自由曲面反射镜与转鼓配合使用，可以消除扫描畸变，将扫描线优化成一条直线，这是球面、非球面无法实现的功能。

1.1.2.5 分色器

传统双通道分色器由一个凸透镜和两个反向放置的楔形棱镜组成[19]，凸透镜起聚焦的作用，楔形棱镜主要起分色的作用，将两种不同颜色的光束分离会聚到各自对应的探测器上，如图1－6（a）所示。通过应用自由曲面，仅使用一片透镜就可以同时实现聚焦和光束分离的功能，在减少光学元件数量的同时还简化了系统装调步骤，如图1－6（b）所示。

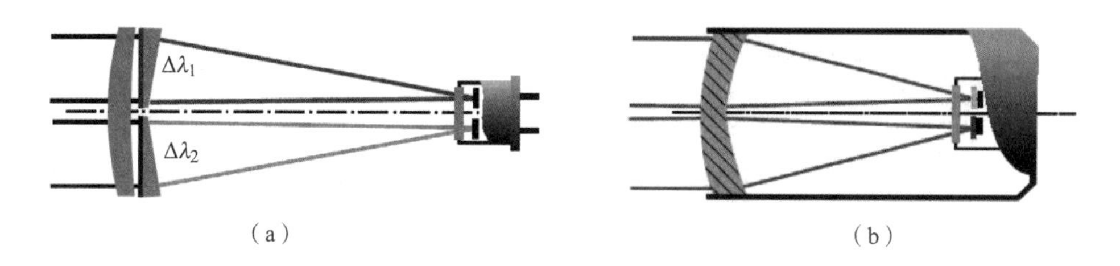

（a） （b）

图1－6 两种分色器

（a）传统双通道分色器；（b）自由曲面分色器

1.1.2.6 汽车后视镜

1999年，美国交通局的交通事故分析报告指出，汽车换/并道或倒车造成的交通事故占总事故的4%[20]。这是因为汽车后视镜一般为平面或球面镜，其观察视场不够大。驾驶员在换/并道或倒车的过程中，不仅要察看后视镜，还要扭头向后观察，否则可能会有其他汽车或行人位于视野死角，极易造成意外事故。R. Hicks设计了大视场的汽车后视镜[20,21]，有效地扩大了驾驶员的视野，避免了观察死角。图

1－7（a）为普通汽车后视镜观察到的场景，图1－7（b）为自由曲面汽车后视镜在同一场景下观察到的场景。该实例表明，光学自由曲面在保证成像质量的同时可以扩大成像系统的视场角。

（a）

（b）

图1－7 通过不同后视镜在同一场景中观察到的图像

（a）普通汽车后视镜观察的场景；（b）自由曲面汽车后视镜观察的场景

1.1.2.7 变焦镜头

传统的变焦镜头一般由前固定组、变倍组、补偿组和后固定组构成。变倍组和补偿组通过凸轮机构进行光轴方向的移动以实现光学变焦。美国亚利桑那大学光学中心的 J. Schwiegerling 提出了一种自由曲面变焦镜头结构[22]，如图1－8（a）所示，将第三到第六片自由曲面镜片按一定规律沿垂直光轴的方向移动，就能改变系统的光焦度。这样的结构可以有效减小变焦系统的轴向尺寸，适于手机、相机等对厚度有严格要求的应用。苏州大学 T. Ma 和余景池等最近提出了一种环状旋转运动的非对称式变焦镜头[23]，如图1－8（b）所示，通过将镜头绕光轴旋转来改变成像光路的焦距。该镜头与全景相机镜头的结构相似，但是每个光学表面采用的并非是旋转对称曲面，而是6阶 *XY* 多项式自由曲面。

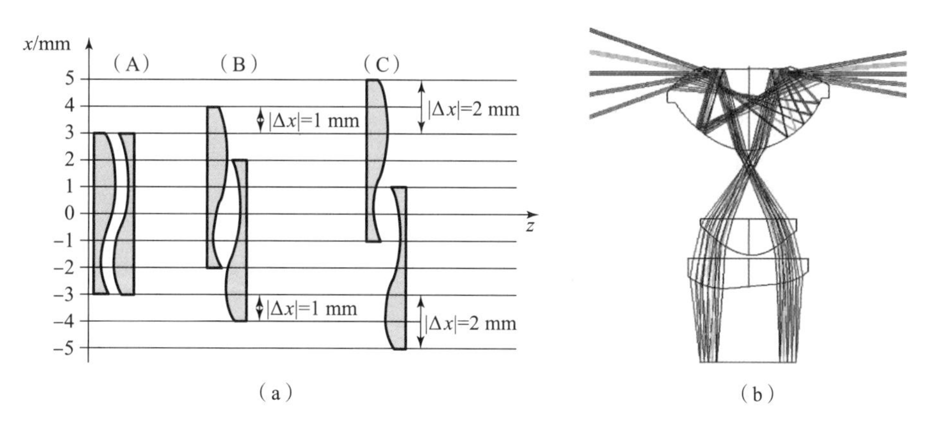

图 1 -8 自由曲面变焦镜头结构

(a) 垂轴移动变焦镜头结构；(b) 环状旋转运动非对称式变焦镜头结构

1.1.2.8 消色差单透镜

众所周知，折衍射混合单透镜可以实现消色差设计，如图1 -9 (a) 所示，但是单个球面透镜无法实现这一功能。自由曲面的出现，使消色差单透镜成为可能。G. Schulz 巧妙地利用单透镜的两个表面，针对同一视场中的两种不同波长的光线进行针对性设计，使波长不同的两束光线会聚于光轴上的同一点[24]，如图 1 -9 (b) 所示。这一设计思路也是目前得到广泛关注的多曲面同步优化设计方法的雏形。

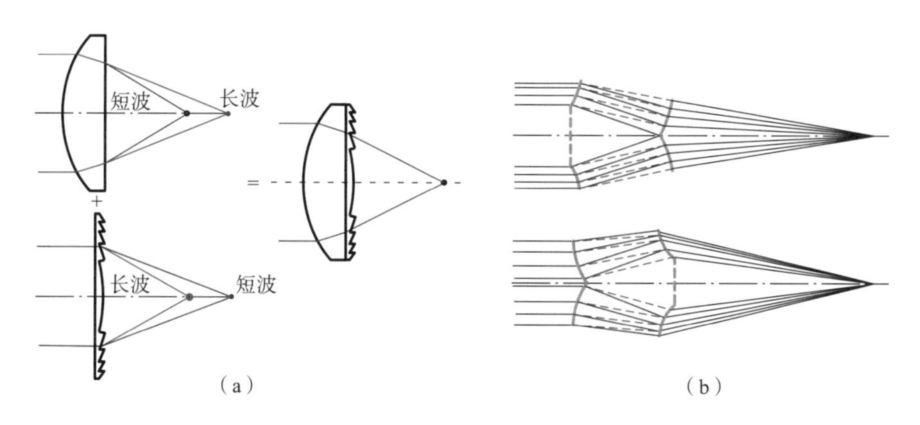

图 1 -9 消色差单透镜结构

(a) 折衍射混合单透镜结构；(b) 非球面单透镜结构

1.1.2.9 空间相机

空间相机通常要求结构紧凑、体积小、重量轻，对成像质量的要求也非常高，通常要求波像差达到数十分之一波长。J. Rodgers 和 K. Thompson 在四反离轴消像散望远镜的 4 个表面上，分别使用一般非球面、复曲面两种面形进行优化设计，然后比较了两种设计的像差特性[25]。

图 1－10（a）是系统二维结构。图 1－10（b）是采用非球面设

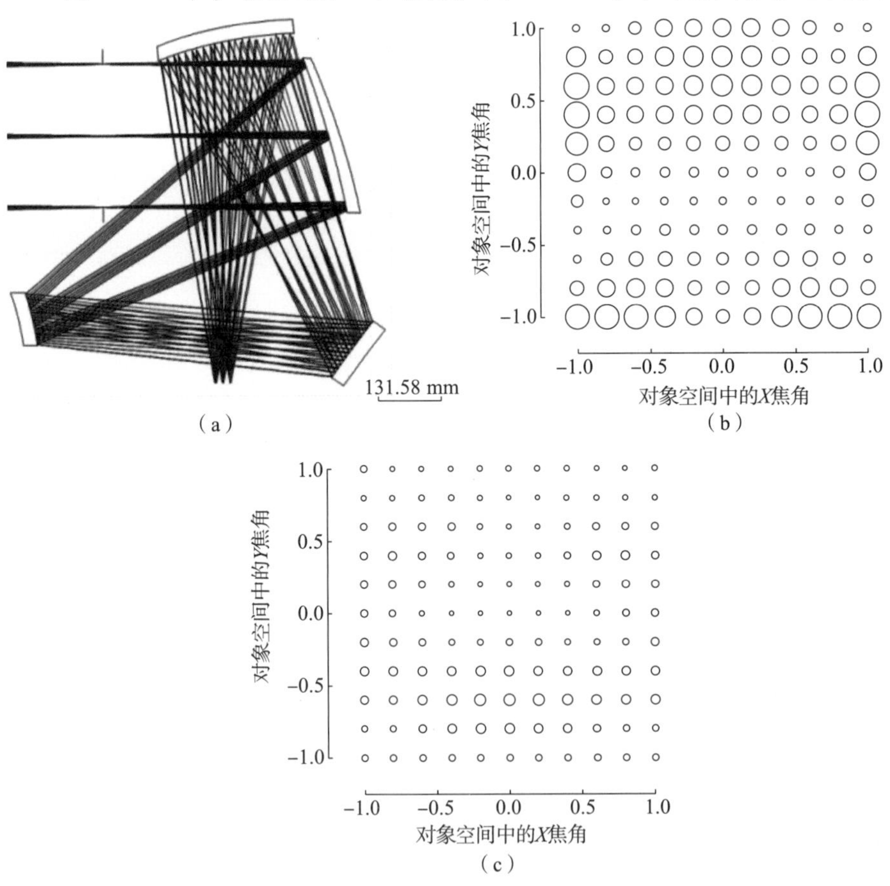

图 1－10 四反离轴空间相机结构

（a）系统二维结构；（b）4 个表面均为旋转对称非球面时像面波像差分布情况；（c）4 个表面均为复曲面时像面波像差分布情况

计出的系统整个像面上的波像差分布情况，在像面中仅有下方一个像差极值区域，波像差的P－V值为0.065，平均值为0.037。图1－10（c）是采用复曲面设计出的系统整个像面上的波像差分布情况，在像面上中下方各有一个像差极值区域，波像差的P－V值为0.03，平均值为0.018，均不到非球面设计的一半。这是因为非球面系统的波像差仅存在一个极值点，而自由曲面系统的设计有两个或多个像差极值点[26]。在这两个设计中，像散和畸变等像差也存在相似的特性。

1.1.2.10　超近距投影仪

如图1－11（a）所示，超近距投影仪能够避免传统投影仪直射人眼而产生的眩晕以及图像遮拦的现象，在教室、会议厅等场合应用前景广阔。2007年，日本日立公司发布了HCP－A8超近距投影仪，如图1－11（b）所示。当自由曲面反射镜离屏幕47 cm时投影屏幕的大小为60 in，自由曲面反射镜离屏幕70 cm时投影屏幕的大小为100 in，满足超近超大画面的投影需要。使用传统投影机时，需要将其光轴近似垂直于屏幕进行投影，倾斜较大角度时会产生严重的梯形畸变，而

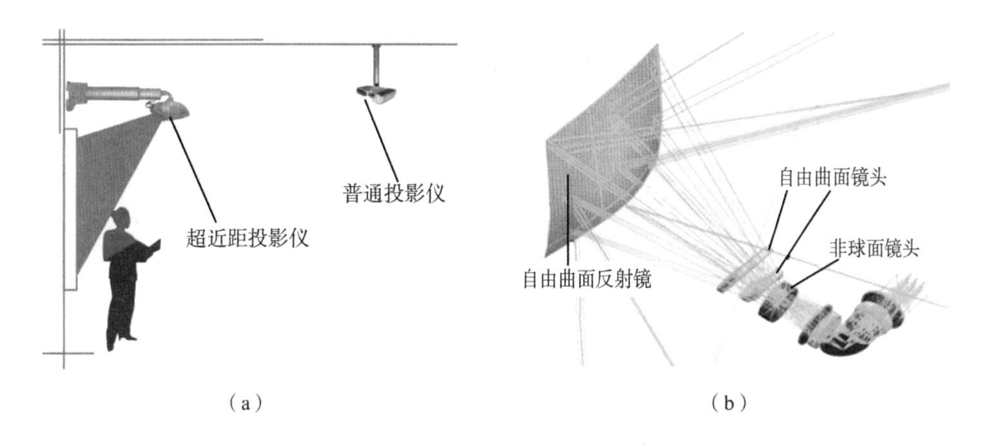

图1－11　超近距投影仪

（a）超近距投影仪和普通投影仪比较；（b）HCP－A8超近距投影仪光路结构

近距投影机一般置于屏幕斜上/下方。HCP - A8 投影仪使用了一块下方光焦度明显大于上方光焦度的自由曲面反射镜，主要用于调整倾斜反射镜造成的梯形畸变；如果采用普通非球面，梯形畸变将无法消除。同时该系统还使用了两个自由曲面透镜和一个非球面透镜，帮助消除离轴像差，实现高品质的投影效果[27]。

1.1.2.11 自由曲面楔形棱镜目视光学系统

日本奥林巴斯[28]和佳能[29]公司先后于 1995 年、1996 年申请了自由曲面楔形棱镜光学系统专利。该专利通过折反射结合以及全反射的方式实现了非常紧凑的设计，其结构如图 1 - 12 所示。该棱镜可用作头盔显示器的目视光学系统，也可作为一般的取景器使用。当时与其配合使用的微型显示器大小一般为 1 ~ 1. 3 in，从成像质量和光学设计的角度分析，这是头盔目视光学系统设计的比较理想的像面尺寸[30]，可以使系统的焦距较长，相对孔径较小，光学曲面的光焦度较小，像差也较小，设计相对容易。这些专利产品的缺点是系统整体尺寸较大，视场角小，微显示器的分辨率不高，因而没有得到广泛的应用。

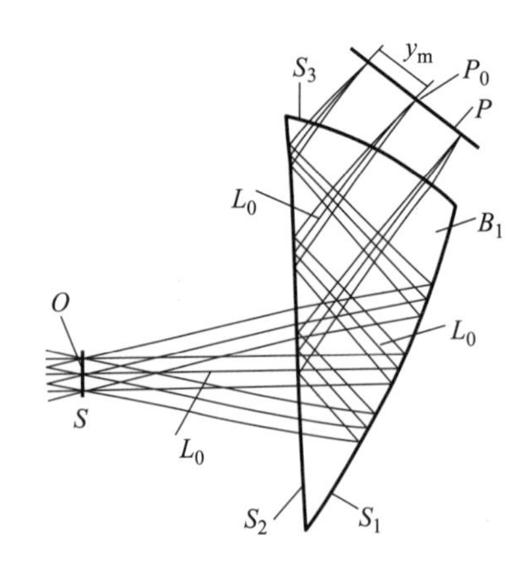

图 1 - 12　自由曲面楔形棱镜光学系统结构

1.1.3 光学自由曲面的作用与意义

可以看出，光学自由曲面在成像系统中的应用已是层出不穷，各种奇思妙想的新颖结构不断涌现。虽然上节仅仅介绍了部分应用实例，但是不难从中总结出光学自由曲面的主要作用：

（1）突破传统成像光学理念，创造全新的结构形式。

（2）为光学设计注入新的生命力，提供更多的设计自由度。

（3）减少光学元件数目，减轻系统重量，减小系统体积。

（4）提升光学系统特性参数，提高成像性能。

（5）减小边缘视场光线在像面上的入射角，使整个像面上的像质比较均匀。

（6）拥有灵活的面形表征能力，有效消除离轴和高阶像差，产生两个或多个像差极值点。

1.1.4 自由曲面成像系统优化设计方法的研究现状

国内外不少研究单位和光学专家在自由曲面成像系统优化设计理论和方法方面开展了卓有成效的研究工作。

在自由曲面的建模和描述方面，研究人员根据系统设计和生产加工的要求，不断提出新面形。1984 年，J. Rodger 开展了对非常规非球面描述方法的研究[31]；2000 年，S. Lerner 在其博士论文中深入分析了多种新型非常规的非球面描述和设计方法[32]；2007 年，G. Forbes 提出的基于雅可比正交多项式的新面形，可以有效地解决旋转对称非球面的公差分配与加工、检测环节的接轨问题[33]，该方法已经集成到 CODE V 光学设计软件的最新版本中[34]；2008 年，J. Rolland 等提出基于高斯基函数的自由曲面面形，可以有效地发挥自由曲面的多参数优势，提高系统的成像性能[35]；2010 年，J. Roger 提出可以消除梯形畸变的特殊非球面[36]。

在像差分析理论方面，1976 年以来，K. Thompson 深入研究了离轴非对称光学系统的矢量（节点）像差理论[37]。J. Sasian 对像差理论尤其是平面对称光学系统像差方面进行了深入的研究，提出了光学系统的六阶像差理论[38]；其指导的博士生 S. Yuan 对平面对称像差理论进行了深入分析与研究，推导了平面对称光学系统的像差计算方法[39]。

在自由曲面成像系统优化设计理论方面，最小二乘法、自适应法等优化算法被光学设计软件集成使用，通过定义评价函数、控制边界条件、优化变量的方式实现光学系统的自动优化。此外，科研人员还研究了一些主动的自由曲面光学优化设计方法。早在 1948 年，著名科学家 G. Wassermann 和 E. Wolf 就提出了偏微分方程求解设计方法[40]（简称 W－W 方法）。W－W 方法根据几何光学预先推导出两个相邻非球面设计的偏微分方程，在满足正弦条件或理想成像的假设条件下，定义入射和出射光线；然后进行光线追迹，求解入射与出射光线在两个非球面切面上的交点信息，并代入到偏微分方程中；通过数值迭代方法分别求解出每个非球面在子午面上的一组点，最后通过曲面拟合方法得到面形描述。1957 年，E. Vaskas 对 W－W 方法做了改进，使其适用于中间被若干已知透镜分隔开两个非球面的设计情形[41]。2002 年，D. Knapp 对 W－W 方法做了进一步改进，使其适用于曲率原点位于同一光轴上的非对称光学系统的设计[42]。近年来，美国德雷塞尔大学数学系的 R. Hicks 提出了根据物像方光线的一一映射关系设计单片反射式自由曲面成像系统的方法[21,43,44]。以色列的 J. Rubinstein 等提出根据已知的入射和出射光线重构光学曲面的方法[45]。

1983 年，G. Schulz 提出了多曲面同步优化设计方法的雏形，在已知同一视场两个不同波长通过光学系统前后波像差的情况下，设计出消色差的单个非球面光学透镜[24]。此后，西班牙马德里大学的 J. Minano 和 P. Benítez 等进一步改进多曲面同步优化设计方法，在已知若干对物像方视场波像差的前提下，设计出了含有与波像差信息对应数目的自由曲面的成像系统[46]，并将该方法成功运用到自由曲面成像系统的设计中[47]。

国内的一些研究机构和大学也开展了与自由曲面成像系统有关的研究工作。其中，北京理工大学研究人员对非对称、非常规复杂光学系统的计算机辅助设计进行了深入的研究[48-53]，研制的 GOLD 软件可以分析优化包括柱面、双曲率面、复曲面在内的比较简单的非旋转对称面形，为本课题的研究奠定了坚实的基础。更多的国内单位进行了实际自由曲面系统设计，多数涉及具体系统设计[54-59]，包括清华大学设计的自由曲面无像散光谱仪[54]、浙江大学设计的自由曲面近距投影仪[55]以及北京理工大学设计的自由曲面头盔显示器[54,55]。近年来浙江大学[60]、南开大学[61]和北京理工大学[62-64]对自由曲面头盔显示技术进行了深入的研究。在加工、检测方面，香港理工大学[1,5,65]、天津大学[66]、苏州大学[11]、清华大学[67]、北京理工大学[68]、中国科学院长春光学精密机械与物理研究所（以下简称长春光机所）[69]、复旦大学和中山美景股份有限公司等单位都作出了重要的贡献。鉴于自由曲面成像系统的特殊性以及其可以预见的广泛应用前景，及时从曲面描述、模型建立、结构优化、公差分析等方面对这类系统的设计和计算机辅助设计（CAD）方法进行系统、深入的探讨是十分必要的，而目前国内这方面的研究尚属空白。本课题的研究在北京理工大学长期从事复杂光学系统 CAD 的坚实工作[50-53]基础上开展，其成果可以为自由曲面成像系统的设计提供有力的理论指导、技术支撑和实用工具，为下一代轻小型、高质量新型成像系统的研制开发创造条件，对提高我国各类光电成像设备的设计水平和光学工业的国际竞争能力具有十分重要的意义。

1.2　自由曲面头盔显示光学系统

头盔显示器为了适应小型轻量化和光学透射的要求，结构上从旋转对称形式逐渐演变成离轴折反射形式，光学自由曲面与这些新型结构相结合，能够实现优良的光学技术参数和成像质量。目前自由曲面头盔显示技术是光学工程领域内研究的一个热点，是现代自由曲面成像系统发展的一个缩影。

心理学家 D. Treichler 通过大量试验证实，人类获得信息的 80% 来自视觉[70]。故此，头盔显示技术是虚拟现实和增强现实系统的重要支撑技术之一，对浸没感的实现和增强起着关键的作用。头盔显示器通过小巧的装置就能投影出大面积的虚拟图像，是虚拟现实和增强现实系统最常用的显示设备之一。头盔显示器的屏幕尺寸可达 20 ~ 100 in，可提供便携式大屏幕，并且可以在飞机、火车和地铁等公共场合为用户提供服务。头盔显示器的基本要求包括成像质量好、亮度高、色彩丰富以及重量轻、体积小、功耗少，可方便和舒适地佩戴。随着显示芯片、光学设计、加工和检测等相关技术的迅速发展，头盔显示技术也在不断完善，其中面向大众民用市场的头盔显示技术是目前发展的一个主要趋势[71,72]，广泛用于家庭游戏、视频、资讯系统中。这些系统对视场角要求不高，但要求头盔轻便、小型化，最好能同时透视看到真实世界场景。

据 iSuppli 公司预测[73]，2012 年全球头盔显示器的出货量将从 2007 年的 32.5 万台增长到 130 万台，2012 年全球头盔显示器的销售额从 2007 年的 2.09 亿美元上升到 7.24 亿美元，年平均增长率为 28.2%。图 1 - 13 是 iSuppli 公司 2005 年对 2007—2012 年头盔显示器的单位出货量与销售额预测曲线。

20 个世纪 90 年代，飞利浦、任天堂、索尼、佳能等一些大公司都曾试图向市场推广个人头盔显示器，但均没能获得成功。失败的原因主要包括视场小、色彩差、像质差，真实场景被遮拦导致移动安全性不好，设计不够小巧，外形不够美观，价格昂贵等。

为了克服这些问题，科研人员不断地把最新的光学技术应用于头盔显示器的设计中，使其向着高像质、可透视、超轻、超薄的方向发

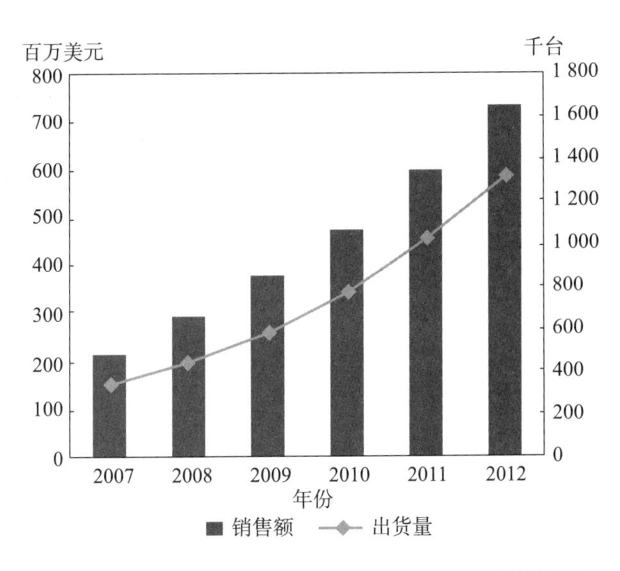

图1-13　iSuppli公司2005年对2007—2012年头盔显示器的单位出货量与销售额预测曲线

展，使位于人眼前面部分透镜的形状和厚度都尽量接近眼镜。目前主要采用的技术包括离轴反射镜与中继镜组合方式、自由曲面光学元件和全息光学元件。

1.2.1　离轴中继结构头盔显示技术

此类结构一般由半反半透反射镜组合器和中继光学元件共同组成，且含有中间像面。随着微型显示技术和加工装调技术的不断发展，离轴式结构光学系统的装调精度得到了一定的保障，因此科研人员将传统军事用途的离轴头盔显示器加以简化，使其成为离轴式轻便型头盔显示器，如图1-14（b）所示。镜片内表面为倾斜的反射镜，为校正像差可采用自由曲面，其离轴中继光学元件和显示器件则集成在两侧的镜腿之中。由于靠近人眼一侧的镜片表面镀有半反半透膜，因此可以同时看到外界真实场景和虚拟图像。

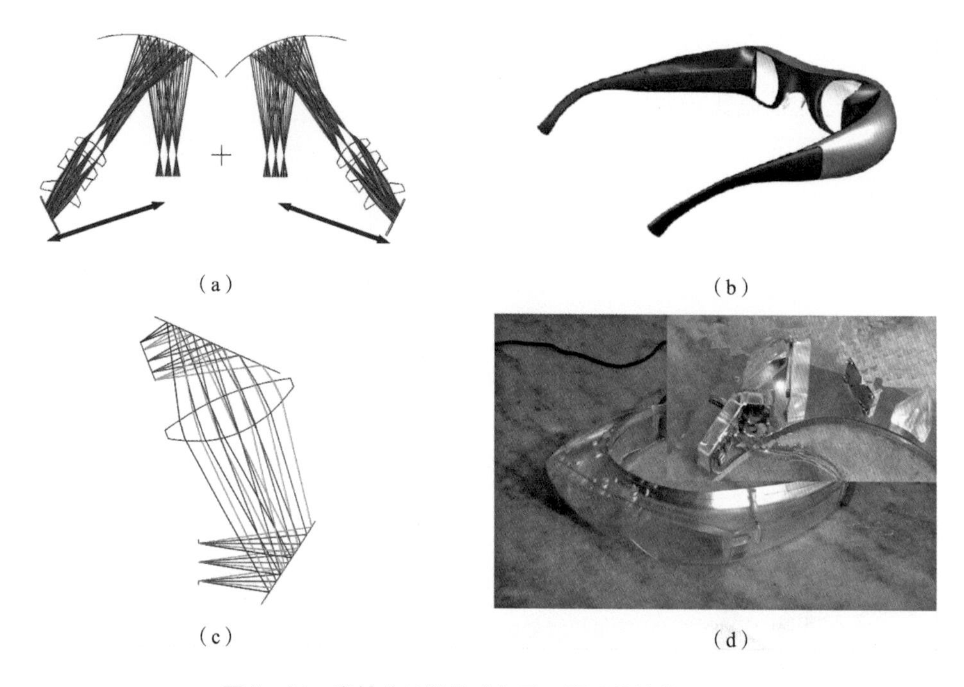

（a） （b） （c） （d）

图 1－14 离轴中继结构头盔显示器设计结构及实物

（a）（b）美国 ORA 公司的离轴非对称设计结构及实物[74]；

（c）（d）美国佛罗理达大学仅含一片折衍射中继透镜的设计结构及实物[75]

1.2.2 自由曲面楔形棱镜头盔显示技术

将自由曲面应用到楔形棱镜头盔显示光学系统中，可以大大增加设计自由度，使系统的体积和重量等大幅下降。一些公司已推出相关产品，如美国 eMagin 公司的 Z800 眼镜型头盔显示器，美国 Vuzix 公司的 VR920 眼镜型头盔显示器，韩国 Daeyang 公司的 *i*-Visor 眼镜型头盔显示器，日本 Olympus 公司的 Eye-Trek FMD100 眼镜型头盔显示器，中国深圳富瑞丰公司的 VMP 眼镜型头盔显示器。图 1－15 给出了基于自由曲面棱镜的部分头盔显示器示意图和产品外形图。现有产品的出瞳直径和视场角都很小，此外它们还不具备光学透射功能，因此本课题组需要进一步研究大相对孔径、大视场自由曲面头盔显示器的光学优化设计方法，并运用自由曲面补偿透镜以实现光学透射功能，使用户能够看到清晰无畸变的外界真实场景。

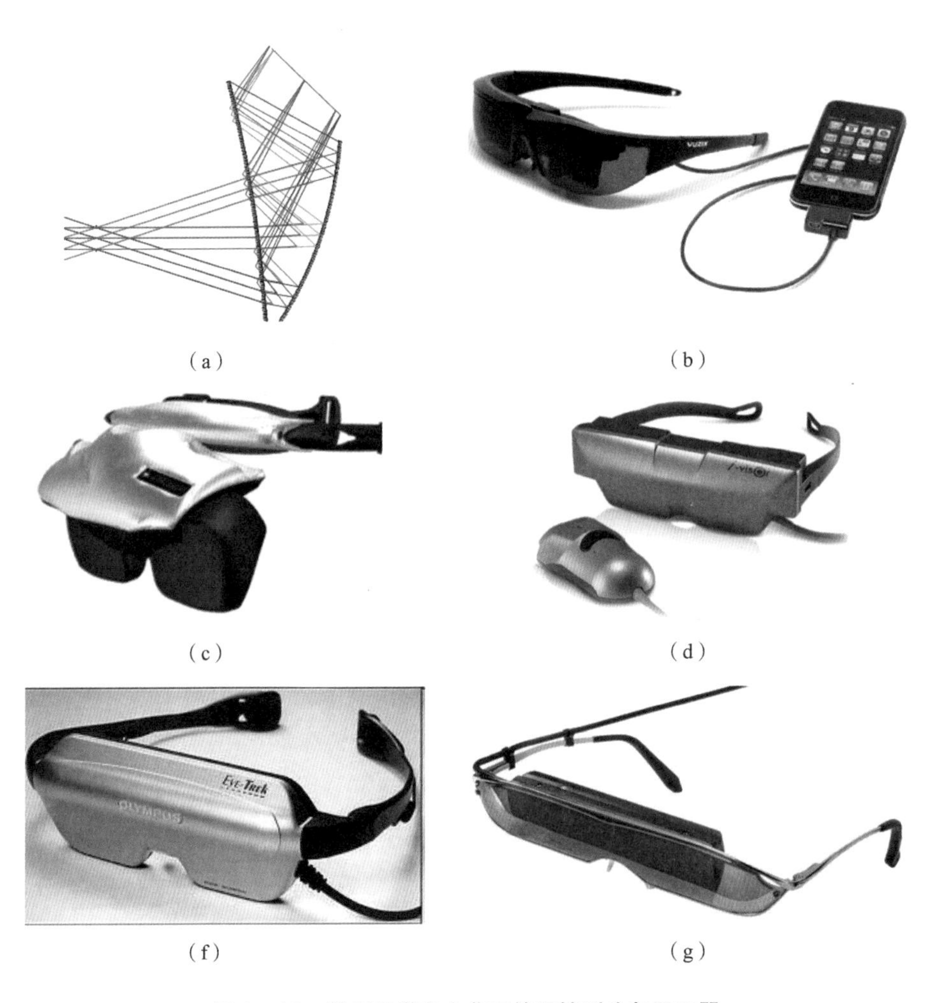

图 1－15 基于光学自由曲面的眼镜型头盔显示器

(a) 自由曲面棱镜式结构头盔光路示意图；(b) 美国 Vuzix 公司的 VR920 眼镜型头盔显示器；(c) 美国 eMagin 公司的 Z800 眼镜型头盔显示器；(d) 韩国 Daeyang 公司的 *i*-Visor 眼镜型头盔显示器；(f) 日本 Olympus 公司的 Eye-Trek FMD100 眼镜型头盔显示器；(g) 中国深圳富瑞丰公司的 VMP 眼镜型头盔显示器

第 2 章

光学自由曲面的数学描述方法研究

当自由曲面光学系统的结构形式选定时，曲面的数学描述方法在很大程度上已经决定了系统的像差和成像性能。曲面的数学描述方法也影响光线追迹速度和优化收敛速度，从而影响到光学产品的设计研发周期，同时还决定了曲面加工、检测的难易程度和成本。本章将详细介绍常用光学自由曲面的数学描述方法，比较分析不同自由曲面对像差的校正能力，分析不同数学描述方法对光线追迹和优化速度的影响；同时将研究多种自由曲面间的形态学演变方法，包括最佳球面和复曲面基底面的拟合方法、曲面重构的最小二乘法、奇异值分解方法和最优化求解方法；此外，还提出一种能够提高设计效率、简化光学设计流程、改进转换精度的自由曲面数学描述方法，并对几种常用曲面的转换过渡方法进行比较分析。

2.1　光学自由曲面数学描述方法

探索一种灵活多变、能够描述多种复杂面形、像差校正能力强并且光线追迹和优化收敛速度都比较快的面形表征方法，对于自由曲面成像系统的设计至关重要。按照曲面函数的定义方式可以将光学曲面分为两类：显式定义曲面和隐式定义曲面。根据面形的控制方式可以将曲面分为全局控制曲面和局部控制曲面。目前绝大部分曲面的描述方法是通过显式函数和全局控制曲面方式定义的，即只要调整曲面方程的任何一个结构参数，曲面上所有位置的矢高和偏导数都会发生改变。而局部控制曲面则拥有局部面形的调节能力，每个参数对曲面面形变化的作用范围有限，因此能够改变曲面的局部曲率半径，而不影响其作用区域以外曲面的面形，目前这样的曲面有三次样条曲面、非均匀有理样条曲面、高斯基函数组合曲面等。

为了比较各种曲面描述方法在光线追迹过程中所需的时间，本章还将从曲面数学方程角度出发，分析计算各种曲面的矢高 z 值时所需的四则运算、平方、开方、幂运算等运算的次数，暂不考虑光线追迹算法及其他因素。在分析计算过程中，将所有的平方运算和高阶项运算均按幂运算处理。

下面讨论目前经常使用的自由曲面描述方程。

2.1.1　双曲率面

双曲率面（Toroid Surface，TS）又称镯面、马鞍面。X 双曲率面的曲面方程可写为

$$z = \frac{c_y y^2 + S(2 - c_y S)}{1 + ((1 - c_y S)^2 - (c_y y)^2)^{1/2}} \tag{2-1}$$

它是将已在 $X-Z$ 平面上的生成曲线绕与 X 轴相距 $r_y = 1/c_y$ 的平行轴旋转而得，式中 S 由生成曲线的形状决定：

$$S = \frac{c_x x^2}{1 + (1 - (1 + k_x) c_x^2 x^2)^{1/2}} + \sum_{i=1}^{p} A_i x^{2(i+1)}$$

式中，c_x、c_y 分别是曲面在 $X-Z$ 和 $Y-Z$ 平面内的曲率半径；k_x 为曲面在 $X-Z$ 平面内的二次曲面系数；A_i 为非球面系数。多数情况下生成曲线为一曲率为 c_x 的圆弧，但也允许用复杂的高次曲线作为生成曲线[48]。可见双曲率面也有旋转对称轴，但是它与光学系统的光轴并不重合。

如果 X 和 Y 方向的曲率半径相等并且 $k_x = A_i = 0$，双曲率面就简化成球面。柱面是一类特殊的双曲率面，其中一个方向的曲率半径为无穷大。

Y 双曲率面的定义与 X 双曲率面的定义相同，只是生成曲线定义在 $Y-Z$ 面，旋转轴与 Y 轴平行。

完成一次 2（$p+1$）阶双曲率面的计算时间复杂度为

$$T_{\text{Toroid}} = (8+2p) \times t_{\text{add}} + (9+2p) \times t_{\text{mul}} + (6+p) \times t_{\text{mod}} + 2t_{\text{sqrt}}$$

式中，t_{add}表示一次加法或减法所用的时间；t_{mul}表示一次乘法或除法所用的时间；t_{sqrt}表示一次开方所用的时间；t_{mod}表示一次幂运算所用的时间。

2.1.2 复曲面

复曲面在弧矢、子午面内分别具有独立的曲率半径、二次曲面系数，因而它不具有旋转对称性，但有两个对称面，分别为 $Y-Z$ 平面和 $X-Z$ 平面。其数学描述方程如式（2-2）所述：

$$z = \frac{c_x x^2 + c_y y^2}{1 + (1 - (1+k_x)c_x^2 x^2 - (1+k_y)c_y^2 y^2)^{1/2}} + \sum_{i=1}^{p} A_i((1-B_i)x^2 + (1+B_i)y^2)^{i+1} \tag{2-2}$$

式中，c_x是曲面在 $X-Z$ 平面内的曲率半径；c_y是曲面在 $Y-Z$ 平面内的曲率半径；k_x是曲面在弧矢方向的二次曲面系数；k_y是曲面在子午方向的二次曲面系数；A_i是关于 Z 轴旋转对称的 4，6，8，10，… 阶非球面系数；B_i是 4，6，8，10，… 阶非旋转对称系数。完成一次 2($p+1$) 阶复曲面计算的时间复杂度为

$$T_{AAS} = (7+5p) \times t_{\text{add}} + (7+3p) \times t_{\text{mul}} + (6+3p) \times t_{\text{mod}} + t_{\text{sqrt}}$$

2.1.3　p 阶 XY 多项式曲面

p 阶 XY 多项式曲面是在二次曲面的基础上增加了最高幂数不大于 p 的多个 $x^m y^n$ 单项式，其描述方程为

$$z = \frac{c(x^2 + y^2)}{1 + (1 - (1 + k)c^2(x^2 + y^2))^{1/2}} + \sum_{m=0}^{p} \sum_{n=0}^{p} C_{(m,n)} x^m y^n, 1 \leqslant m + n \leqslant p \tag{2-3}$$

式中，c 是曲率；k 是二次曲面系数；$C_{(m,n)}$ 是单项式 $x^m y^n$ 的系数。$p =$ 10 时，方程为 10 阶 XY 多项式曲面。完成一次 p 阶 XY 多项式曲面计算的时间复杂度为

$$T_{XYP} = \left(6 + \frac{(p + 3) \cdot p}{2}\right) \times t_{\mathrm{add}} + (4 + (p + 3) \cdot p) \times t_{\mathrm{mul}} + (5 + (p + 3) \cdot p) \times t_{\mathrm{mod}} + t_{\mathrm{sqrt}}$$

2.1.4　复曲面基底 XY 多项式曲面

复曲面基底 XY 多项式曲面是本书作者针对实际设计过程中存在的难题以及现有光学设计软件中曲面描述方式的不足，为简化光学设计流程以及提高优化设计的效率而提出的。该面形方程有效地结合了复曲面和 p 阶 XY 多项式曲面各自的优势，能够为光学设计提供更多的设计自由度，提高曲面间的转换效率和精度，为后文提出的逐步逼近优化算法做好铺垫。由于它是在复曲面基底项上增加 XY 多项式曲面中的多项式而得到的，因此将该曲面命名为复曲面基底 XY 多项式曲面，简称 $AXYP$ 曲面。

$$z=\frac{c_x x^2+c_y y^2}{1+(1-(1+k_x)c_x^2x^2-(1+k_y)c_y^2y^2)^{1/2}}+\sum_{m=0}^{p}\sum_{n=0}^{p}C_{(m,n)}x^m y^n,1\leqslant m+n\leqslant p \tag{2-4}$$

式中，c_x、c_y分别是曲面在子午方向和弧矢方向的顶点曲率半径；k_x、k_y分别是子午和弧矢方向的二次曲面系数；$C_{(m,n)}$是多项式 $x^m y^n$ 的系数；p 为多项式的最高幂数。完成一次 p 阶 $AXYP$ 曲面计算所需的时间复杂度为

$$T_{AXYP}=\left(7+\frac{(p+3)\cdot p}{2}\right)\times t_{\mathrm{add}}+(7+(p+3)\cdot p)\times t_{\mathrm{mul}}+(6+(p+3)\cdot p)\times t_{\mathrm{mod}}+t_{\mathrm{sqrt}}$$

考虑到很多实际系统中只有一个对称面的情形，可将 $AXYP$ 曲面进一步改造成关于 $Y-Z$ 平面对称的 $X-AXYP$ 曲面和关于 $X-Z$ 平面对称的 $Y-AXYP$ 曲面。

$X-AXYP$ 曲面对应的 p 阶曲面方程可以描述为

$$z=\frac{c_x x^2+c_y y^2}{1+(1-(1+k_x)c_x^2x^2-(1+k_y)c_y^2y^2)^{1/2}}+\sum_{m=0}^{p/2}\sum_{n=0}^{p}C_{(m,n)}x^{2m} y^n,1\leqslant 2m+n\leqslant p \tag{2-5}$$

即在原有 $AXYP$ 曲面方程的基础上去掉了所有关于 x 的奇次幂项式。

$Y-AXYP$ 曲面对应的 p 阶曲面方程可以描述为

$$z=\frac{c_x x^2+c_y y^2}{1+(1-(1+k_x)c_x^2x^2-(1+k_y)c_y^2y^2)^{1/2}}+\sum_{m=0}^{p}\sum_{n=0}^{p/2}C_{(m,n)}x^{m} y^{2n},1\leqslant m+2n\leqslant p \tag{2-6}$$

即在原有 $AXYP$ 曲面方程的基础上去掉了所有关于 y 的奇次幂项式。

完成一次 p 阶 $X-AXYP$ 或 $Y-AXYP$ 曲面计算的时间复杂度为

$$T_{X-AXYP} = \left(7 + \mathrm{int}\left(\frac{p^2}{4} + p\right)\right) \times t_{\mathrm{add}} + \left(7 + \mathrm{int}\left(\frac{p^2}{4} + p\right) \times 2\right) \times$$

$$t_{\mathrm{mul}} + \left(6 + \mathrm{int}\left(\frac{p^2}{4} + p\right) \times 2\right) \times t_{\mathrm{mod}} + t_{\mathrm{sqrt}}$$

其中，int 为取整函数，只取整数部分。

在最高幂数均为 10 的情况下，*AXYP* 曲面比复曲面多 57 个变量，比 *XY* 多项式曲面多两个变量，但光线追迹速度与 *XY* 多项式曲面大致相同；更为重要的是，它能够从复曲面和 *XY* 多项式曲面平滑转换而成。同时，*Y* - *AXYP* 和 *X* - *AXYP* 曲面也能够实现向 *XY* 多项式曲面的高精度转换，并能够帮助实现复曲面向 *XY* 多项式曲面的高精度转换。

2.1.5　梯形畸变校正曲面

梯形畸变校正曲面（简称 KD 曲面）是由美国 ORA 公司的罗杰斯（Rogers）提出的一种自由曲面[36]，可用于校正由有光焦度的离轴反射镜产生的梯形畸变。它与传统轴对称非球面的描述方法几乎一致，但是对 x 和 y 分别做了不同程度变形，它的描述方程为：

$$z = \frac{cr^2}{1 + (1 - (1 + k)c^2r^2)^{1/2}} + \sum_{i=1}^{p} A_i r^{2(i+1)} \tag{2-7}$$

其中，

$$x' = \frac{\alpha x}{1 - \varphi y},\ y' = \frac{y}{1 - \varphi y},\ r^2 = x'^2 + y'^2$$

式中，z 为曲面的矢高；c 为顶点曲率半径；k 为二次曲面系数；A_i 为高阶非球面系数。在式（2-7）中，(x, y) 的变换及梯形扭曲不仅仅作用于各项非球面系数，并对球面的基底项做了相应的调整。α 为 x 与 y 的变形比例因子，只作用于 x。φ 为梯形畸变参数，它能够消除有光焦度的倾斜反射面所引入的梯形畸变。整个曲面对 (x, y) 展开后不再具有旋转对称性，但是当变形因子 $\alpha=1$、$\varphi=0$ 时，该曲面简化成普通的非球面。

完成一次 $2(p+1)$ 阶 KD 曲面运算的时间复杂度为

$$T_{\mathrm{KD}}=(7+2p)\times t_{\mathrm{add}}+(10+2p)\times t_{\mathrm{mul}}+(3+p)\times t_{\mathrm{mod}}+t_{\mathrm{sqrt}}$$

2.1.6 福布斯曲面

福布斯曲面是美国 QED 公司著名光学专家福布斯（Forbes）提出的一种正交曲面[33]，目的在于改进传统非球面的描述方法。它通过正交基函数系的方法来定义偏离球面的非球面系数项，使各项系数都具有十分明确的物理含义，并且具有唯一性。无论使用多少项非球面系数进行拟合，各项系数都是固定不变的。它的方程描述如下：

$$z=\frac{c(x^2+y^2)}{1+(1-(1+k)c^2(x^2+y^2))^{1/2}}+D_{\mathrm{con}}[(x^2+y^2)/R_{\mathrm{max}}] \qquad (2-8)$$

其中，$D_{\mathrm{con}}(u)=u^4\sum a_m Q_m^{\mathrm{con}}(u^2)$，零阶到五阶非球面系数项由以下正交基函数构成：

$$Q_0^{\mathrm{con}}(x)=1, Q_1^{\mathrm{con}}(x)=-(5-6x), Q_2^{\mathrm{con}}(x)=15-14x(3-2x)$$

$$Q_3^{\mathrm{con}}(x)=-\{35-12x[14-x(21-10x)]\}$$

$$Q_4^{\mathrm{con}}(x)=70-3x\{168-5x[84-11x(8-3x)]\}$$

$$Q_5^{\mathrm{con}}(x)=-[126-x(1260-11x\{420-x[720-13x(45-14x)]\})]$$

$$u^2=(x^2+y^2)/R_{\mathrm{max}}^2$$

$D_{\mathrm{con}}(u)$ 是偏离基准球面的非球面多项式，R_{max} 为光学元件的直径。与标准的简单多项式选取，如 $Q_m^{\mathrm{con}}(x)=x^m$，不同的是福布斯非球面系数

项 $D_{con}(u)$ 的基函数系 Q 是经过优选的标准雅可比多项式正交函数系，有效避免了传统非球面各系数之间的相关性，进而避免曲面拟合过程中因格莱姆矩阵出现病态异常而导致求解失败。该非球面能够描述矢高非常大的非球面面形，为非球面的设计、加工和检测提供了极大的便利。

完成一次福布斯曲面运算的时间复杂度为

$$T_{\text{Forbes}} = 27 \times t_{\text{add}} + 32 \times t_{\text{mul}} + 24 \times t_{\text{mod}} + t_{\text{sqrt}}$$

2.1.7　泽尔尼克多项式曲面

泽尔尼克多项式是 1953 年诺贝尔物理学奖获得者泽尔尼克（Zernike）提出的一种曲面，它由一系列在圆域内正交的基函数组成[76]。正交特性意味着只要是定义在圆域内的函数，用泽尔尼克多项式进行拟合后的系数是唯一和固定不变的，即无论在拟合时使用多少项，各项的系数值并不会发生改变，这是光学应用中需要的一个特性，也是它得到普遍应用的主要原因。

方程（2－9）所述的 10 阶泽尔尼克多项式曲面是在二次曲面的基础上增加了最高幂数为 10 阶的标准泽尼尔克多项式：

$$z = \frac{c(x^2 + y^2)}{1 + (1 - (1 + k)c^2(x^2 + y^2))^{1/2}} + \sum_{j=1}^{66} C_{j+1} Z_j \tag{2-9}$$

式中，c 为曲面的顶点曲率；k 为二次曲面系数；Z_j 为第 j 项泽尔尼克多项式；C_{j+1} 为第 j 项泽尔尼克多项式的系数。泽尔尼克多项式在圆域内具有正交性，而且容易与经典的塞德尔像差建立联系。

完成一次 10 阶泽尔尼克多项式曲面运算的时间复杂度为

$$T_{\text{Zernike}} = 166 \times t_{\text{add}} + 315 \times t_{\text{mul}} + 890 \times t_{\text{mod}} + t_{\text{sqrt}}$$

2.1.8 高斯基函数复合曲面

高斯基函数复合曲面（简称高斯基曲面）是美国中佛罗理达大学的 O. Cakmakci 等提出的一种局部面形可控的自由曲面[77]，它可以是在二次曲面的基础上叠加一组线性拓扑形状分布的高斯曲面，也可以抛离球面基底项直接由一系列高斯函数组合而成。

$$z = \frac{c(x^2 + y^2)}{1 + (1 - (1 + k)c^2(x^2 + y^2))^{1/2}} + \sum_{i=1}^{m}\sum_{j=1}^{n}\varphi_{i,j}(x,y)w_{i,j} \quad (2-10)$$

式中，$\varphi_{i,j}(x,y) = e^{-\frac{1}{2}((x-x_i)^2 + (y-y_j)^2)}$；$w_{i,j}$为每个基函数的权重系数。

在抛离二次曲面基底后的方程可描述为

$$z(x,y) = \sum_{i=1}^{m}\sum_{j=1}^{n}\varphi_{i,j}(||\boldsymbol{x} - \boldsymbol{c}_i||)w_{i,j} \quad (2-11)$$

式中，$\boldsymbol{x}$ 代表的是空间任一点的投影矢量（x，y），$\boldsymbol{c}_i$代表的是第 i 个高斯基函数相对曲面原点的偏移量（x_i，y_i）。

$$\boldsymbol{\Phi} = \begin{pmatrix} \phi_{0,0}(x,\ y) & \phi_{0,1}(x,\ y) & \cdots & \phi_{0,n}(x,\ y) \\ \phi_{1,0}(x,\ y) & \phi_{1,1}(x,\ y) & \cdots & \phi_{1,n}(x,\ y) \\ \vdots & \vdots & \ddots & \vdots \\ \phi_{m,0}(x,\ y) & \phi_{m,1}(x,\ y) & \cdots & \phi_{m,n}(x,\ y) \end{pmatrix}$$

在已知曲面面形和高斯基函数分布的情况下，可以反向求解出高斯基函数复合曲面的权重函数：

$$\boldsymbol{w} = (\boldsymbol{\Phi}^{\mathrm{T}}\boldsymbol{\Phi})^{-1}\boldsymbol{\Phi}^{\mathrm{T}}Z \quad (2-12)$$

式（2－10）和式（2－11）所示的两种高斯基函数复合曲面是通过将一组离散分布的高斯基函数曲面线性叠加形成的，用它对曲面进行拟合后，在高斯基函数的中心位置（x_i，y_i）上的拟合精度很高。该表达式采用矩阵集合代替级次展开，对于像差的控制力更强。与泽尔尼克圆域正交的描述方式相比，高斯基函数自由曲面对于矩形或其他形状的非球面描述能力更强，很容易实现面形的局部控制。然而，目前高斯基函数复合曲面的研究还不完善，高斯基函数的密度、基函数 σ 的选取对该类型自由曲面的设计有着至关重要的作用，对于不同形状、大小的曲面，需要的高斯基函数分布的密度各不相同，而且不能保证精度。目前有关基函数及其分布密度的选取没有合适的结论，使其的推广应用受到了一定的限制。完成一次高斯基函数复合曲面运算的时间复杂度为

$$T_{\text{Gauss}} = m \times n \times (3 \times t_{\text{add}} + 2 \times t_{\text{mul}} + 3 \times t_{\text{mod}}) + t_{\text{sqrt}}$$

m、n 分别为高斯基函数复合曲面在两个垂直方向上基函数的数目。

2.1.9　非均匀有理 B 样条曲面

非均匀有理 B 样条曲面（简称 NURBS 曲面）是一种非常优秀的曲面描述方法[78]，广泛应用于现有三维 CAD 软件中。NURBS 曲面能够比样条曲面更好地控制曲面的面形，从而能够创建出更灵活、全面的面形。目前，Bezier、均匀 B 样条和非均匀 B 样条等都被统一到 NURBS 曲面中，它的描述方程定义如下：

$$s(u,v) = \frac{\sum_{i=0}^{m} \sum_{j=0}^{n} \omega_{ij}, \boldsymbol{N}_{i,p}(u) \boldsymbol{N}_{j,q}(v) P_{i,j}}{\sum_{i=0}^{m} \sum_{j=0}^{N} \omega_{ij} \boldsymbol{N}_{i,p}(u) \boldsymbol{N}_{j,q}(v)} \tag{2-13}$$

式中，$P_{i,j}$，$i = 0, 1, \cdots, m$；$j = 0, 1, \cdots, n$ 为控制顶点，呈拓扑矩形阵列，形成一个控制网络；$w_{i,j}$ 是与顶点 $P_{i,j}$ 关联的权重值。$\boldsymbol{N}_{i,p}(u)$ 和 $\boldsymbol{N}_{j,q}(v)$ 分别为参数 u 方向 p 次和参数 v 方向 q 次的规范 B 样条基函数，它们分别为 u 向和 v 向的节点矢量，其计算方法如式（2-14）所述。

$$\begin{cases} N_{i,0}(u) = \begin{cases} 1, & u_i \leqslant u \leqslant u_{i+1} \\ 0, & \text{其他} \end{cases} \\ N_{i,k}(u) = \dfrac{u - u_i}{u_{i+k} - u_i} N_{i,k-1}(u) + \dfrac{u_{i+k+1} - u}{u_{i+k+1} - u_{i+1}} N_{i+1,k-1}(u), \ k \geqslant 1 \end{cases} \tag{2-14}$$

NURBS 曲面具有以下优点[79]：

①表示唯一性；②局部性；③连续性；④凸包性；⑤分段参数多项式；⑥可退化性；⑦变差缩减性；⑧几何不变性；⑨仿射不变性。

完成一次由 $m \times n$ 个控制点组成的三阶 NURBS 曲面的时间复杂度为

$$T_{\mathrm{NURBS}} = m \times n \times (106 \times t_{\mathrm{add}} + 68 \times t_{\mathrm{mul}} + 12 \times t_{\mathrm{mod}}) + t_{\mathrm{mul}}$$

2.2 自由曲面像差校正能力与光线追迹速度分析

2.2.1 自由曲面对像差的校正能力

曲面描述方法对光学系统像差校正起着重要的影响，为此，人们对曲面的像差校正能力进行了初步的分析，2000 年，S. Lerner 比较了标准非球面、超定二次曲面、*XYZ* 多项式曲面等旋转对称曲面校正波像差的能力[32]，表明 *XYZ* 隐式多项式的校正能力最为优越。2008 年，O. Cakmakci 等[80]比较了复曲面、*XY* 多项式曲面、泽尔尼克多项式曲面和高斯基函数复合曲面对传递函数（Modulation Transfer Function，MTF）的影响，结果表明高斯基函数复合曲面具有最大的优势。在光学特性参数相近的情况下，与复曲面相比，高斯基函数复合曲面能将 MTF 提高 128%；与 *XY* 多项式曲面相比，MTF 提高了 38.7%。2009 年，本书作者比较分析了球面、非球面、复曲面和 *XY* 多项式曲面的性能[62]，本节还将深入分析。2010 年，浙江大学的郑臻荣在设计离轴头盔显示器时分析了非球面和 *XY* 多项式曲面等性能[60]，认为 *XY* 多项式曲面能将 MTF 提高为普通非球面的两倍。

为了比较分析不同曲面描述方式对像差校正能力的影响。本节做了一个试验，试验内容为设计一个含倾斜表面的单透镜系统，*F* 数是 2.8，视场角为 16°×12°，透镜的前表面绕 *X* 轴倾斜了 10°，使系统仅

仅关于 $Y-Z$ 平面对称，呈楔形结构。第二表面为球面。第一光学表面分别采用了以下 4 种不同的数学描述方法对系统进行优化，它们分别是：①球面；②非球面；③复曲面；④XY 多项式曲面。

在执行全局优化之前，分别为 4 个系统设置了以下结构参数作为优化变量：①曲率半径；②曲率半径和最高为 10 阶的非球面系数；③子午和弧矢方向的曲率半径，以及高达 10 阶的旋转对称和非旋转对称非球面系数；④曲率半径和 x 的偶次幂项，最高项幂次为 10。在所有优化过程中，系统的焦距作为控制条件。

图 2－1 给出的是采用不同曲面描述方法优化后光学系统的误差评价函数，可以看出它们对像差的校正能力明显不同。复曲面和 XY 多项式曲面的像差校正能力明显优于球面和一般非球面，因为复曲面仅拥有两个对称平面，实例中使用的 XY 多项式曲面仅拥有一个对称面。XY 多项式曲面与复曲面相比，它能够将光学系统的误差评价函数降到更低，使系统的成像质量更为优良。

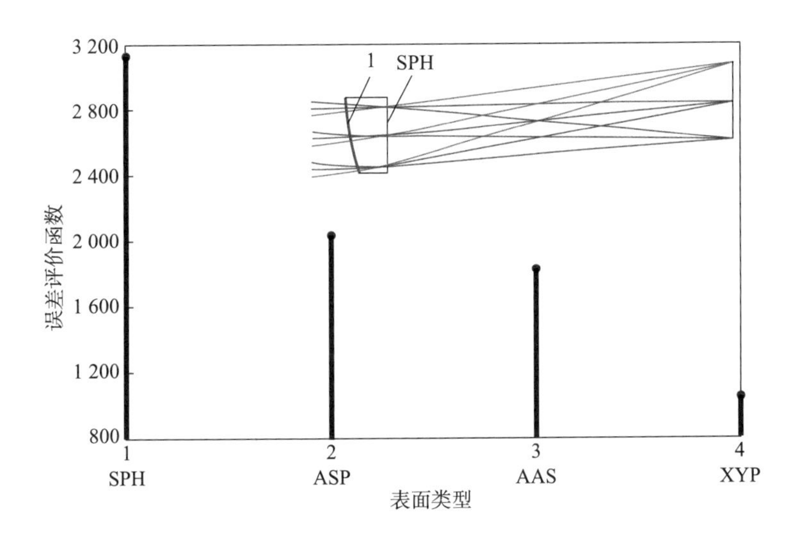

图 2－1　不同曲面描述方法优化后光学系统的误差评价函数

2.2.2 自由曲面的光线追迹速度

光线追迹速度曾经对于光学设计非常关键，但是随着计算机运算速度的飞速提升，每秒能够追迹的光线数目也大大增加，光线追迹速度已不再重要。但是随着光学系统结构和面形的复杂化，自由曲面成像系统的出现，需要追迹更多的光线，光线追迹速度也需要加以考虑，主要原因如下：

（1）自由曲面各处的局部曲率半径均不一致，为了避免在小范围内产生剧烈的扭曲变形，需要将光线覆盖整个有效工作区域。这就需要抽样更多的视场，并且同一视场内需要抽样更多的光线。

在球面光学系统的优化设计过程中，同一视场内抽样光线的间隔可以比较宽松，但是对于自由曲面成像系统，需要较为密集的光线抽样间隔。例如，CODE V 光学设计软件的默认设置规定，在将光瞳归一化为单位圆的情况下，使用球面的光学系统的默认光线抽样间隔为 0.385，通常仅选取几条特征光线即可；而使用非球面的光学系统的抽样间隔为 0.22，非球面的阶数越高，光线的抽样间隔应该越密[34]。

（2）光学自由曲面的面形结构参数较多，优化过程中需要计算每一优化变量对像质或约束条件的微分，并重新计算评价函数，造成光学系统的优化速度大为减慢。

（3）现代成像系统要求更为严格，需要对其进行全方位的分析，包括杂光分析，因此需要追迹大量的光线。

（4）当需要执行全局优化时，光线追迹和优化速度显得更为关键。

（5）对于视场很多的光学系统，需要花费更长的时间进行整体像面的像差平衡，使它们达到极小和最佳平衡。

成像系统中的光线追迹是按表面次序依次进行的，如果单条光线追迹所需的理论计算时间稍微增加，则整个系统的设计、分析时间将会呈指数大幅延长，设计人员需要花费更多的时间去等待，不能着重关注优化过程，整个产品的开发周期延长，成本增加，市场竞争力也将打折扣。

为了分析不同曲面描述方式对光线追迹速度、优化收敛速度的影响。本课题组对几种常用的面形进行了光线追迹速度分析。现有光学设计软件[34,80]通常为用户提供了自定义曲面动态链接库（Dynamic Library Link，DLL）接口，但是通过 DLL 方式调用曲面将使追迹速度受到很大的影响，因此本课题组进一步比较了通过常规方式和 DLL 方式定义的曲面对光线追迹速度的影响。

本章分析了计算多种曲面矢高所需的各种运算的数目，现均以最高幂数为 10 阶、数据长度为 16 来进行理论分析计算。为简化分析，在运算过程中把所有平方和高阶项运算按幂数运算处理。表 2－1 列出了四则运算、开方、幂运算和正余弦运算的时间复杂度[81]。由于幂运算和正余弦运算时间复杂度相同，把正余弦运算归类为幂运算。

表 2－1　曲面方程中采用运算的时间复杂度

运算方式	数据长度	时间复杂度
加/减法	n	$\Theta(n)$
乘/除法	n	$O(n^2)$
开方	n	$O(n^2)$
幂运算	n	$O((\log n)^2 n^2)$
Sin/Cos	n	$O((\log n)^2 n^2)$

表 2－2 给出了不同曲面所需的四则运算、幂运算和开方运算的次数，并结合各运算所需的时间复杂度，比较了完成一次曲面运算理论上所需的时间复杂度。

表 2-2 曲面矢高计算时间复杂度分析（最高幂为 10 阶，数据长度为 16）

曲面类型	变量	加/减	乘/除	幂运算	开方	相对时间复杂度
球面	1	4	4	3	1	1.0
偶次非球面	6	13	12	7	1	2.5
双曲率面	6	16	17	10	2	3.6
KD 曲面	8	15	18	7	1	3.1
福布斯曲面	7	27	32	24	1	7.2
复曲面	12	27	19	18	1	5.0
XY 多项式曲面	67	71	134	135	1	34.9
AXYP 曲面	69	72	137	136	1	35.4
X-*AXYP*/*Y*-*AXYP* 曲面	37	42	77	76	1	19.9
泽尔尼克曲面	67	166	315	890	1	168.4
Gauss 曲面（21×21）	441	363	242	363	0	329.6
NURBS 曲面（21×21）	441	46 746	29 989	5 292	0	4 227.6

在完成曲面矢高计算的时间复杂度分析后，针对几种常用的曲面进行了实际光线追迹速度分析。在光学设计软件中，分别对上节试验优化出的 4 个系统随机追迹一定数目的光线；记录球面、非球面、复曲面、*XY* 多项式曲面的计算时间，还进一步分析了用户自定义复曲面的光线追迹速度（图 2-2）。这些分析与软件内集成的复曲面的数学描述方式相同。

图 2-2 给出了 4 种不同曲面的光线追迹速度曲线和采用不同调用方式的同一种曲面的光线追迹速度。从图 2-2 中可以看出，不同曲面和调用方式的光线追迹速度明显不同，常规非球面和球面的追迹速度大致相同，与球面相比，复曲面的光线追迹速度要慢 1.43 倍，*XY* 多项式曲面则慢 3.7 倍。如果通过外部动态链接库的方式调用复曲面，则花费的时间更长，为球面的 25 倍。

由于实际光线追迹过程中还需要考虑其他因素，当求解光线与曲面交点运算所用的时间很短时，速度则受限于光线追迹算法的其他环

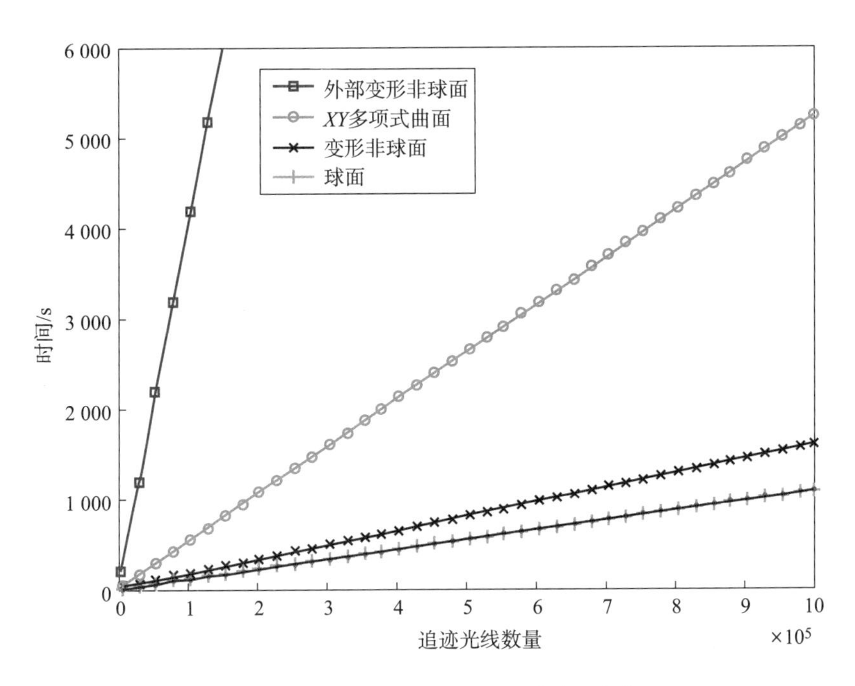

图 2-2　追迹时间与光线数量的关系曲线

节，如坐标变换等。但是当完成一次曲面矢高或偏导计算的时间复杂度大大增加时，这将成为光线追迹速度的瓶颈。虽然实际速度与理论分析的计算时间复杂度有所偏差，但是基本倍数变化关系是比较吻合的。由此可见，在选择自由曲面描述方式时，除主要考虑描述方式对像差校正能力外，还要考虑光线追迹速度和优化收敛速度。

2.2.3　自由曲面成像系统优化收敛速度分析

光学设计优化过程中的基本流程：①首先对系统中的某一个变量做微小的改变，并根据选取的评价标准重新计算像差的变化情况；②通过像差的改变量对变量改变步长的差商替代对该变量的微分，以确定该变量改变的方向和改进步长，以此类推，计算出每个变量的变化趋势和范围，从而构建出用于优化的雅可比矩阵，建立像差方程组；③求解此像差方程组，求解出解向量即每个变量的实际变化量，代入原有的系统形成一个新的系统，只要每个变量的改变量不大，解向量位于线性区域内，就一定能获得比原系统像差更好的新系统。

光学系统的优化速度主要受到以下因素的影响：

（1）系统中包含的结构重数 n_c。

（2）抽样视场总数 n_f。

（3）抽样波长总数 n_w。

（4）优化选用的评价标准所需追迹光线数目：如垂轴像差、MTF、波像差。

（5）追迹一条光线所需的计算时间 t。

（6）系统中包含的结构变量总数 n_v。

此处的分析暂不考虑优化算法本身所占用的时间，仅从光线追迹速度方面考虑，一个优化循环所需的计算时间可以用下式表示：

$$T = n_c \times n_v \times n_f \times n_w \times \sum_{i}^{m} n_{ir} \times t \tag{2-15}$$

式中，m 为优化设计过程中选用的评价标准总数；n_{ir} 为对应评价标准分析像差时所需要抽样的光线总数。在这些参数中只有结构重数和谱段数目不会受曲面类型的影响。

表 2-3 列出了球面光学系统、自由曲面系统和 10 阶 $X-AXYP$ 曲面系统的优化时间，可见自由曲面成像系统几乎每一项都比前者要高出很多倍，导致优化速度减慢。

表 2-3　光学系统优化时间复杂度分析

项目	球面	自由曲面	10 阶 $X-AXYP$ 曲面
抽样视场数	5	15 ~ 25	15
同一视场抽样光线数目	60	100 ~ 200	100
单个表面变量数目	2	10 ~ 70	37
单根光线追迹速度	1	10 ~ 1 000	20
一轮优化时间复杂度	600	1 500 ~ 350 000 000	1 110 000
归一化	1	2. 5 ~ 58 333	1 850

完成一次 10 阶 *X* - *AXYP* 曲面系统优化需要的时间复杂度是完成一轮球面系统优化的 1 850 倍。表 2 -4 列出了各种曲面的像差校正能力、复杂面形的描述能力、光线追迹速度和优化的难易程度。权衡各方面的优缺点，*XY* 多项式曲面和 *AXYP* 曲面是所列出曲面中最优秀的自由曲面描述方法。

表 2 -4 各种光学曲面的特性分析

曲面类型	像差校正能力	复杂面形的描述能力	光线追迹速度	优化的难易程度
球面	很差	很差	很快	简单
标准非球面	较好	差	很快	简单
复曲面	好	好	较快	容易
XY 多项式曲面	很好	很好	慢	困难
AXYP 曲面	很好	很好	慢	困难
高斯基曲面	非常好	非常好	非常慢	非常难
NURBS 曲面	非常好	非常好	非常慢	非常难

2.3 自由曲面的形态学演变

由于受到光线追迹和优化收敛速度以及复杂自由曲面结构参数多等因数的影响，在设计自由曲面成像系统的初始阶段不适合使用复杂自由曲面。一方面是因为目前可借鉴的初始系统比较匮乏，即使找到一定的初始结构也由于往往需要进行调整初阶特性参数，例如缩放焦距，改变孔径和视场角大小，未必能得到优良的初始结构；另一方面是由于复杂自由曲面具有很多结构参数，造成解空间的维数增加，利用它进行优化很容易陷入局部最优值。此外，复杂自由曲面的优化速度慢，从低阶曲面升级而来则显得比较有利，优化效果和速度都有保证，并且能使初阶光学特性和结构参数与设计要求一致。

自由曲面的形态学演变在自由曲面成像系统的设计中起着至关重要的作用。无论是曲面在优化过程中的升级，还是通过主动设计方法求解出的数值结果，都需要用自由曲面进行精确的拟合描述，否则无法实现最终需要的设计结果。自由曲面的形态学演变在光学优化设计、像质分析、公差评价、自由曲面加工和检测过程中都有十分重要的意义，本节将详细描述几种常用曲面的相互转换方法。

光学曲面通常可以解析为球面和一系列的非球面系数项。球面用于描述系统的初阶光学特性[82]，如焦距等；非球面系数项则描述自由曲面偏离基底球面的程度以及矢高的斜率变化。因而曲面的重构或拟合可分两步进行：第一步将所获得的点云数据拟合成最佳逼近球面；第二步将拟合误差作为一组新的点云数据，通过自由曲面的非球面系数来进行拟合。由于二次曲面基底面是非线性的，不适合用线性拟合方法进行拟合，拟合误差也通常比较大，而仅含非球面系数项则可以实现线性拟合，在最佳球面拟合后的剩余矢高差异可以通过非球面系数项进行拟合弥补，精度能够得到一定的保证。

2.3.1 曲面重构方法

2.3.1.1 拟合曲面的定位匹配方法

在某些情况下，如果找不到点云数据曲率中心的位置势必会增加拟合误差，需要将待拟合曲面进行平移和旋转以匹配点云数据的曲率中心。X. Zhang 提出了层次化区域匹配拟合方法，实现自由曲面检测时的精确拟合[83]。此外，从曲面加工、系统集成的角度考虑，自由曲面拟合不仅要求误差足够小，通常还要求其曲率顶点不能远离点云数据的中心。这是因为使用多项式描述的曲面可以保证在其有效工作区域范围内，矢高和斜率的变化都很平缓，各项多项式系数在工作区域内产生的面形矢高变化大致相同，而且相邻项通常会呈正负反号，从而相互抵消[33]，使综合矢高的变化平缓，但每一项系数产生的形变都可能很大。一旦离开曲面的有效工作区域，各单项式造成面形变化速度可相差几个数量级，再也无法相消，曲面有效工作区域外的矢高和斜率将发生迅速变化，偏离程度越大，变化越剧烈。因此我们在曲面拟合算法中引入了平移和旋转变换，使曲面拟合更有实用价值。曲面拟合的目的是使点云数据和拟合曲面对应点之间的矢高差别 σ 最小化：

$$\sigma^2 = \sum_{i=1}^{n} \| A_i - \boldsymbol{R}(B_i + \boldsymbol{T}) \|^2 \tag{2-16}$$

式中，B_i 是待拟合的点云数据；A_i 是与 B_i 对应的拟合曲面上的点云数据；$\boldsymbol{R}$ 是旋转变换矩阵；$\boldsymbol{T}$ 为平移向量。在拟合过程中先将曲面曲率中心平移到指定的位置上，再进行一定的偏移旋转后再进行曲面拟合。$\boldsymbol{R}$ 与 $\boldsymbol{T}$ 分别定义为

$$\boldsymbol{R} = \begin{bmatrix} \cos\beta\cos\gamma & -\sin\alpha\sin\beta\cos\gamma - \cos\alpha\cos\gamma & -\cos\alpha\sin\beta\cos\gamma + \sin\alpha\sin\gamma \\ \cos\beta\sin\gamma & -\sin\alpha\sin\beta\sin\gamma + \cos\alpha\cos\gamma & -\cos\alpha\sin\beta\cos\gamma + \sin\alpha\sin\gamma \\ \sin\beta & \sin\alpha\cos\beta & \cos\alpha\cos\beta \end{bmatrix}$$

$$\boldsymbol{T} = \begin{bmatrix} \Delta x \\ \Delta y \\ \Delta z \end{bmatrix}$$

α、β、γ 分别为新坐标系 $O'X'Y'Z'$ 绕原参考坐标系 $OXYZ$ 的 3 个坐标轴 X、Y 和 Z 的旋转角度，如图 2－3 所示。

转换后曲面在全局坐标系 $O_0X_0Y_0Z_0$ 下曲率顶点的位置和倾斜角度为

$$\begin{bmatrix} Dx' \\ Dy' \\ Dz' \end{bmatrix} = R \times \left(\begin{bmatrix} Dx \\ Dy \\ Dz \end{bmatrix} + \begin{bmatrix} \Delta x \\ \Delta y \\ \Delta z \end{bmatrix} \right) \tag{2-17}$$

$$\begin{bmatrix} Tx' \\ Ty' \\ Tz' \end{bmatrix} = \begin{bmatrix} Tx \\ Ty \\ Tz \end{bmatrix} + \begin{bmatrix} \alpha \\ \beta \\ \gamma \end{bmatrix} \tag{2-18}$$

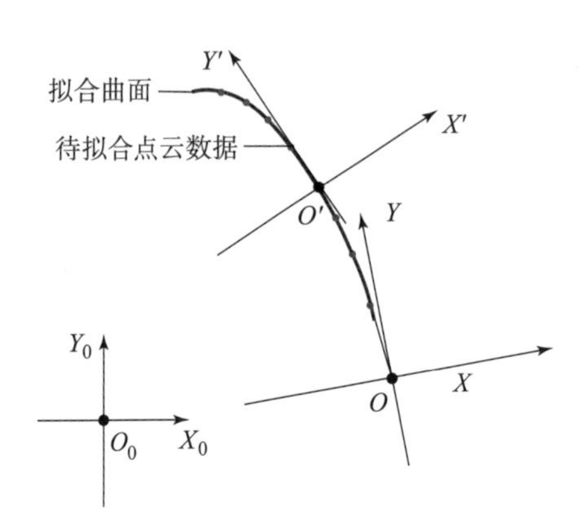

图 2-3 匹配曲率中心和倾斜角度的曲面拟合示意图

式中，Tx'、Ty'、Tz'为拟合后新曲面绕 X、Y 和 Z 轴的倾斜角度；Dx'、Dy'、Dz'为拟合后新曲面的曲率中心位置。

2.3.1.2 最小二乘法（LSQ）和奇异值分解方法（SVD）

进行曲面拟合转换时，选择需要转换曲面方程中的结构系数，根据已知的点云数据构建曲面拟合的雅可比矩阵求解系数。一般而言，曲面的控制点数越多，精度也就越高，但是计算变得复杂，数据可能出现相似或重复，容易出现矩阵相关而造成的奇异现象。因此在满足精度的前提下，要尽量避免使用重复或类似的点数据。为了解决矩阵奇异和病态的问题，Beltrami 提出了奇异值分解方法（SVD），进一步求解转换后曲面方程的系数。

通常采样点数比曲面的结构参数多，这样构建的求解方程组是超定方程组，不存在满足所有方程式的精确解，只能求它的近似解——最小二乘解：

$$\min E(s) = \sum_{i=1} w_i^2 \| S(x_i, y_i) - P_i \|^2 \qquad (2-19)$$

为了确保曲面的曲率中心在局部坐标系下位于（0，0，0），去掉了曲面方程多项式中的常数项。下面以 10 阶 XY 多项式曲面为例阐述最小二乘法（LSQ）曲面拟合的实现原理。

$$S(x,y) = \sum_{i}^{k} c_i x^m y^n \tag{2-20}$$

拟合误差可由以下公式确定：

$$\sigma^2 = \sum_{j=1}^{l} \left[y_j - \sum_{i}^{k} c_i x^m y^n \right]^2 \tag{2-21}$$

为了使 σ 最小，需要找到方程（2－21）右边的最小极值点，因此对方程（2－21）中的各项系数 c_i 求偏导，可得

$$\begin{aligned}
\frac{\partial(\sigma^2)}{\partial c_1} &= -2\sum_{j=1}^{l}\left[y_j - \sum_{i}^{k} c_i x^m y^n\right]x = 0 \\
\frac{\partial(\sigma^2)}{\partial c_2} &= -2\sum_{j=1}^{l}\left[y_j - \sum_{i}^{k} c_i x^m y^n\right]y = 0 \\
&\vdots \\
\frac{\partial(\sigma^2)}{\partial c_{k-1}} &= -2\sum_{j=1}^{l}\left[y_j - \sum_{i}^{k} c_i x^m y^n\right]x^{10} = 0 \\
\frac{\partial(\sigma^2)}{\partial c_k} &= -2\sum_{j=1}^{l}\left[y_j - \sum_{i}^{k} c_i x^m y^n\right]y^{10} = 0
\end{aligned} \tag{2-22}$$

将点云数据代入偏导公式，并以矩阵形式表达，可得

$$\begin{bmatrix}
\sum_{j=1}^{l} x_j^2 & \sum_{j=1}^{l} x_j y_j & \cdots & \sum_{j=1}^{l} x_j^9 y_j & \sum_{j=1}^{l} x_j^{10} \\
\sum_{j=1}^{l} x_j y_j & \sum_{j=1}^{l} y_j^2 & \cdots & \sum_{j=1}^{l} x_j y_j^9 & \sum_{j=1}^{l} y_j^{10} \\
\vdots & \vdots & \ddots & \vdots & \vdots \\
\sum_{j=1}^{l} x_j^{11} & \sum_{j=1}^{l} x_j^{10} y_j & \cdots & \sum_{j=1}^{l} x_j^{19} y_j & \sum_{j=1}^{l} x_j^{20} \\
\sum_{j=1}^{l} x_j y_j^{10} & \sum_{j=1}^{l} y_j^{11} & \cdots & \sum_{j=1}^{l} x_j y_j^{19} & \sum_{j=1}^{l} y_j^{20}
\end{bmatrix}
\begin{bmatrix} c_1 \\ c_2 \\ \vdots \\ c_{k-1} \\ c_k \end{bmatrix} =
\begin{bmatrix}
\sum_{j=1}^{l} x_j y_j \\
\sum_{j=1}^{l} y_j^2 \\
\vdots \\
\sum_{j=1}^{l} x^{10} y_j \\
\sum_{j=1}^{l} y_j^{11}
\end{bmatrix} \tag{2-23}$$

对于给定的一组点云数据（x_j，y_j，z_j），多项式系数（c_1，…，c_k）的求解方程可进一步简写成

$$\boldsymbol{\chi}^{c}=y \tag{2-24}$$

如果矩阵（$\boldsymbol{\chi}^{\mathrm{T}}\boldsymbol{\chi}$）为非奇异矩阵，即列满秩，将公式两端左乘$\chi^{\mathrm{T}}$，然后进一步求解，解向量公式为

$$\boldsymbol{c}=(\boldsymbol{\chi}^{\mathrm{T}}\boldsymbol{\chi})^{-1}\chi^{\mathrm{T}}y \tag{2-25}$$

上式就是曲面系数的极值解，即曲面方程结构参数系数的线性方程组的最小二乘解。要使（$\boldsymbol{\chi}^{\mathrm{T}}\boldsymbol{\chi}$）列满秩，则要求点云数据中不能有相近或重复的点数据。对于旋转对称曲面则只应取径向的一组点，对于双平面对称曲面则应只取象限内的一组点，对于单面对称曲面则只取曲面上对称面一侧的点云数据来进行曲面拟合。然而在实际情况中，矩阵$\boldsymbol{\chi}$维数过大，多项式的幂数过高，都很容易使矩阵出现病态现象，因此可以采用更为稳定的矩阵分解方法来进行求解。

奇异值分解法（SVD）是线性代数中一种重要的矩阵分解方法，主要用于解最小平方误差法。它是一种正交矩阵分解法，也是最可靠的分解法。利用矩阵奇异值分解$\boldsymbol{\chi}=\boldsymbol{USV}^{\mathrm{T}}$，其中原矩阵$\boldsymbol{\chi}$不必为正交方形矩阵，$\boldsymbol{U}$和$\boldsymbol{V}$为正交矩阵，$\boldsymbol{S}$是对角矩阵，是$\boldsymbol{\chi}$的特征值。

$$\boldsymbol{S}=\begin{pmatrix}\sigma_1 & & \\ & \ddots & \\ & & \sigma_n\end{pmatrix},\ \sigma_i>0,\ i=1,\ 2,\ \cdots,\ n \tag{2-26}$$

对于求解方程$\boldsymbol{\chi}^{c}=y$，则可通过直接求解$\boldsymbol{\chi}$的逆矩阵实现：

$$\boldsymbol{\chi}^{-1}=\boldsymbol{VS}^{-1}\boldsymbol{U}^{\mathrm{T}}=\boldsymbol{V}\times\mathrm{diag}\left(\frac{1}{\sigma_1},\ \frac{1}{\sigma_2},\ \cdots,\ \frac{1}{\sigma_n}\right)\times\boldsymbol{U}^{\mathrm{T}} \tag{2-27}$$

于是求解$\boldsymbol{\chi}^{c}=y$可变换为$c=\boldsymbol{\chi}^{-1}y$，其解为

$$c=\boldsymbol{V}\times\mathrm{diag}\left(\frac{1}{\sigma_1},\ \frac{1}{\sigma_2},\ \cdots,\ \frac{1}{\sigma_n}\right)\times\boldsymbol{U}^{\mathrm{T}}\times\boldsymbol{B} \tag{2-28}$$

2.3.1.3　最优化求解方法

现有光学设计软件中，绝大部分使用最小二乘法作为其核心算法，因此可以通过优化设计软件来实现曲面的重构或拟合转换。可将被替换的曲面设置为透镜的前表面，将要替换成的曲面设置为透镜的后表面，将其可用的曲面系数设为变量。在两个表面上的有效工作区域上各自采集一组对应的点，然后进行优化并使对应点间的矢高相等。也可将透镜的材料设置为空气，成为“空气透镜”，使光线通过两个光学表面每组对应点间的光程与“空气透镜”的中心厚度相等。

由于使用光学软件来进行拟合求解，需要合理设置系统参数，以确保主光线追迹顺利进行。图 2 - 4（a）是利用 CODE V 软件进行曲面拟合时一个有效区域为矩形曲面而做的系统设置，图 2 - 4（b）给出了在光学表面上的一组采样网络点阵。

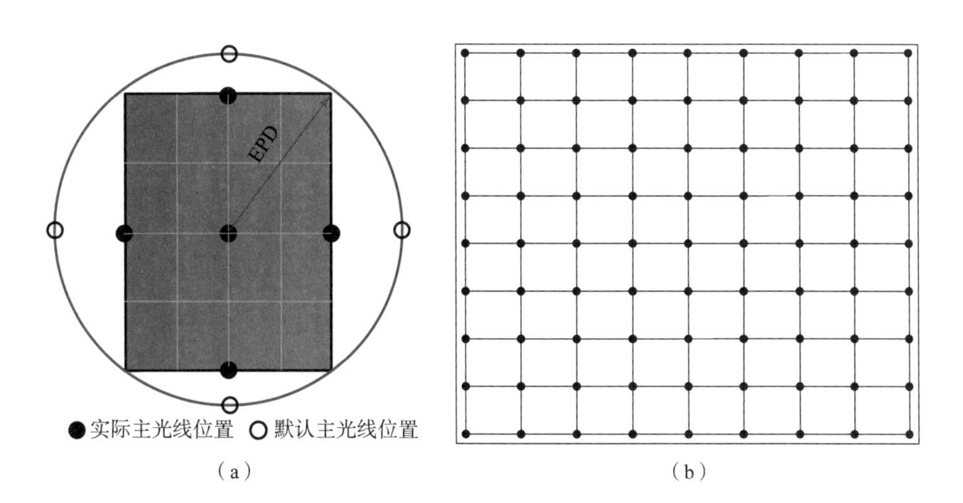

图 2 - 4　最优化求解方法

（a）利用 CODE V 软件进行曲面拟合时的系统设置；（b）采样网络点阵

拟合伪代码如下：

```
START OPTIMIZATION
sag1 = sag(1,xi,yi) - sag(2,xi,yi);
· · · · · · ;
sag1 = 0;WEIGHT 1;
· · · · · · ;
END OPTIMIZATION
```

其中，sag 为求取曲面在点（x，y）处的矢高函数，通过 WEIGHT 控制每个点的权重，针对重点区域实现灵活的拟合转换。

图 2－5 为将 X－双曲率面转换为 XY 多项式曲面的一个应用实例。图 2－6 显示的是两曲面转换前后在 Y－Z 和 X－Z 平面内的二维剖视图。图 2－7（a）显示的是最优化方法拟合后两个曲面的三维结构示意图，图 2－7（b）给出的是转换后的拟合误差图。

Lens Data Manager

Surface #	Surface Name	Surface Type	Y Radius	X Radius	Thickness	Glass	Refract Mode	Y Full Aperture
Object		Sphere	Infinity	Infinity	Infinity		Refract	O
Stop		Sphere	Infinity	Infinity	5.0000		Refract	24.5000 O
2		X Toroid	270.8302	-15.9813	1.0000	K9_CHINA	Refract	24.5000 O
3		XY Polyno	270.8302	270.8302	10.0000		Refract	24.4692 O
Image		Sphere	Infinity	Infinity	0.0000		Refract	30.0000 O
				End Of Data				

图 2－5　CODE V 软件中曲面转换设置，转换曲面半径的初始值可采用被转换曲面的半径

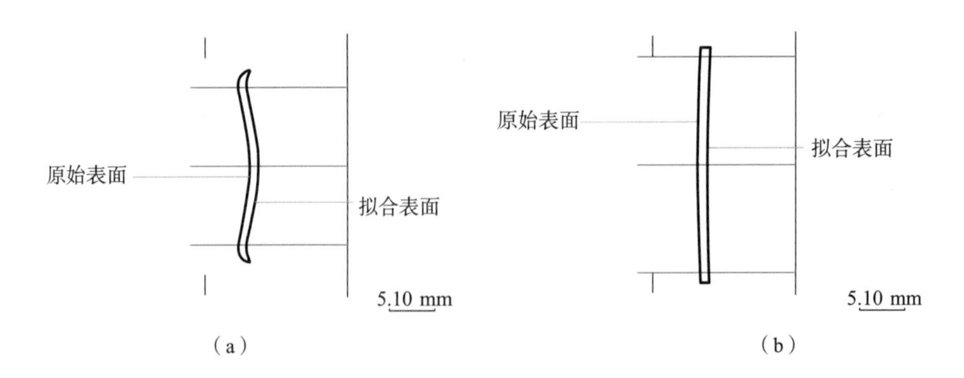

图 2－6　X－双曲率面向 XYP 多项式曲面的演变

（a）X－Z 平面内转换前的二维剖视图；（b）Y－Z 平面内转换后的二维剖视图

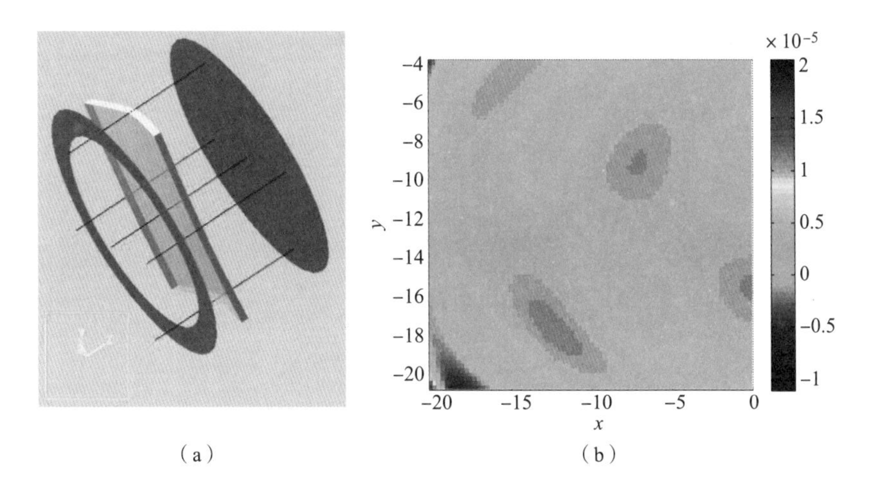

(a)　　　　(b)

图 2-7　X-双曲率面转换成 XY 多项式曲面后

(a) 拟合后的两个曲面的三维结构；(b) 转换后的拟合误差

2.3.2　最佳拟合球面与复曲面基底面

最佳拟合球面不仅在光学曲面的拟合转换中起着至关重要的作用，同时也可以帮助准确地描述出非球面、自由曲面成像系统的初阶光学特性。光学曲面通常由二次曲面和非球面系数共同组成。将高阶非球面转换成其他曲面时，可先将其转换成二次曲面作为过渡，然后将剩余的矢高信息拟合成被转换曲面的非球面系数，将非线性拟合问题简化成线性拟合问题。此外，最佳逼近球面在光学加工中也很重要，因为传统的光学加工方法需要预先加工出与非球面最为接近的球面，然后在此基础上进一步加工出非球面。

在自由曲面成像系统的优化设计过程中，曲面的非球面系数可能会发生较大的变化，而这些变化对曲面面形会产生很大的贡献，尤其是有效工作区域较大的光学曲面。非球面系数项可能与曲面的曲率半径和二次项系数产生相关，即它们与曲率半径、二次项系数对面形变化的贡献相近。这时曲面的曲率半径已不能准确地描述该曲面的初阶光学特性。现在有些专利中甚至抛离了球面基底项，直接使用非球面

系数项或 *XYP* 多项式来生成光学表面的面形[84]。由于光学表面的曲率为 0，将无法计算光学系统的初阶光学特性参数。

为了有效评估自由曲面成像系统的初阶光学特性参数，可将最终的自由曲面转换成普通的球面或非球面。T. Unti 提出了一种适用于非球面加工的最佳球面拟合方法[85]，如图 2－8 所示，它要求拟合出的球面始终在非球面的同一侧，并使球面和非球面之间的最大非球面度和两者间包含的玻璃体积最小。这样在完成加工的最佳球面的基础上，进一步加工非球面的材料去除量最小。本课题组提出的最佳球面拟合原理是使拟合曲面与原始曲面对应点间的矢高差异的均方根最小。

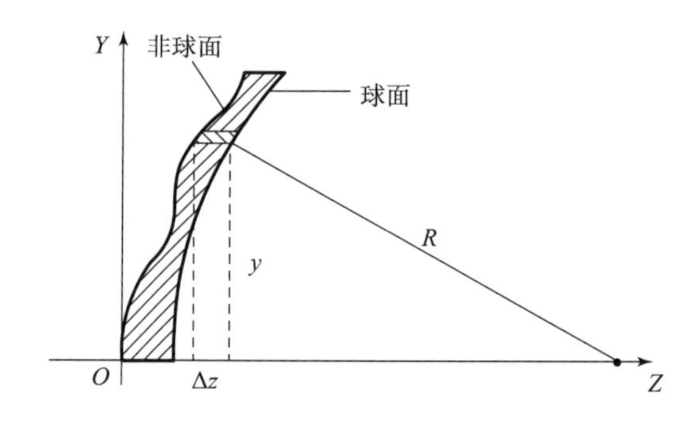

图 2－8　最佳球面拟合方法示意图

为了移除曲面倾斜和偏心，可重新设置拟合曲面的曲率中心位置，然后根据式（2－29）计算并改变拟合曲面的倾斜角度，可消除曲面上下边缘的矢高差异。在此基础上，进行优化使两曲面对应点的矢高误差相等。

$$\alpha = \arctan((S_1 - S_2)/D) \tag{2-29}$$

式中，S_1、S_2 分别为曲面两端的矢高；D 为曲面的有效宽度；α 为曲面的倾斜角度。

为了校正离轴光学系统中的像散，采用的自由曲面在两个方向的曲率半径通常不一致。如果用球面去拟合两个方向曲率半径相差很大的自由曲面，就需要对两个方向的曲率半径进行折中，势必会产生很大的拟合误差，不能准确地描述光学系统的初阶光学特性。因此采用复曲面基底面来拟合自由曲面两个方向的曲率半径，其中复曲面的二次曲面系数和所有非球面系数均设置为0。

图2－9（a）所示的是一个自由曲面楔形棱镜的二维结构，理论焦距为15 mm；图2－9（b）给出的是将图2－9（a）中的自由曲面通过最佳逼近复曲面基底面简化后的棱镜光路结构。两者的形状相近，但是前者显示的焦距仅为7.93 mm，仅为理论值的一半；后者焦距为16.07 mm，更为接近理论值。

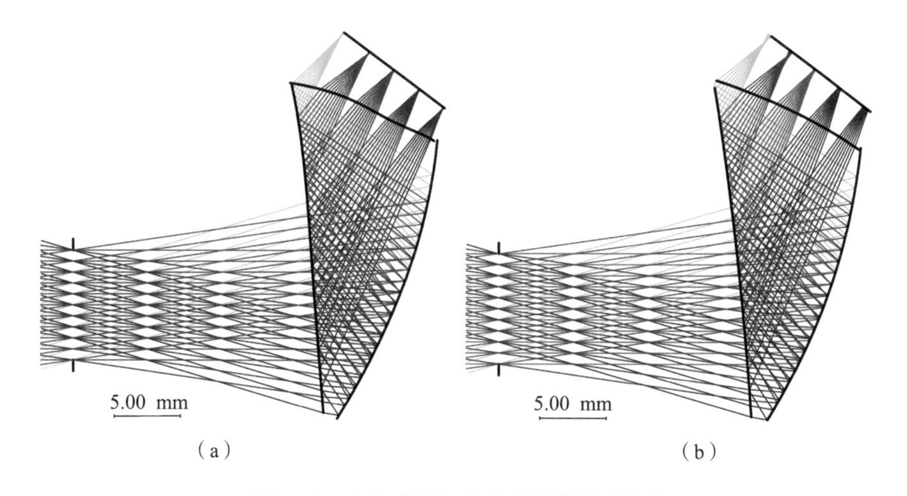

图2－9　自由曲面初阶光学特性描述结构

（a）自由曲面楔形棱镜二维结构；（b）最佳逼近复曲面基底面简化后的棱镜光路结构

表2－5分别列出了图2－9（a）和（b）所示自由曲面棱镜转换前后系统的数据，此处省略了各自由曲面的非球面系数。各曲面的倾斜角度发生了一定的变化。

表2－5　自由曲面棱镜转换前后系统的数据

项目	自由曲面棱镜			最佳逼近复曲面基底面棱镜		
光学表面	1	2	3	1	2	3
子午方向曲率半径	－3507.48	－25.58	－21.052	－261.14	－45.92	－44.479
弧矢方向曲率半径	－3507.48	－25.58	－21.052	－51.51	－33.29	－19.334

续表

项目	自由曲面棱镜			最佳逼近复曲面基底面棱镜		
Y 方向偏心	0.31	0.00	15.537	0.31	0.00	15.537
Z 方向偏心	18.25	24.34	19.403	18.25	24.34	19.403
绕 *X* 轴转角	1.79	-23.08	53.455	5.72	-21.74	68.838
棱镜子午方向焦距		7.933			16.073	
棱镜弧矢方向焦距		7.933			17.133	

2.3.3 同阶复曲面、*XY* 多项式曲面和 *AXYP* 曲面间的拟合转换

球面转换成非球面，同阶非球面升级到复曲面或 *XY* 多项式曲面之间的转换都有解析表达式，因此转换过程中可实现平滑过渡。然而从复曲面到 *XY* 多项式曲面的转换却没有解析方程，因为复曲面具有两个方向的曲率半径和二次项曲面系数，但是 *XY* 多项式曲面却不具有两个方向的曲率半径。复曲面、*XY* 多项式曲面、*X* - *AXYP* 曲面和 *Y* - *AXYP* 曲面的使用频率非常高，而且在优化过程中有各自的优势，接下来比较这些同阶曲面的相互转换方法。

从复曲面到 *XY* 多项式曲面的演变，可以采用以下两种途径：

（1）在优化设计过程中分别保持复曲面两个方向的曲率半径和二次曲面系数一致（$c_x = c_y$，$k_x = k_y$），即保持基底项为旋转对称二次曲面，则复曲面到 *XY* 多项式曲面的过渡有直接的数学解析表达式，将复曲面的各项系数展开合并同类项，就可完成向 *XY* 多项式曲面转换，实现无误差的平滑过渡。

（2）如果保持复曲面两个方向的曲率半径和二次曲面系数相同，将使复曲面的像差校正能力大打折扣。因为两个方向的曲率半径和二次曲面系数通常差别很大，复曲面到 *XY* 多项式曲面的升级过程中必然会产生误差。这种情况下，可以使用最小二乘法和奇异值分解方法

来求解 XY 多项式曲面的各项系数。

复曲面向 $X-AXYP$ 曲面或 $Y-AXYP$ 曲面的转换，仅需将复曲面方程中的多项式系数展开合并同类项即可，理论上转换误差为0，但是可能会出现因数据精度截断而产生的误差现象。由于复曲面关于两个平面对称，转换过程中可选取 XY 多项式曲面中的有关 x 和 y 的偶次幂项。但是考虑到复曲面可能会偏心使用，实际系统仅有一个对称面；同时由于复曲面两个方向的曲率半径不相同，实际情况下使用 $X-AXYP$ 曲面或 $Y-AXYP$ 曲面，即选用 x 的偶次幂项或 y 的偶次幂项。

同阶 $AXYP$ 曲面比 XY 多项式曲面多弧矢方向的曲率半径和二次曲面系数，$AXYP$ 曲面向 XY 多项式曲面的转换会存在一定的误差。然而 $X-AXYP$ 或 $Y-AXYP$ 曲面比 XY 多项式曲面的系数要少，可以通过重新调整 XY 多项式曲面的各项系数来实现高精度的过渡。转换精度既受到拟合方法的影响，也受到拟合转换区域位置和大小的影响，在该试验中选择的 x 方向范围为 $-10\sim10$ mm，y 方向的范围为 $0\sim15$ mm。

图2－10分别为采用最小二乘法、奇异值分解方法以及优化方法进行拟合的三维误差图。最小二乘法拟合误差的 RMS 值为 8.40×10^{-5}；奇异值分解方法拟合误差的 RMS 值为 1.95×10^{-7}；如果直接升级成 $X-AXYP$ 曲面，其 RMS 误差为 3.95×10^{-15}，完全可以忽略不

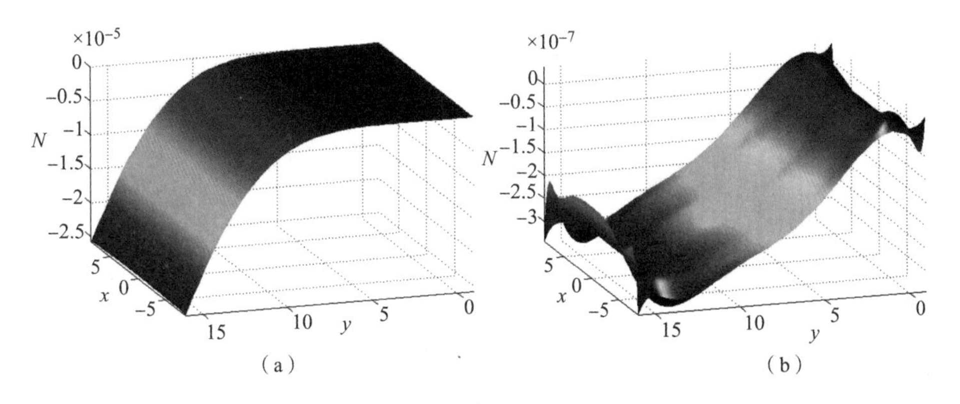

（a）　　（b）

图2－10　采用不同方法将复曲面转换为 XY 多项式曲面后的拟合三维误差图

（a）采用最小二乘法的拟合三维误差图；（b）采用奇异值分解方法的拟合三维误差图

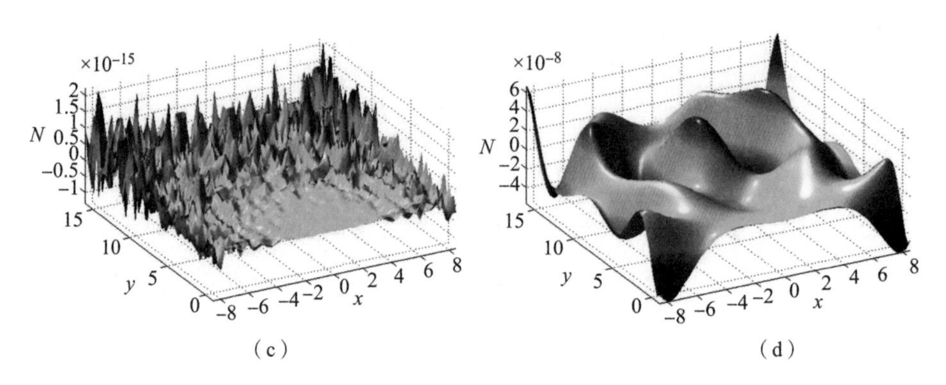

图 2 - 10 采用不同方法将复曲面转换为 *XY* 多项式曲面后的拟合三维误差图（续）

（c）复曲面直接升级为 *X - AXYP* 曲面；

（d）将转换后的 *X - AXYP* 曲面进一步优化成 *XY* 多项式曲面

计。如果进一步将 *X - AXYP* 曲面优化成 *XY* 多项式曲面，其 RMS 转换误差为 1.67×10^{-8}，比奇异值分解方法精度高出一个数量级。

第3章

自由曲面成像系统设计的逐步逼近优化算法

光学系统的优化设计需要有良好的初始结构，初始结构形式的选取对设计周期的长短和最终设计结果的优劣有很大的影响。然而目前可供参考的自由曲面成像系统很少，增加了初始结构建模的难度。高阶曲面的结构变量多，光线追迹速度慢，而对称性的缺失要求在优化过程中抽样更多的视场和光线，这些因素导致优化耗时显著增加、优化周期大幅延长。如果选择不合适的初始结构会导致优化失败，浪费光学设计人员大量宝贵的时间。本章提出自由曲面成像系统设计的逐步逼近算法，利用球面搭建光学系统的初始结构，使其满足基本的结构和初阶光学特性要求；在此基础上逐步升级曲面的面形描述方式，并结合更为严格的优化控制条件进行设计，最终得到满足要求的设计结果。

3.1　逐步逼近优化算法原理

本章研究的自由曲面成像系统的逐步逼近优化算法将优化设计分解成几个关键步骤。在设计的开始阶段首先使用低阶曲面，甚至使用球面来建立初始结构，使其满足基本的光学特性参数和结构要求，对像差和成像质量不做严格的要求。完成初步优化后，逐渐将光学表面升级为非球面和更为灵活的自由曲面，并进行下一轮优化，在此过程中逐步加入像差约束和更为严格的结构控制条件。如此优化循环逐步将球面替换成高级自由曲面（如 *XYP* 曲面或 *AXYP* 曲面）并满足设计要求。这样在自由曲面成像系统的初始阶段就可以借鉴众多的旋转对称系统，有效地解决初始结构少的问题，同时也保证每进一步优化都有较好的初始结构，大幅缩短优化设计周期，提高前期优化的设计效率。下面通过具体的设计实例来详细阐述逐步逼近优化算法的思路与步骤。

3.2 逐步逼近优化算法实例

我们以自由曲面楔形棱镜光学系统（图 3 – 1）为例，表 3 – 1 给出了该系统的光学特性参数。由于整个系统仅关于 *Y* – *Z* 面对称，因此定义的视场需要覆盖水平方向的半个像面，而不仅仅是径向方向的几个像点。抽样谱段为 486. 1、587. 6 和 486. 1 nm，对应的权重分别是 1、2 和 1，视场角为（0°，0°）、（0°，9. 15°）、（0°，– 9. 15°）、

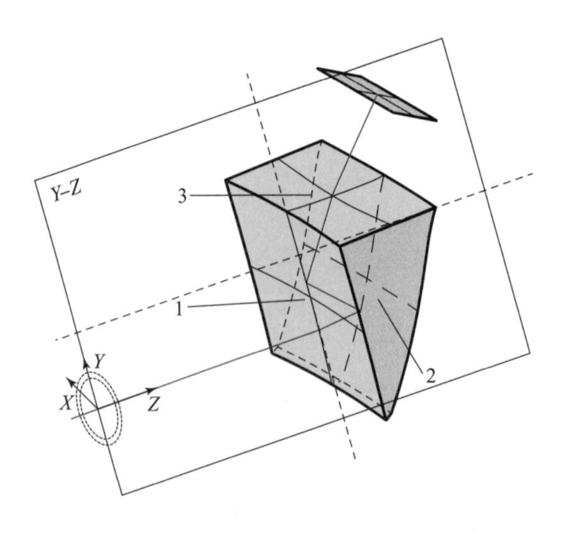

图 3 – 1　自由曲面楔形棱镜三维结构示意图

(12.1°，0°)、(12.1°，9.15°) 和 (12.1°，-9.15°)。在优化后期将抽样更多的视场，以确保像面各处成像质量的均匀性。

表3-1　实例系统的光学特性参数

参数	要求
波段/nm	486.1～656.3
显示器大小/mm	9×6.8
分辨率/Pixel	640×480
视场角/(°)	24.2 H×18.3 V
焦距/mm	21
出瞳直径/mm	8
出瞳距/mm	>25
有效出瞳距/mm	>23
渐晕	无
畸变	<3%
成像质量	33 lps/mm处MTF>20%

在优化过程中，优化变量包括所有表面的曲率半径、非球面系数、复曲面的旋转对称系数及非旋转对称系数、*Y*和*Z*方向的偏心、各面绕*X*轴的旋转角度等，以及*XY*多项式曲面的有关*x*偶次幂项的各项系数。控制条件如合理的物理结构控制条件、全反射条件、像差控制条件、畸变和有效出瞳距离等都加入控制。具体的结构控制和像差约束优化方法将在第6章进行深入阐述。此外，为了方便加工，在最后优化阶段控制了光学表面的最大矢高和斜率。

3.3　逐步逼近优化算法的分阶段优化

为了全面阐述和验证逐步逼近优化算法的原理与思路，我们将该实例分为5个阶段进行优化设计。

3.3.1 逐步逼近优化算法初始结构的建立

光学设计优化的初始结构可以从专利文献中获取，也可根据系统的初阶特性参数进行计算求解。通过分析该实例的物理结构要求和初阶特性参数，粗略地计算出了它的初始结构。

表3－2列出了该结构各光学表面的顶点曲率半径及曲率原点相对于全局坐标系下的具体位置和旋转数据，全局坐标原点在出瞳中心。光学表面1曲率顶点的Z偏心为25 mm，旋转角度为5.5°，曲率半径为－300 mm，保证有效出瞳距离大于23 mm。光学表面2为凹反射面，它为系统提供绝大部分的光焦度，曲率半径初选为－61 mm，Z偏心为33 mm，旋转角度为－20°。为了保证物理结构合理的有效性，追迹两条边缘光线确定表面3的参数，Y偏心优选为16.5 mm，Z偏心为30 mm，旋转角度为70°，要求其曲率半径使系统焦距等于21 mm，因此该值为－38.525 8 mm。像面的最终位置和角度是通过优化的方式确定的。

表3－2　各光学表面的顶点曲率半径及曲率原点相对于全局坐标系下的具体位置和旋转数据

光学表面序号	曲率半径/mm	X偏心/mm	Y偏心/mm	Z偏心/mm	绕X轴旋转角度/(°)
1	－300	0	0	25	5.5
2	－61	0	0	33	－20
3	－38.525 8	0	16.5	30	70
像面	∞	0	21.18	34.02	67.152

图3－2（a）显示的是初始系统的二维结构；图3－2（b）是该系统的网格畸变，最大畸变为10.8%；图3－2（c）和（d）是该系统的传递函数曲线，在空间频率3 lps/mm处基本降为0。

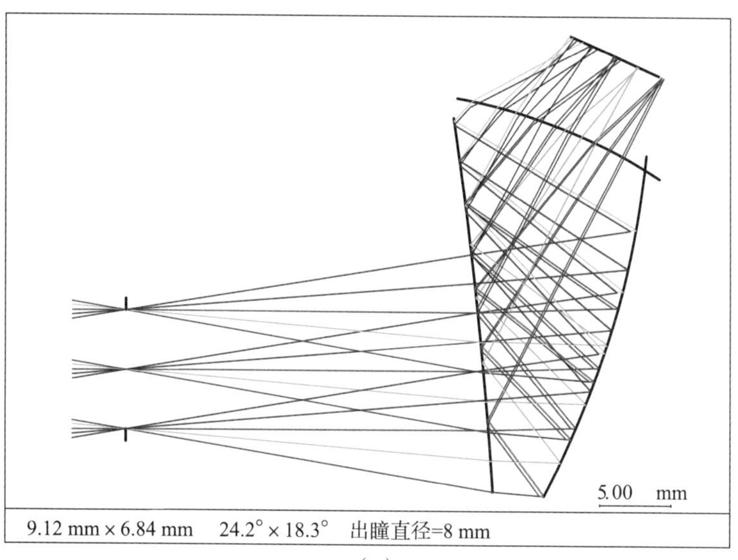

(a)

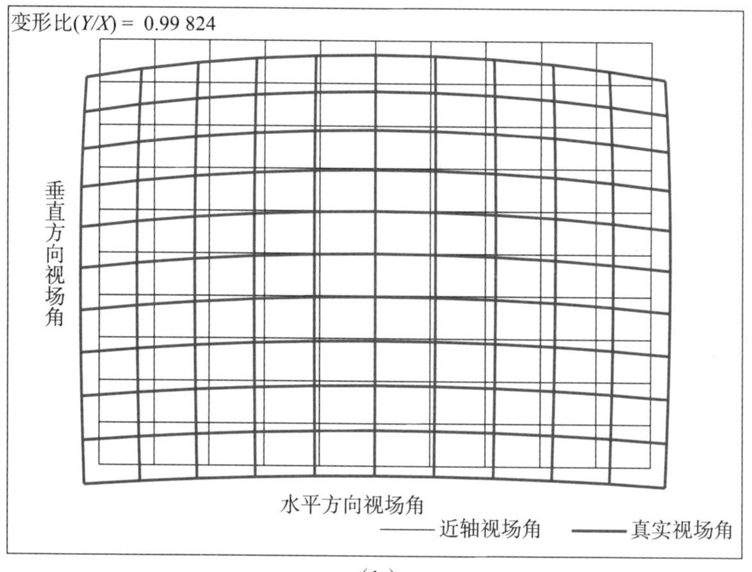

(b)

图 3-2　设计初始结构，全球面设计系统

(a) 二维结构；(b) 网格畸变

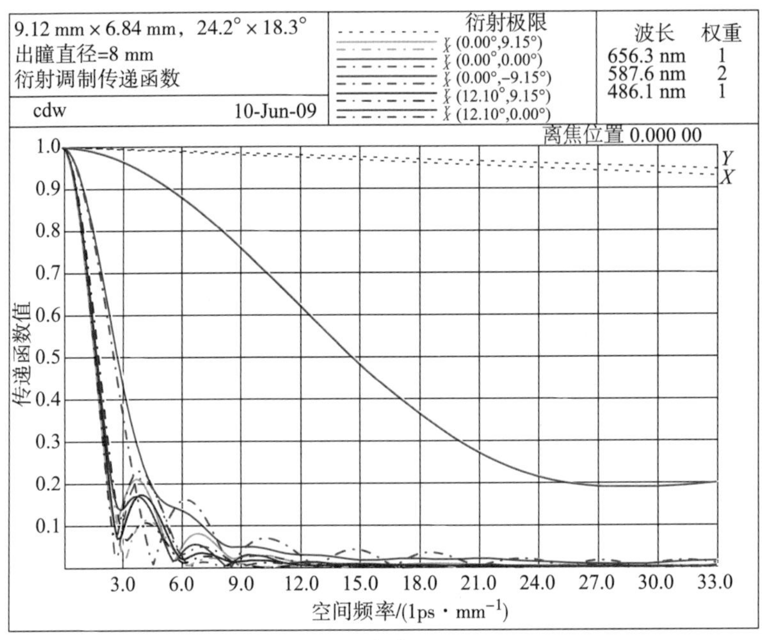

（c）

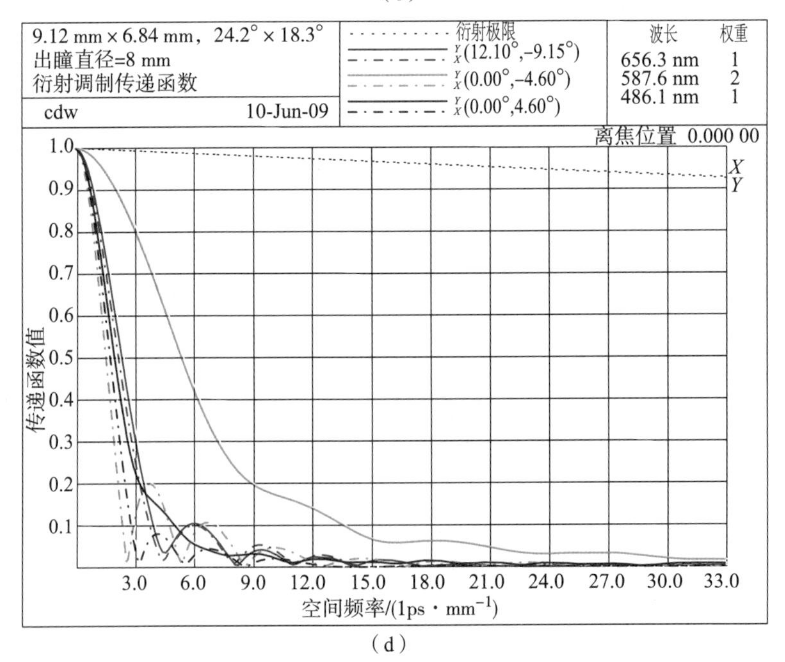

（d）

图 3－2 设计初始结构，全球面设计系统（续）

（c）（d）传递函数曲线

3.3.2 逐步逼近优化过程

3.3.2.1 全球面结构

在该阶段的优化过程中加入了物理结构边界条件和曲面偏心程度的约束，对畸变和其他像差均不作控制，所有视场的两个方位上的权重均相等。

图3－3显示的是逐步逼近优化算法第一阶段的优化结果，可以看出系统的结构更为紧凑，但是畸变和传递函数的改善很小。最大畸变为6.7%，传递函数曲线在5 lps/mm以后基本上为0。可以看出仅仅使用球面进行设计，根本无法实现最终的设计目标，因此需要进行下一阶段的优化。

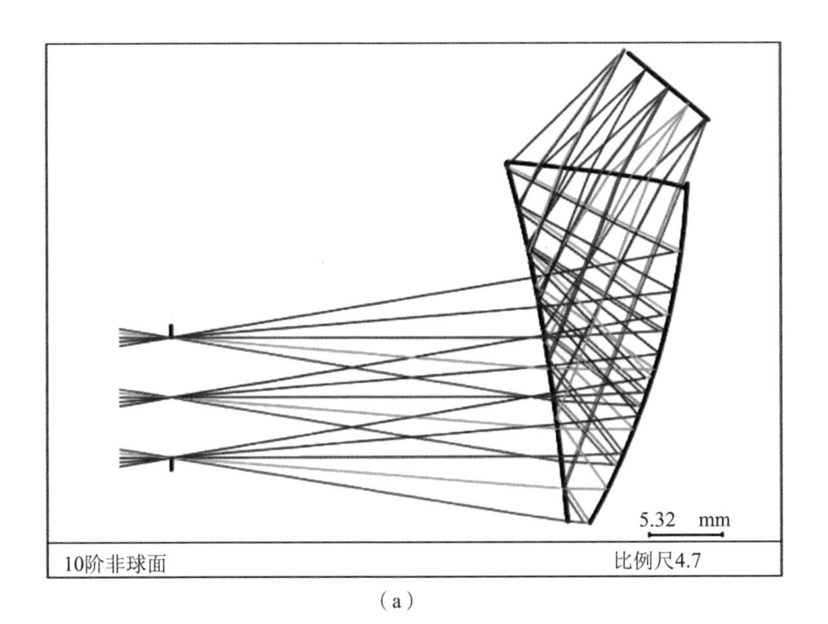

（a）

图3－3 逐步逼近优化算法第一阶段的优化结果

（a）二维结构

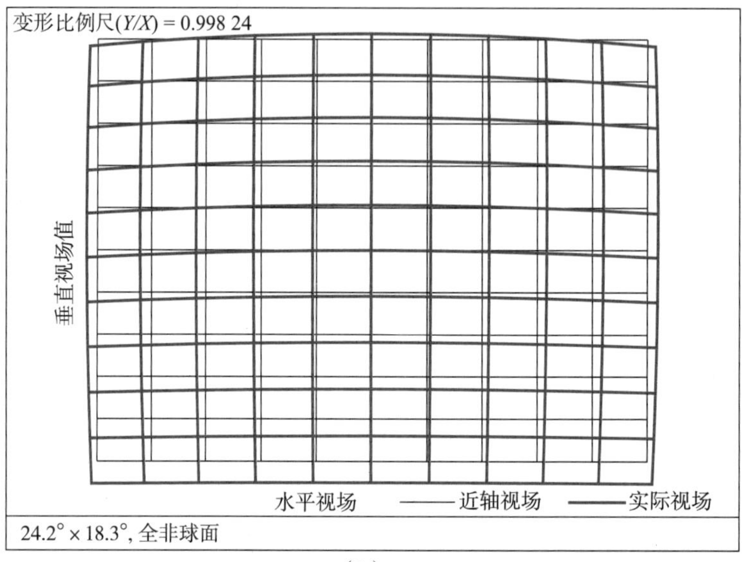

（b）

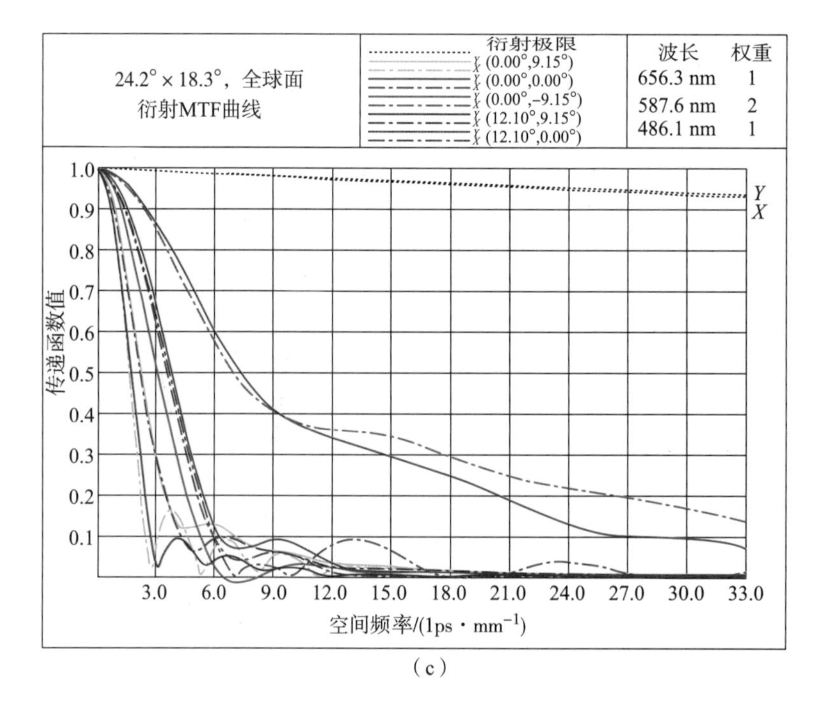

（c）

图 3-3 逐步逼近优化算法第一阶段的优化结果（续）

（b）网格畸变；（c）传递函数曲线

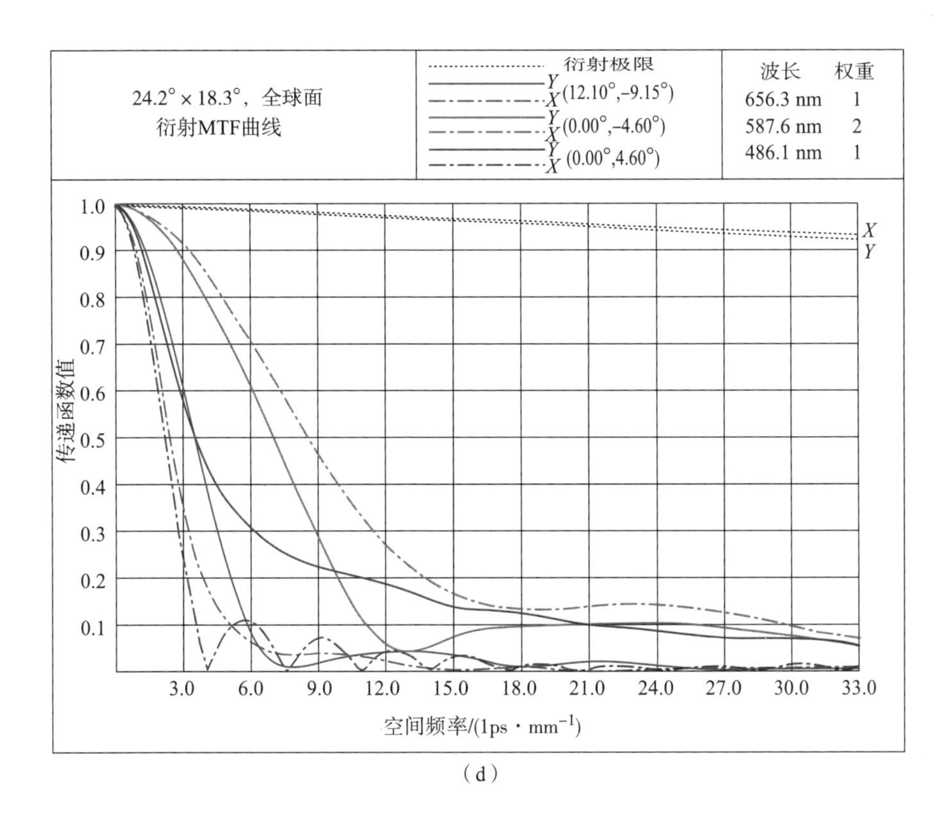

（d）

图 3－3　逐步逼近优化算法第一阶段的优化结果（续）

（d）传递函数曲线

3.3.2.2　全非球面结构

在逐步逼近优化算法的第二阶段，将棱镜的 3 个光学表面升级为非球面，即在原球面的基础上增加若干非球面系数项，在该实例中加到 10 阶项。在优化过程中，没有控制系统的畸变及其他像差，但是控制了棱镜的物理结构和各光学表面的偏心程度，光学表面 1 和 2 在 Y 方向的偏心值以及光学表面 3 在 Z 方向的偏心值也得到了有效控制，避免因离轴偏心程度过大而导致曲面边缘的振荡效应。如果不加入离轴偏心控制条件，则棱镜表面的曲率中心将远离曲面的有效工作区域。

优化后非球面棱镜式二维结构如图 3 -4（a）所示，系统的整体结构显得更为紧凑。畸变如图 3 -4（b）所示，由于优化时没有加入畸变控制而没有得到改善，最大值为 8.96%。图 3 -4（c）和（d）显示的是经过逐步逼近优化算法第二阶段优化后系统的传递函数曲线，有了较为显著的提高，但还没达到设计要求。由于像散等离轴像差的影响，弧矢方向的传递函数曲线（图 3 -4（c）中的虚线）明显高于子午方向的传递函数曲线（图 3 -4（c）中的实线），这也意味着系统还有较大的提高空间。为了校正像散，需要进一步将非球面升级为复曲面。

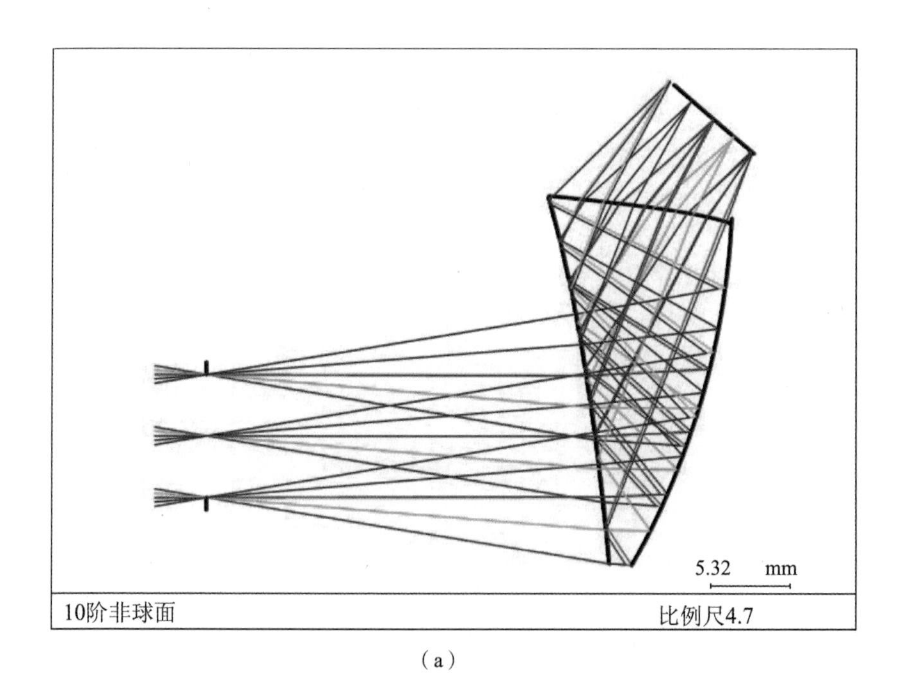

（a）

图 3 -4　逐步逼近优化算法第二阶段，全非球面系统

（a）二维结构

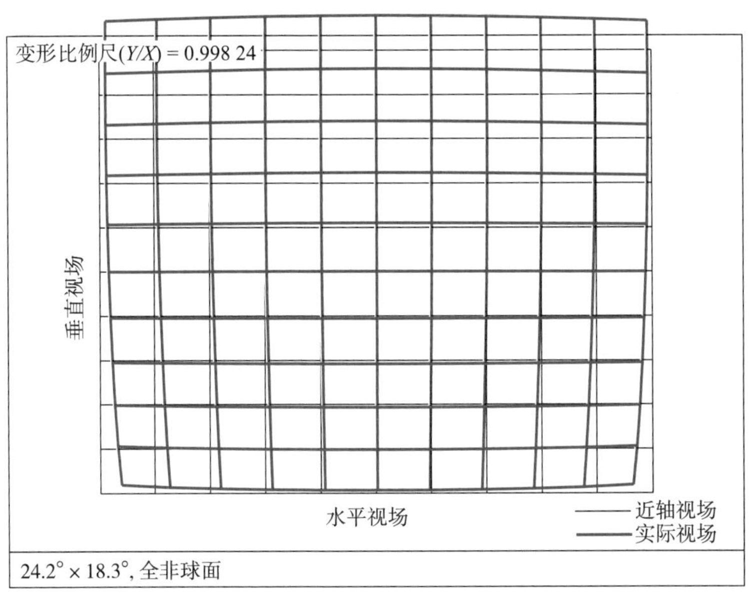

(b)

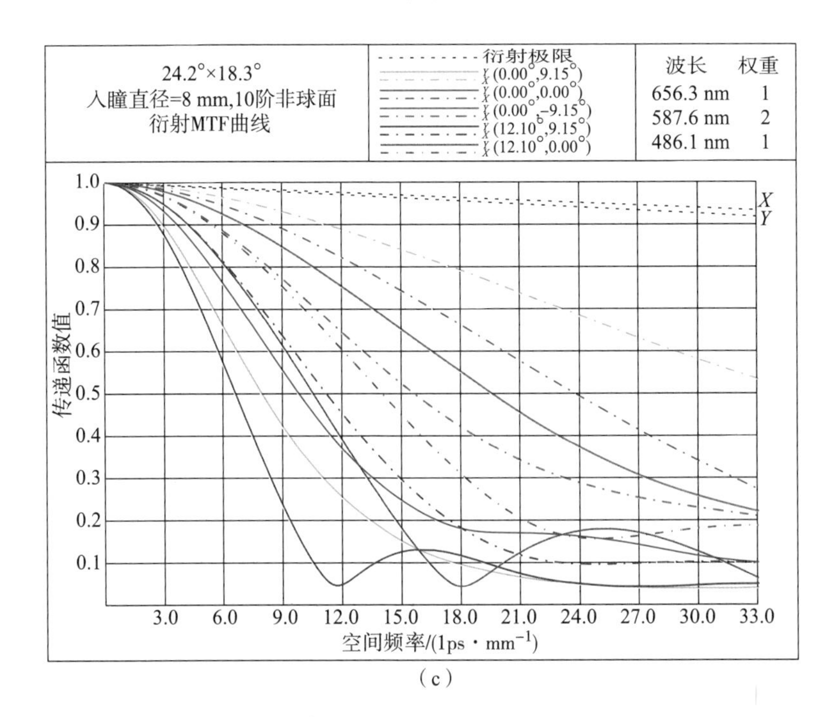

(c)

图3-4 逐步逼近优化算法第二阶段,全非球面系统(续)

(b) 网格畸变;(c)传递函数曲线

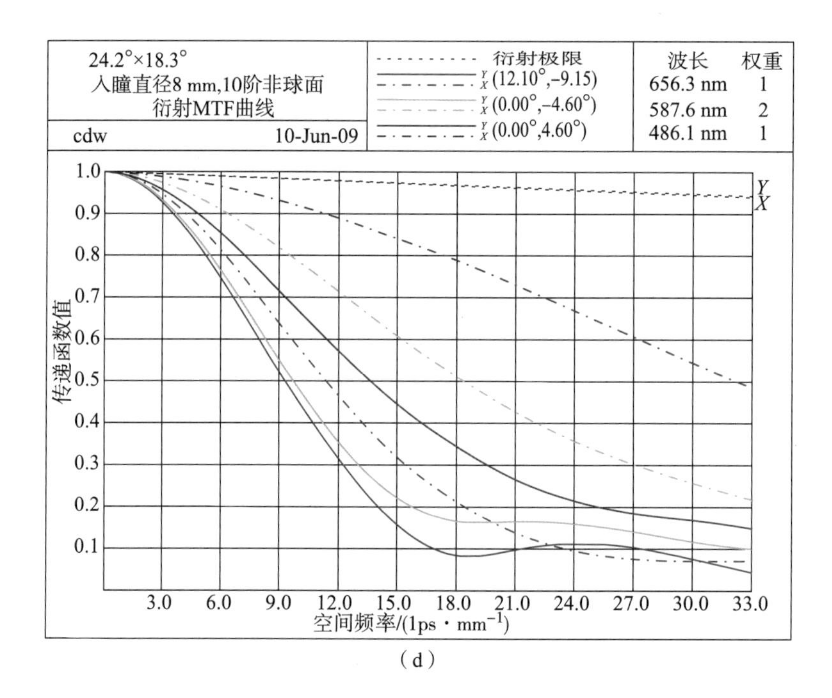

(d)

图3-4　逐步逼近优化算法第二阶段,全非球面系统(续)

(d)传递函数曲线

3.3.2.3　全复曲面结构

在这一阶段将进一步将非球面转换成幂数相同的复曲面，即在原有非球面的基础上增加相同幂数的非旋转对称非球面系数项，该实例中加到10阶项。此外，弧矢方向的曲率半径和二次项系数也作为优化变量。由于非对称项的加入，曲面的面形变化越来越复杂，需要加入更多的视场以及抽样更密的光线来评估系统的像差和成像质量情况，这样既可以避免光学曲面上的某些区域因没有光线入射而发生剧烈的变形，又能保证整个像面和光瞳范围内的成像质量比较均衡。

图3-5显示的是经过逐步逼近优化算法第三阶段全复曲面结构系统的结果，由于在该优化过程中保持其他控制条件不变，但是将畸变控制在3%以内，系统的最大畸变由6.7%迅速降到了1.36%，同时系

统的传递函数得到了进一步的提高，传递函数在子午和弧矢方向的差异也大为减小，但与最终设计要求还是有一定的差距。

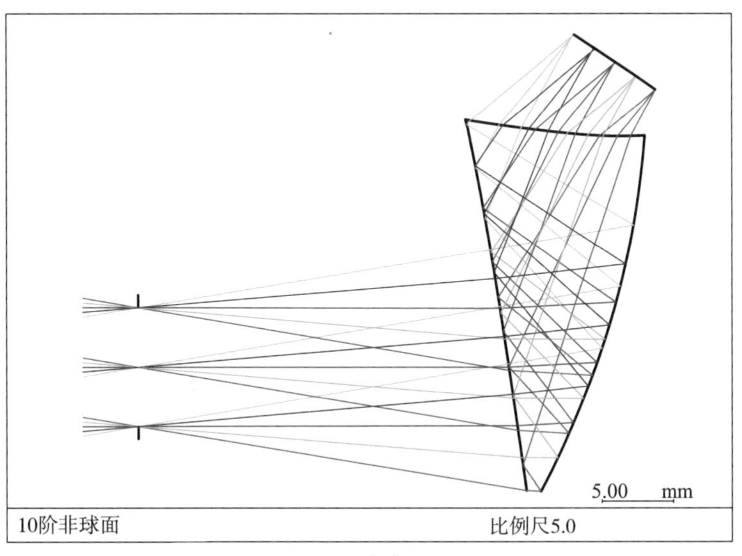

(a)

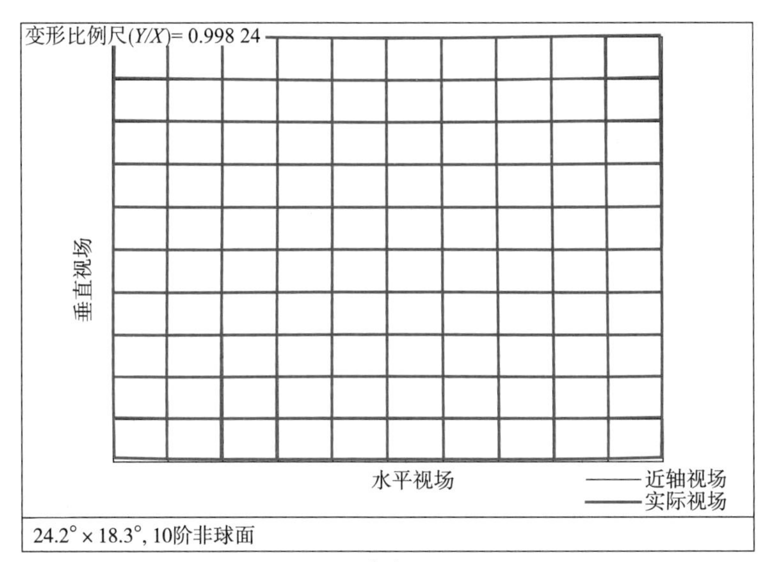

(b)

图3-5 逐步逼近优化算法第三阶段全复曲面结构系统的结果

(a) 二维结构；(b) 网格畸变

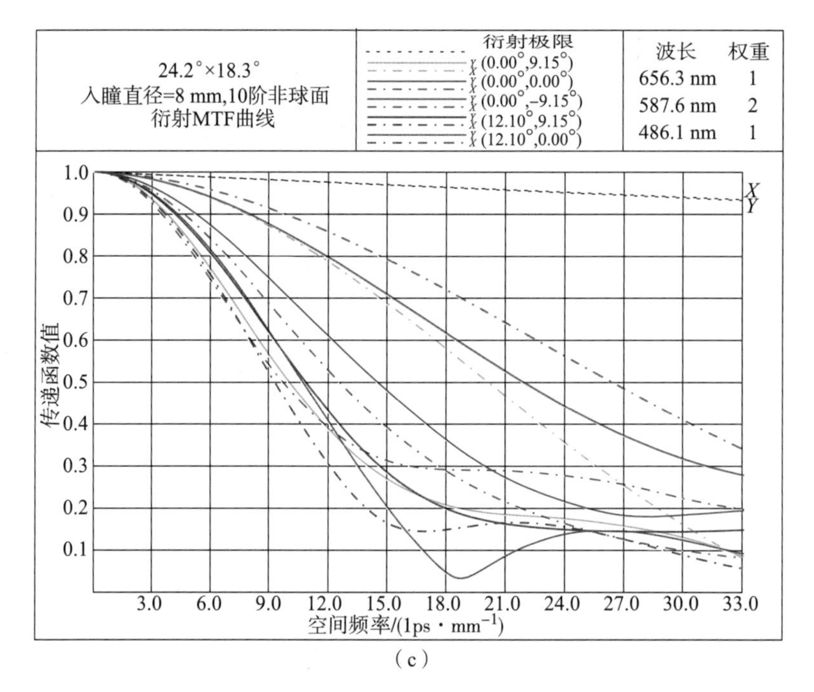

(c)

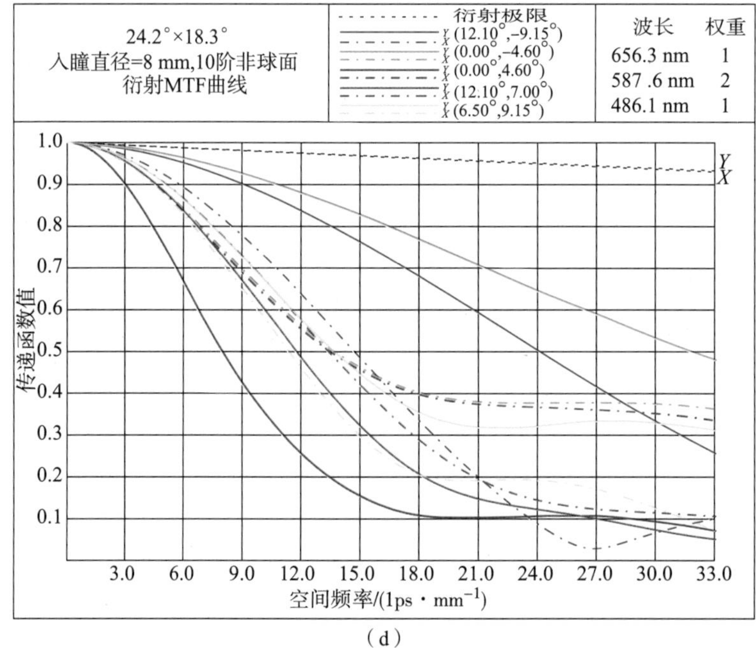

(d)

图3-5 逐步逼近优化算法第三阶段全复曲面结构系统的结果（续）

(c)(d) 传递函数曲线

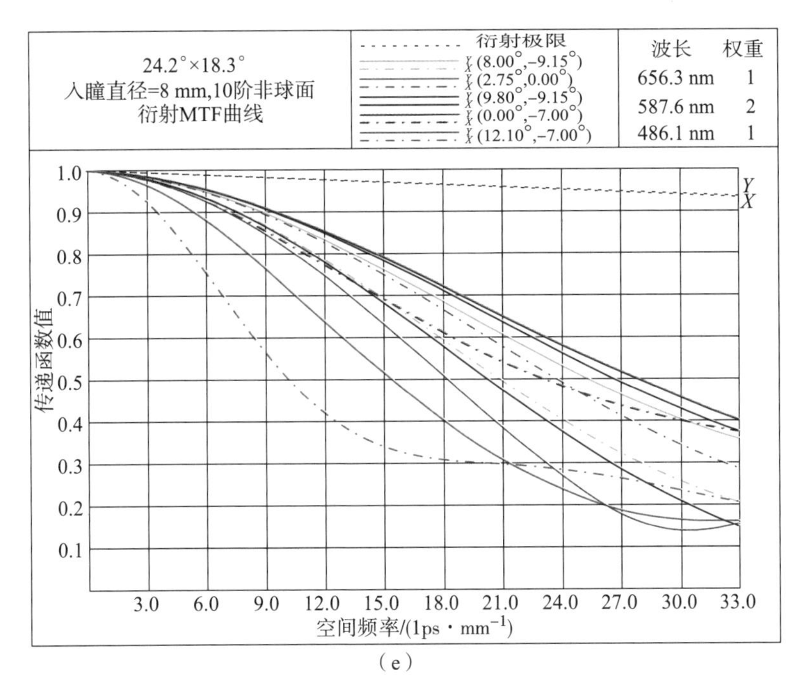

（e）

图3－5　逐步逼近优化算法第三阶段全复曲面结构系统的结果（续）

（e）传递函数曲线

3.3.2.4　全 *XY* 多项式曲面结构

对于相对孔径和视场角较小的头盔显示器光学系统，可在复曲面组成的棱镜式结构光学系统的基础上进行全局优化，以搜索到满足要求的设计，但是对于大孔径、大视场的自由曲面成像系统，还需要将复曲面进一步升级优化。这里，我们将系统中的复曲面转换成 *XY* 多项式曲面并进行下一步优化。

图3－6显示的是通过拟合方法将复曲面升级到 *XY* 多项式曲面的结果。由于曲面升级过程中棱镜的前光学表面产生了较大的误差，导致系统的成像质量恶化。图3－6（c）、图3－6（d）和图3－6（e）所示的是转换后系统的传递函数曲线，分别与图3－5（c）、图3－5（d）和图3－5（e）相比，成像质量恶化了不少。如果要将系统的成像质量恢复到转换前的水平，可撤销系统中的所有变量，仅将前光学表面的系数设为优化变量，然后进行优化达到该目的。

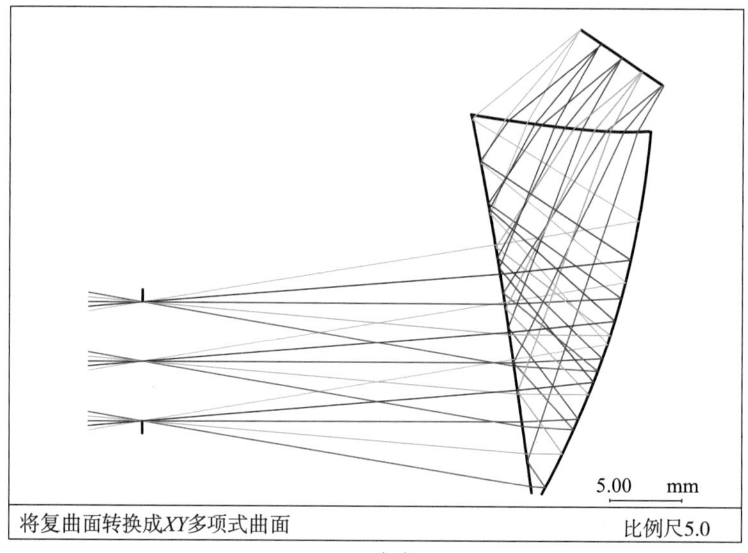

(a)

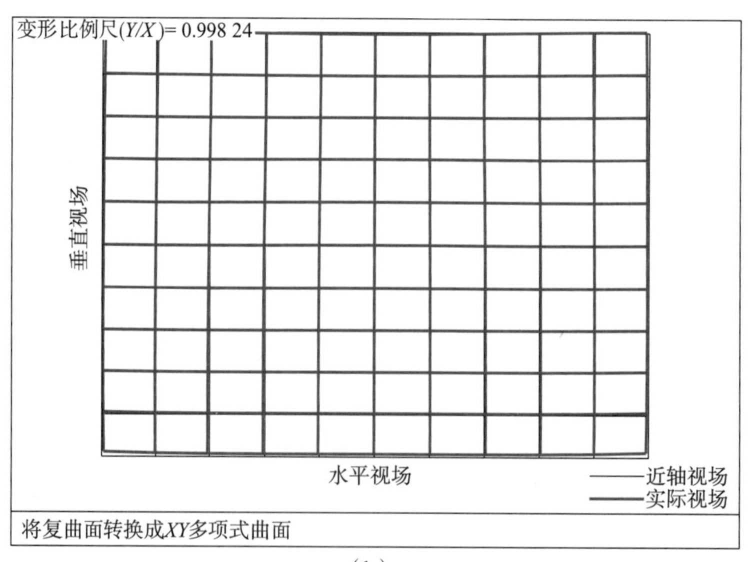

(b)

图3-6 逐步逼近优化算法第四阶段初始结构，通过拟合转换方法将复曲面全部转换成 XY 多项式曲面后系统的结果

(a) 二维结构；(b) 网格畸变

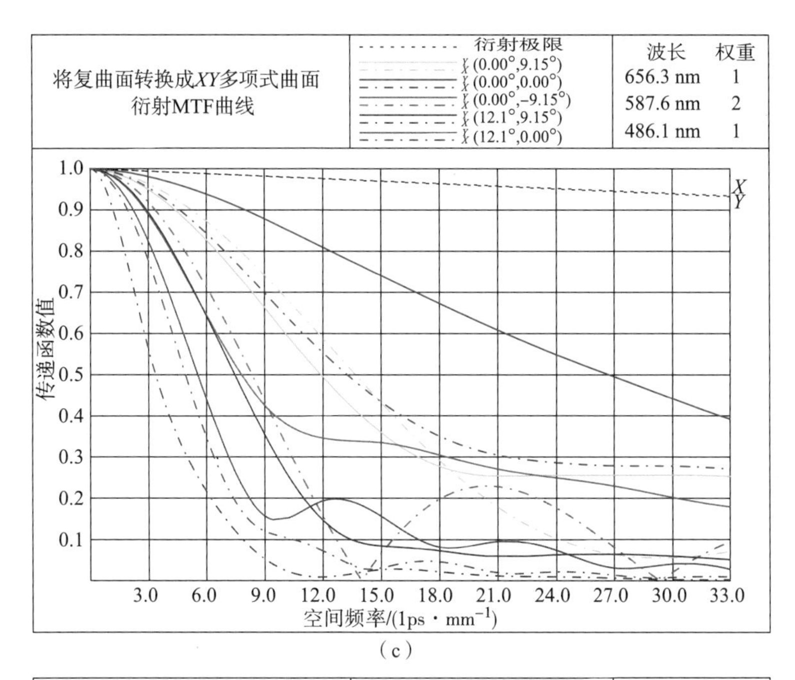

(c)

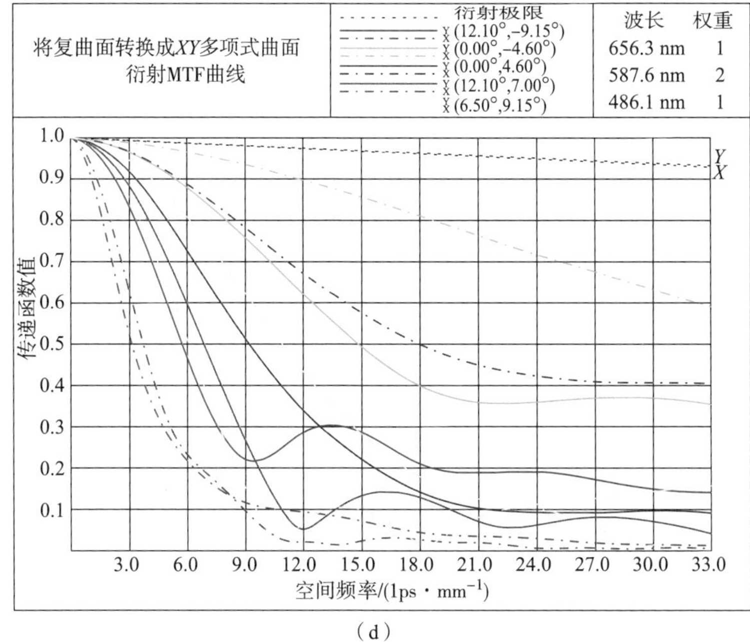

(d)

图 3-6 逐步逼近优化算法第四阶段初始结构，通过拟合转换方法将复曲面全部转换成 *XY* 多项式曲面后系统的结果（续）

(c)(d)传递函数曲线

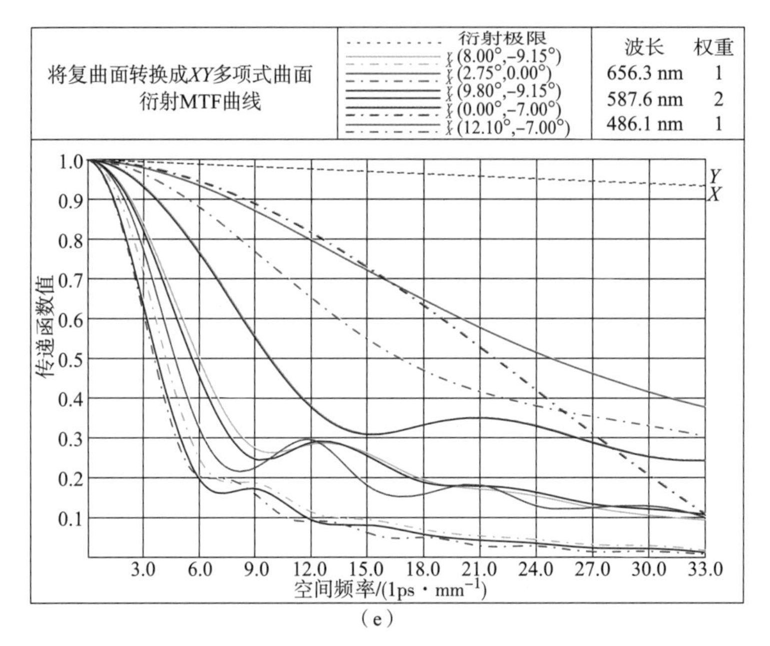

(e)

图 3-6 逐步逼近优化算法第四阶段初始结构，通过拟合转换方法将复曲面全部转换成 *XY* 多项式曲面后系统的结果（续）

(e) 传递函数曲线

图 3-7 是在 *AXYP* 曲面的帮助下，将 3 个复曲面升级到 *XY* 多项式曲面后系统的传递函数曲线，成像质量与图 3-5 相比，并没有明显的下降。需要指出的是，借助 *AXYP* 曲面的帮助，可以在 CODE V 光学设计软件中一次性不间断地完成整个逐步逼近优化设计流程，显著提高自由曲面成像系统设计的自动化程度，并且提高设计结果的成像质量。

在逐步逼近优化算法第四阶段后期的优化过程中，需要把所有可用的曲面系数、曲率半径、位置和倾斜角度都作为变量，并加入所有的约束条件，同时严格控制畸变和曲面的最大矢高。如果自由曲面与基准球面的偏离程度太大，将会破坏自由曲面棱镜的闭合与加工的可行性，同时还大大增加了模具的加工难度。在此过程中，各视场、方位的权重仍然采用相同值。在将复曲面转换成 *XY* 多项式曲面系统的基础上，进一步优化系统，传递函数曲线如图 3-8（b）（c）（d）所示，系统的误差评价函数为 100。图 3-8（e）（f）（g）给出的是通

过 *AXYP* 曲面，将复曲面升级成 XY 多项式曲面系统的基础上，进一步优化结果的传递函数曲线，系统此时的误差评价函数为 93。

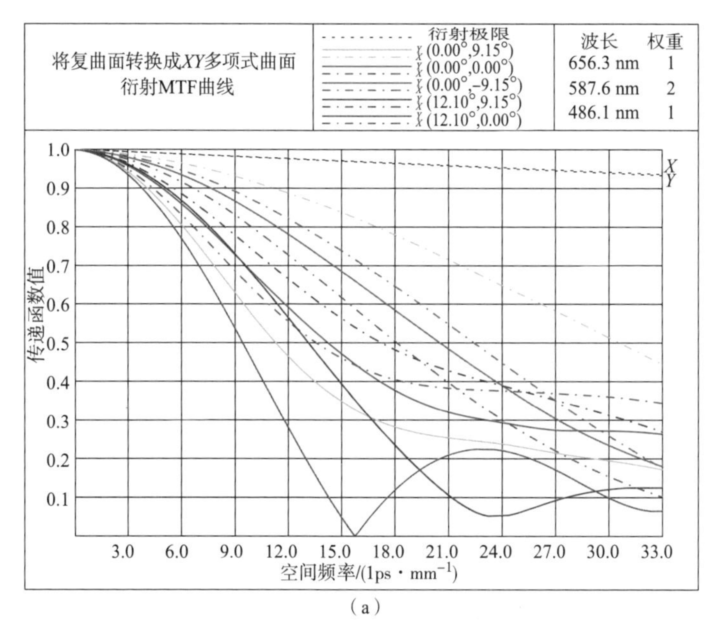

(a)

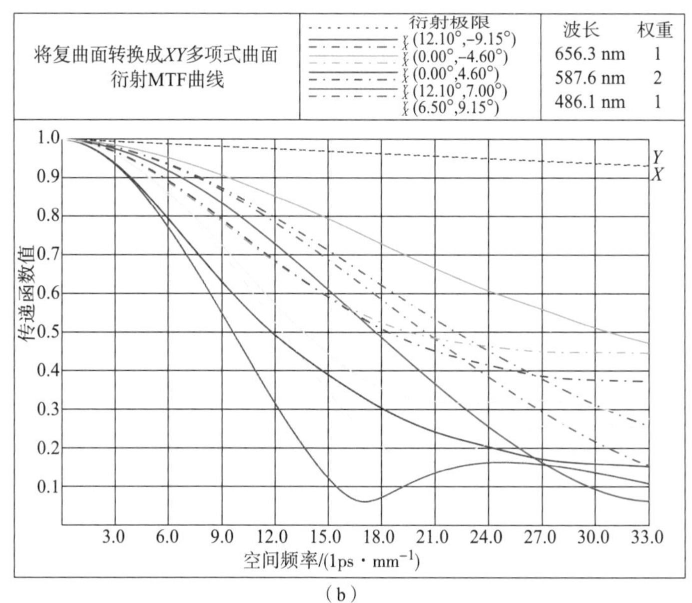

(b)

图 3-7 逐步逼近优化算法第四阶段初始结构，借助 *AXYP* 曲面将 3 个复曲面升级到 *XY* 多项式曲面后系统的传递函数曲线

(a)(b) 传递函数曲线

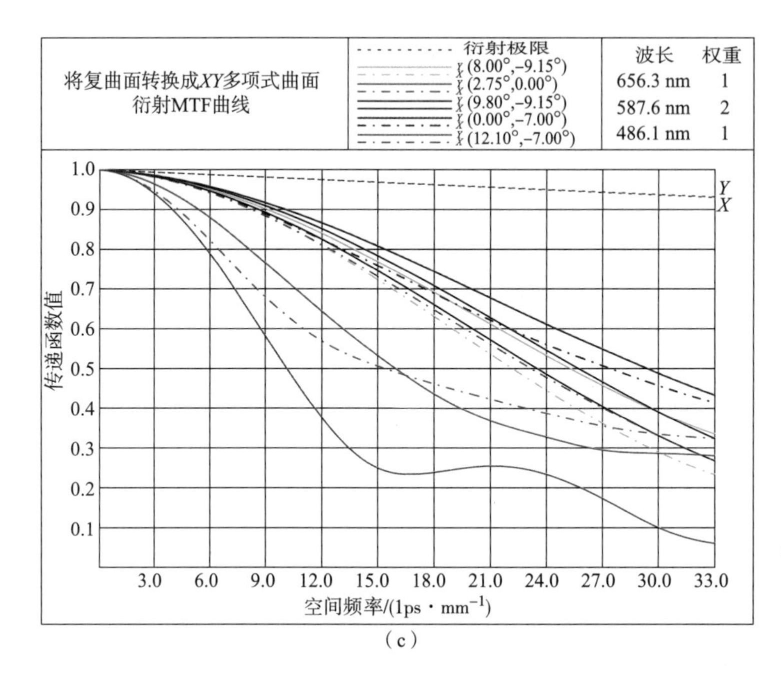

(c)

图 3-7 逐步逼近优化算法第四阶段初始结构，借助 *AXYP* 曲面将 3 个复曲面升级到 *XY* 多项式曲面后系统的传递函数曲线（续）

(c) 传递函数曲线

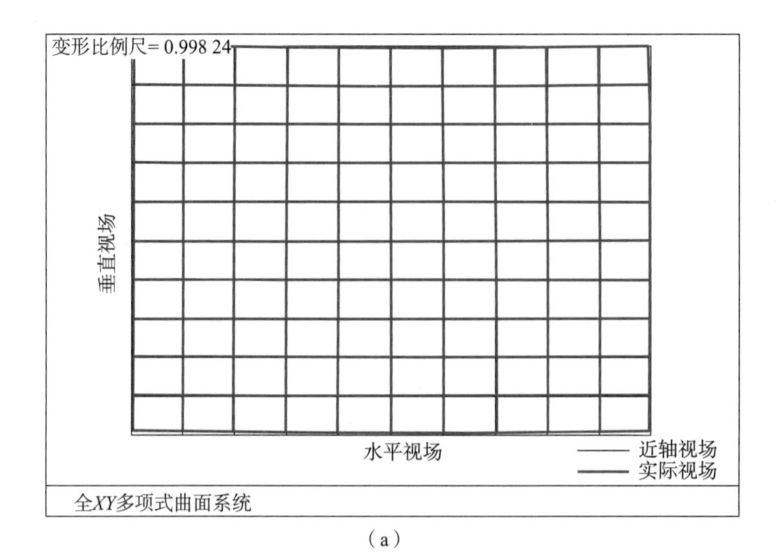

(a)

图 3-8 逐步逼近优化算法第四阶段后期，全 *XY* 多项式曲面图

(a) 网格畸变

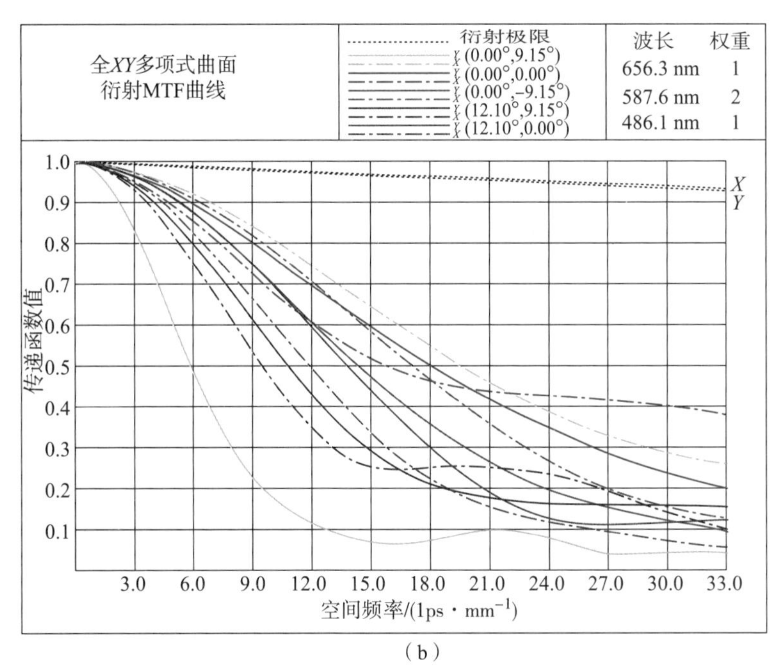

(b)

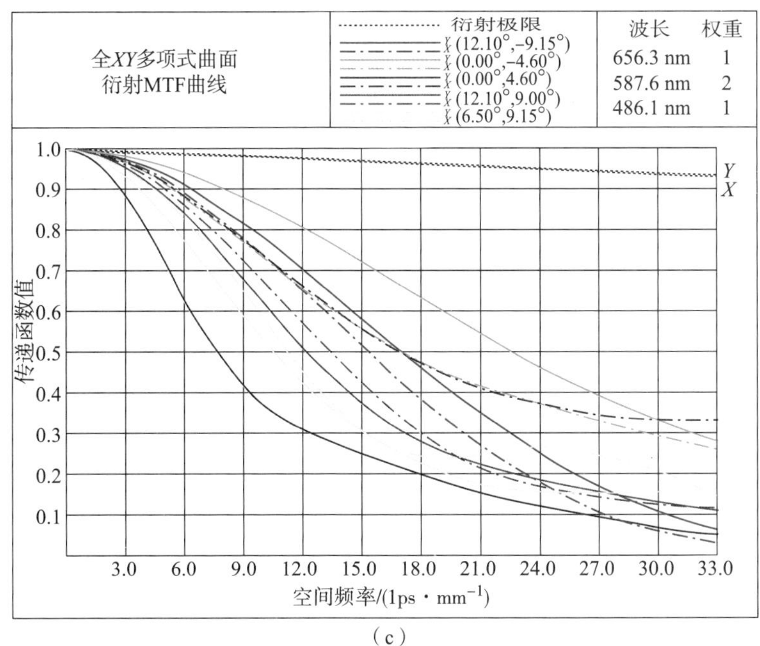

(c)

图3-8 逐步逼近优化算法第四阶段后期，全 *XY* 多项式曲面图（续）

(b)(c) 在通过奇异值分解法将复曲面升级成 *XYP* 曲面基础上进一步优化后系统的传递函数曲线

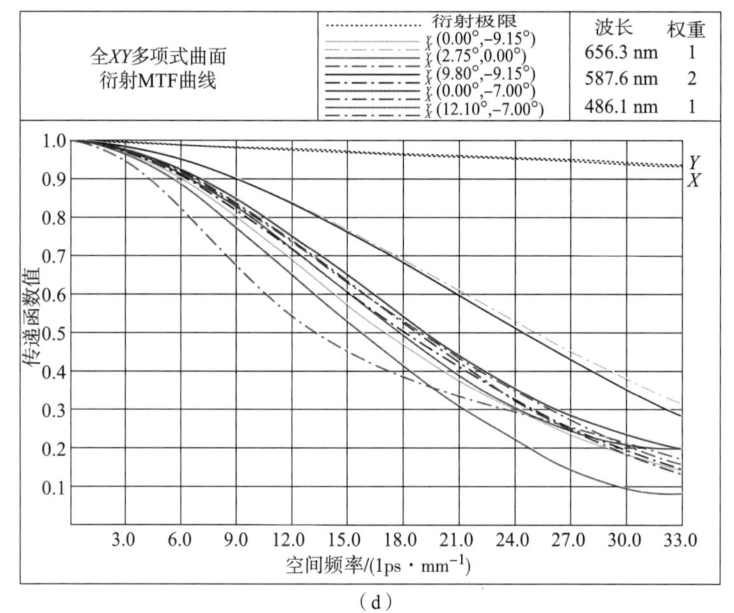

(d)

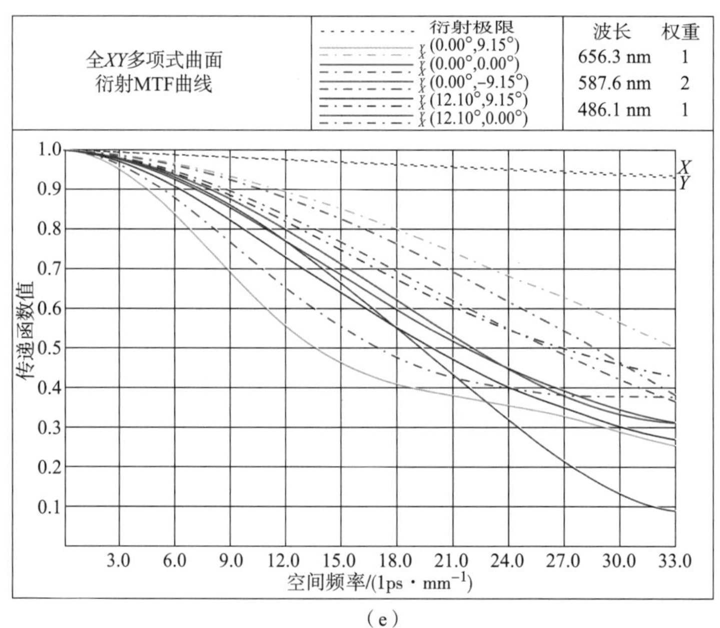

(e)

图 3-8 逐步逼近优化算法第四阶段后期，全 *XY* 多项式曲面系统图（续）

（d）在通过奇异值分解法将复曲面升级成 *XYP* 曲面基础上进一步优化后系统的传递函数曲线；（e）在通过 *AXYP* 曲面将复曲面升级成 *XYP* 曲面基础上进一步优化后系统的传递函数曲线

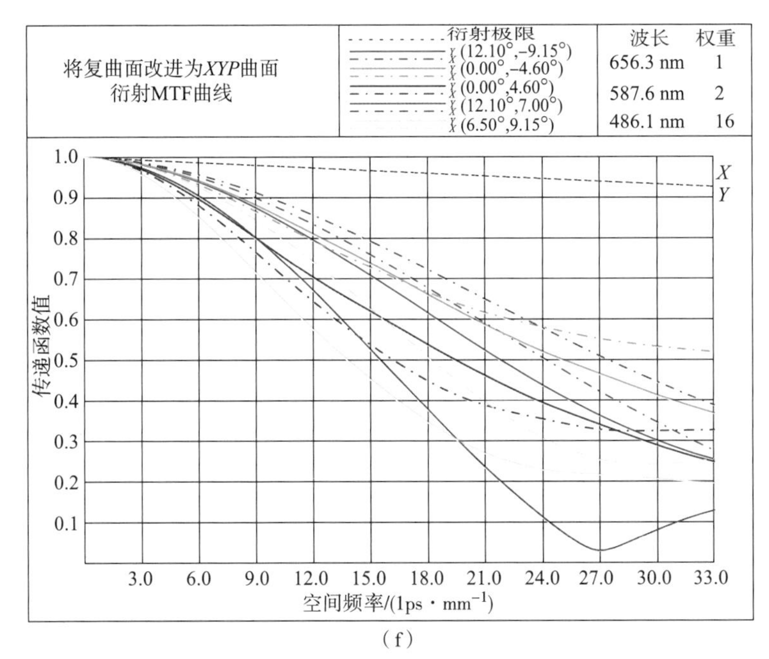

(f)

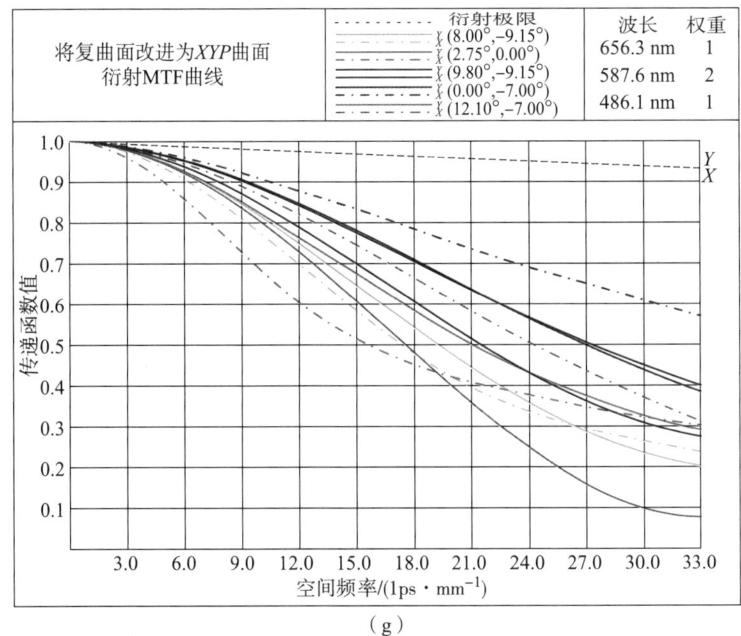

(g)

图3-8 逐步逼近优化算法第四阶段后期，全 *XY* 多项式曲面系统图（续）

(f)（g）在通过 *AXYP* 曲面将复曲面升级成 *XYP* 曲面基础上进一步优化后系统的传递函数曲线

3.3.2.5 最终优化设计

在逐步逼近优化算法的最后阶段，为了平衡整个像面的成像质量以及方便控制畸变，我们额外增加了抽样视场，最后总共抽样了 15 个视场。为了实现更优良的设计，采用了后文提出的像面整体成像质量的自动平衡算法来完成最终的设计。

图 3-9（a）显示的是该系统在 $Y-Z$ 平面内的二维结构，图 3-9（b）显示了系统的网格畸变，最大的畸变仅为 1.05%。

图 3-10 为最终设计结果。

图 3-11 显示了最终设计的点列图与垂轴像差曲线图。与图 3-8 相比，经过自动平衡算法优化后，抽样视场子午和弧矢方向的传递函数值得到了很好的平衡，整体成像质量有了很大提升，所有视场在 33 lps/mm 处的 MTF 值都在 0.3 以上。

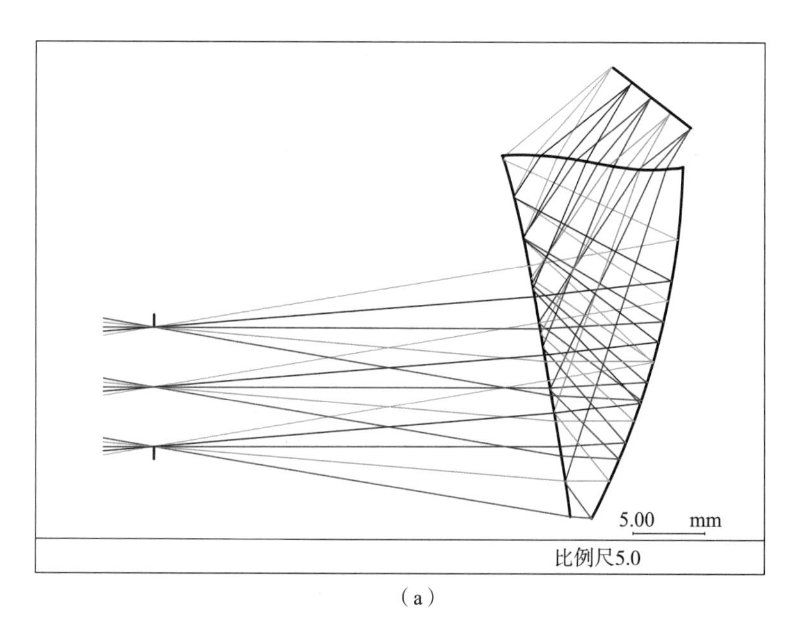

（a）

图 3-9 逐步逼近优化算法第五设计阶段，最终设计结果

（a）二维结构

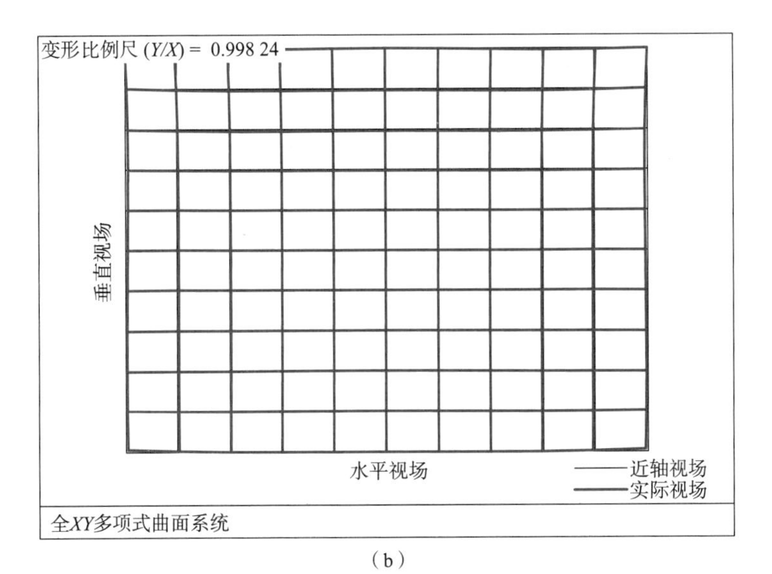

（b）

图 3－9　逐步逼近优化算法第五设计阶段，最终设计结果（续）

（b）网格畸变

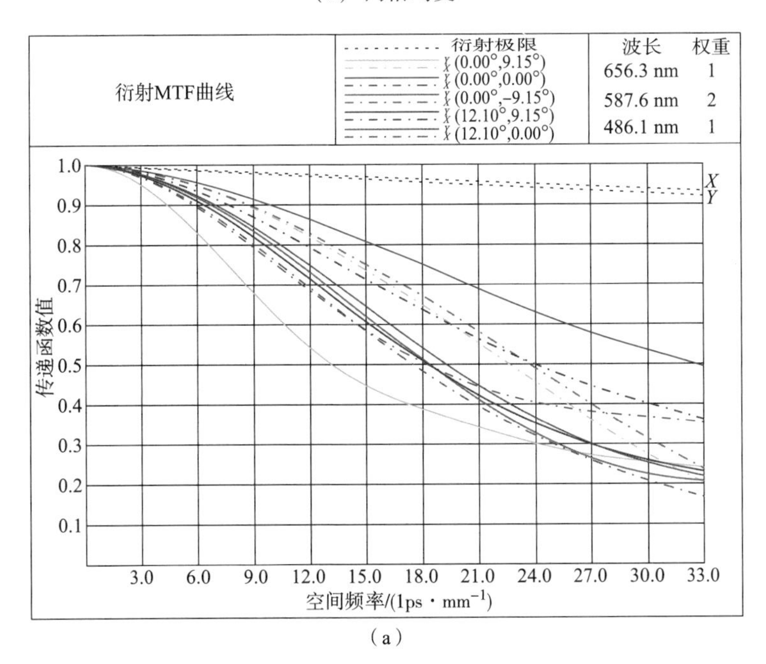

（a）

图 3－10　最终设计结果

(a)在通过奇异值分解方法将复曲面升级并优化后系统的基础上，进行像质自动平衡优化后系统的传递函数曲线

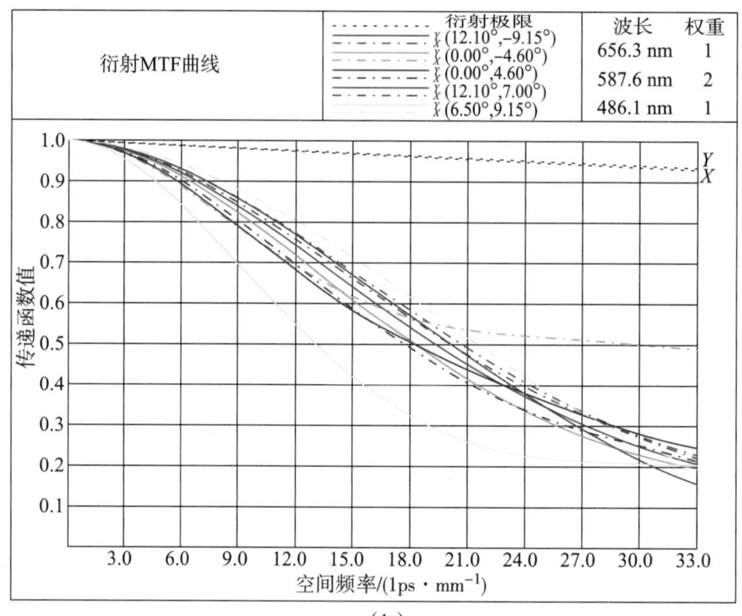

(b)

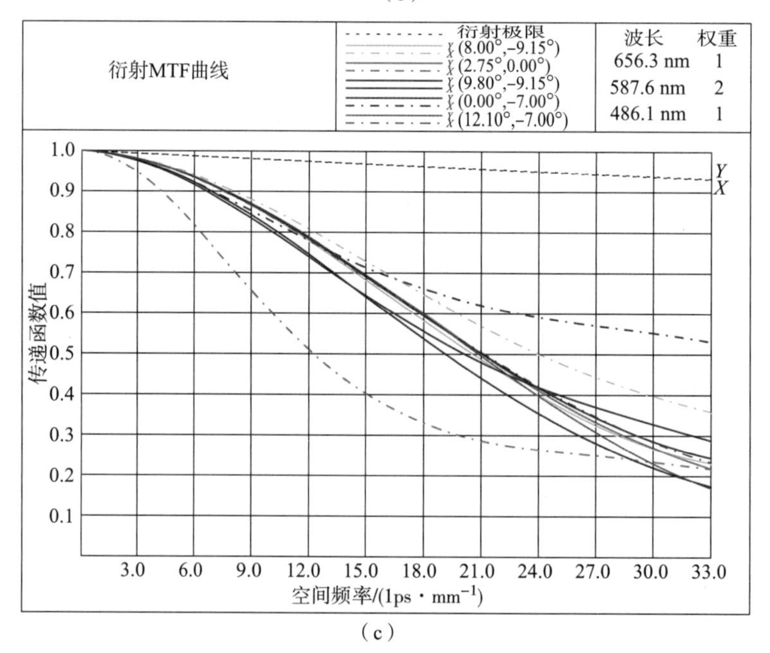

(c)

图 3－10 最终设计结果(续)

(b)(c)在通过奇异值分解方法将复曲面升级并优化后系统的基础上，进行像质自动平衡优化后系统的传递函数曲线

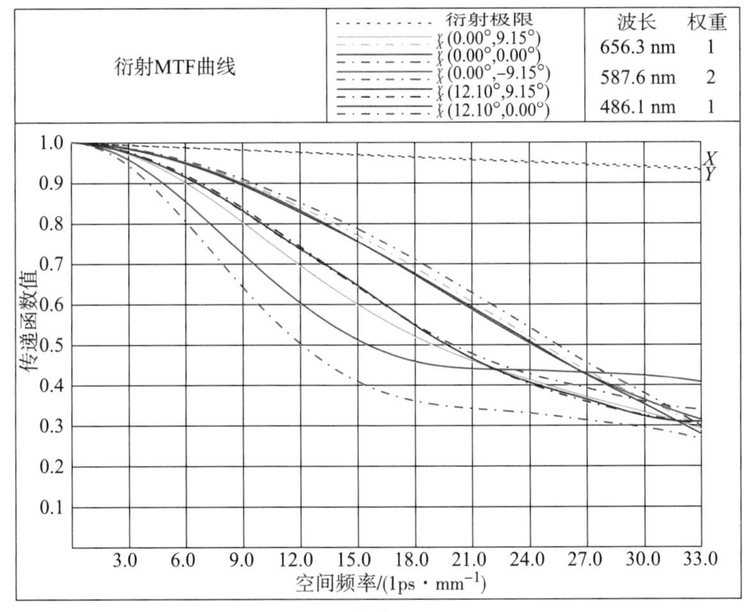

(d)

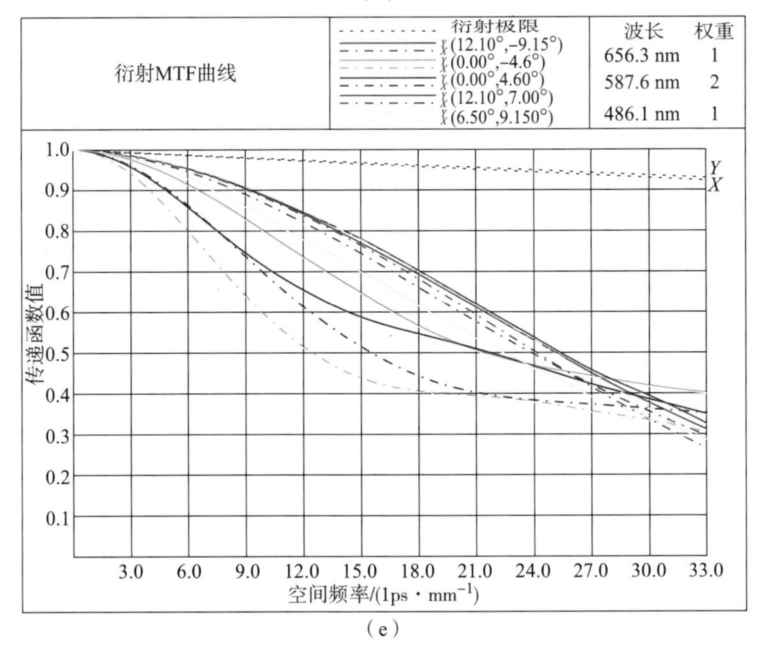

(e)

图3-10　最终设计结果(续)

(d)(e)在通过AXYP曲面将复曲面升级并优化后系统的基础上，进行像质自动平衡优化后系统的传递函数曲线

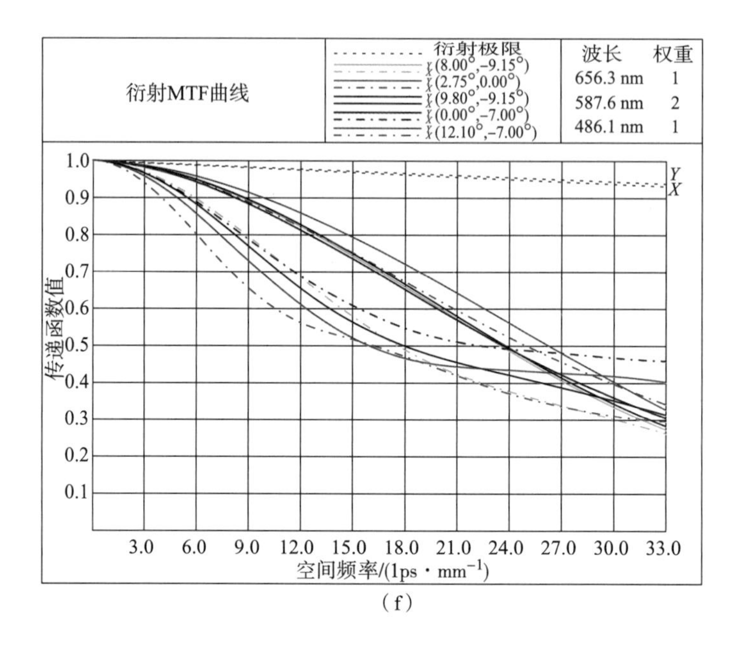

(f)

图 3-10 最终设计结果(续)

(f)在通过 AXYP 曲面将复曲面升级并优化后系统的基础上，进行像质自动平衡优化后系统的传递函数曲线

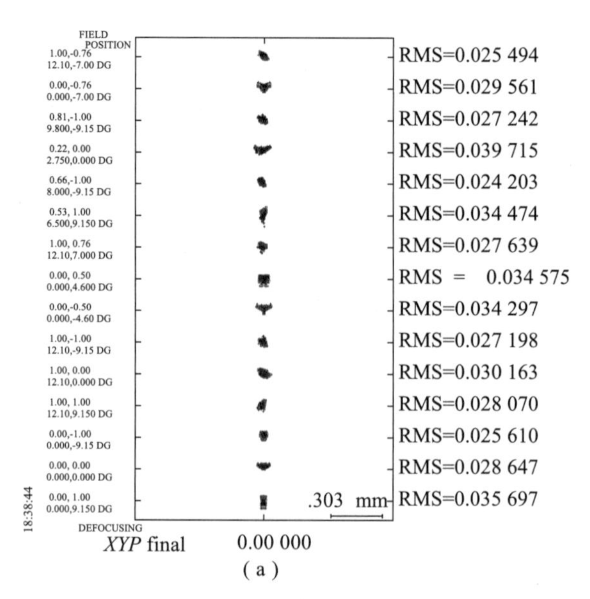

(a)

图 3-11 采用自动平衡算法后最终设计的像差图

(a)点列图

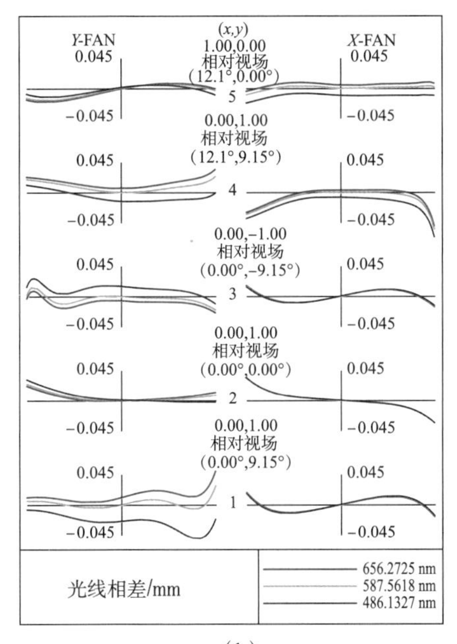

(b)

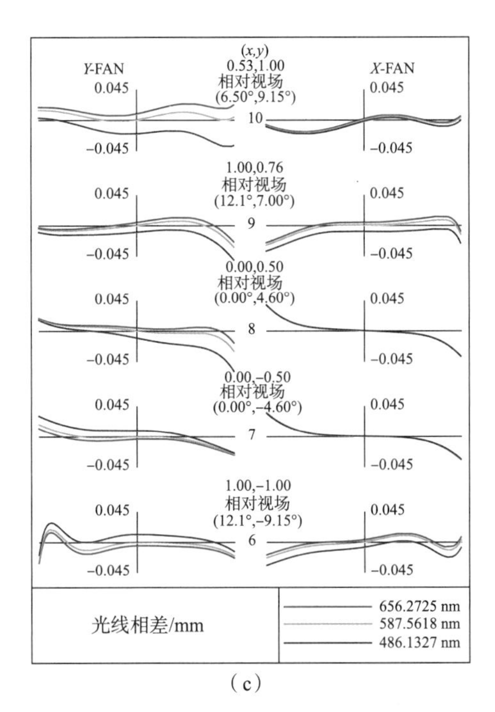

(c)

图 3-11　采用自动平衡算法后最终设计的像差图(续)

(b)(c) 垂轴像差曲线图

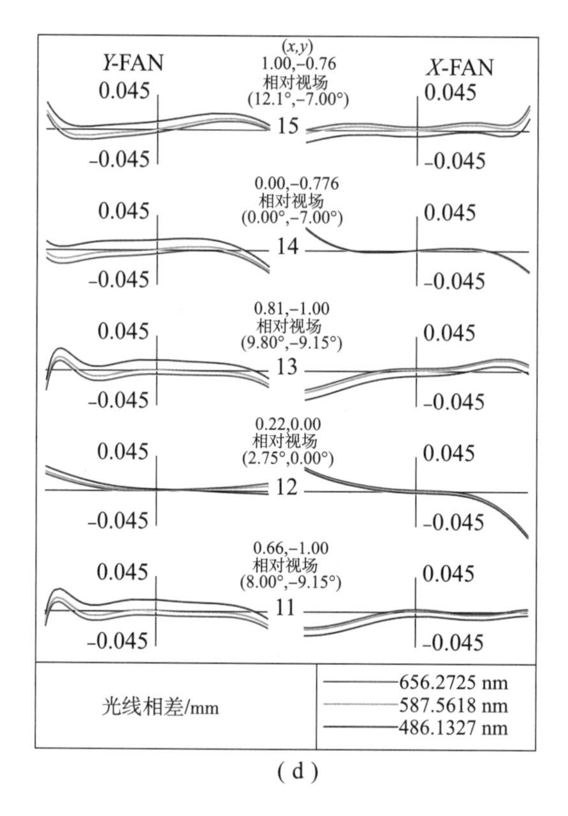

(d)

图 3-11 采用自动平衡算法后最终设计的像差图（续）

(d) 垂轴像差曲线图

3.3.3 逐步逼近优化算法最终的优化与分析

表 3-3 总结了逐步逼近优化算法在几个不同阶段的误差评价值、像差的最大值和像质的最差情况。误差评价函数值由最初的 30 297 下降到最终的 60，畸变由最初的 10% 下降到了 1%。传递函数值最初在 3 lps/mm 处就降到 0；而在升级优化过程中，降到 0 的空间频率在逐步升高，最终在 33 lps/mm 处均高于 0.3；RMS 点列图半径的最大值也降到了 36 μm，只占 2～3 个像素。由此可见，系统的像质在每一阶段均有明显改善，验证了逐步逼近优化算法的可行性与有效性。

表 3－3　逐步逼近优化算法各阶段像差的最大值和像质的最差值

算法阶段	误差评价函数	畸变/%	MTF		垂轴像差/mm	RMS 点列图/mm
			空间频率/(lps·mm^{-1})	值		
初始结构	30 297	10. 82	3	0	1. 13	0. 75
第一阶段（SPH）	4 925	6. 71	5	0	0. 35	0. 27
第二阶段（ASP）	237	8. 96	12	0	0. 098	0. 063
第三阶段（AAS）	198	1. 36	18	0	0. 087	0. 059
第四阶段（XYP）	100/93*	2. 75	33	0. 05/0. 1*	0. 062	0. 038
第五阶段（自动平衡）	88/60*	1. 05	33	0. 2/0. 3*	0. 045	0. 036

注：* 借助 *AXYP* 曲面将复曲面升级成 *XY* 多项式曲面后进一步优化的结果。

此外，在逐步逼近优化算法的第四阶段，如果借助 *AXYP* 曲面的帮助，将复曲面升级成 *XY* 多项式曲面，然后进一步优化的结果优于通过 SVD 分解法转换并优化后的结果，它们的误差评价函数值分别为 93 和 100，在 33 lps/mm 处最差的 MTF 值分别为 0. 1 和 0. 05。进一步经过自动平衡优化后，误差评价函数值分别降到 60 和 88，33 lps/mm 处的 MTF 值分别为 0. 3 和 0. 2。故此说明，*AXYP* 曲面不断提高了整个逐步逼近优化算法的自动化程度，而且可以帮助提高优化设计结果和效率。

第 4 章

通用型 W – W 偏微分方程设计方法

如前所述，自由曲面光学系统设计的难点之一是可供借鉴的初始结构实例很少。偏微分方程求解法从光学系统的初阶特性参数出发，根据斯涅耳定律以及入射光线与曲面及曲面切平面的交点之间关系构建出曲面的偏微分方程，然后使用迭代求解方法计算出曲面上的一组点，最后通过曲面拟合得到曲面的面形描述方程，可作为成像系统初始结构求取的一种方法。由于最早是由 G. Wassermann 和 E. Wolf 两位著名科学家提出的[40]，因此称为 W – W 方法。本章针对目前 W – W 方法不够通用的问题，进一步推导通用型 W – W 偏微分方程组，使其适用于离轴非对称光学系统的设计。通过改进的通用型 W – W 方法求解自由曲面成像系统的初始结构，在此基础上进一步优化出满足要求的系统。

4.1 引　　言

目前自由曲面光学系统的优化设计方法大致可分为 3 种[86]：①多结构参数自动优化设计方法（Multi-Parameter Optimization）；②偏微分方程求解方法（Partial Differential Equations）；③多曲面同步优化设计方法（Simultaneous Multiple Surface）。

W – W 偏微分方程求解方法在 1949 年由 G. Wassermann 和 E. Wolf

提出后，陆续得到了科研人员的使用和改进。1957 年，E. Vaskas 对 W－W 方法做了改进，使其适用于两个非球面中间被若干已知透镜分隔开的情形[41]。但是该 W－W 方法还只局限于在子午面上展开，其求解出的点是光学曲面子午面方向上的一组二维数据点，通过旋转这组点形成非球面，因此仅适用于设计旋转对称的非球面光学系统。B. A. Hristov 用 W－W 方法设计了超大数值孔径（0.95）的 DVD 光学读取镜头[87]，成像质量可达到衍射极限。国内也有不少单位对 W－W 方法进行了研究，如长春光机所的李东熙和卢振武等运用 W－W 方法设计了共形窗口的像差校正器[88,89]。2002 年，D. Knapp 提出了较为通用的 W－W 方法，将求解方法扩展到三维结构，使其适用于非旋转对称非球面光学系统的设计。北京理工大学的徐况和常军等利用改进型 W－W 方法设计了非对称的光学系统[90,91]。但是经过 D. Knapp 改进后的 W－W 方法设计出的光学曲面的曲率原点还是位于光轴上[42]。然而，自由曲面成像系统的离轴偏心程度很大，曲率中心一般不会位于光轴上，因此需要对该算法做进一步改进，使其适用于离轴非对称光学系统的设计。

4.2　用于设计单个光学自由曲面的偏微分方程

如果已知光学表面上某一点的入射和出射光线矢量，就能够反向求出该光线与曲面交点处的法线矢量。用 $\boldsymbol{R}_{in}$ 表示入射光线矢量，$\boldsymbol{R}_{\text{out}}$ 表示出射光线矢量，则交点处的法线方向向量可以通过式（4－1）求解。本书规定：公式中所有的矢量都是归一化后的单位矢量，入射光线 $\boldsymbol{R}_{in}$ 的方向定义为进入光学曲面的方向，出射光线 $\boldsymbol{R}_{\text{out}}$ 的方向为离开光学曲面的方向。如图 4－1 所示，XOY 是曲面在曲率中心 O 处的切平面。入射光线 $\boldsymbol{R}_{in}$ 与切平面相交于（h_x，h_y）。

$$\boldsymbol{N} = (\boldsymbol{R}_{\text{out}} - \boldsymbol{R}_{in})/2 \tag{4-1}$$

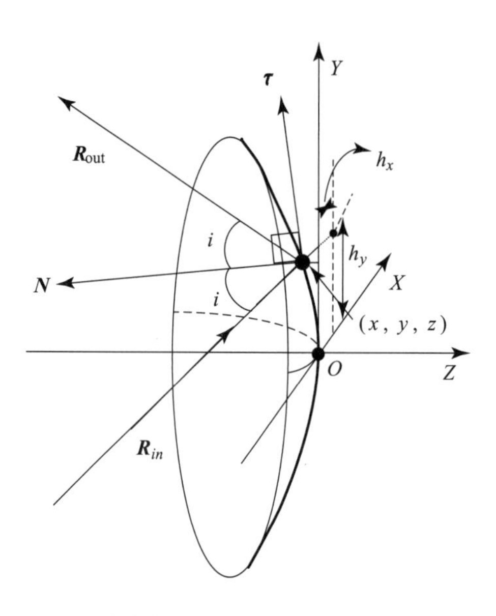

图 4－1 单个自由曲面反射镜的设计方法示意图

如果将光学曲面定义成一个含有独立参数的显式函数，曲面上一点的坐标就可以写成参数函数的形式，例如 $x=x(t)$，$y=y(t)$，$z=z(t)$，同时该点的切线方向矢量 $\boldsymbol{\tau}$ 可以写成$\left(\frac{\mathrm{d}x}{\mathrm{d}t},\ \frac{\mathrm{d}y}{\mathrm{d}t},\ \frac{\mathrm{d}z}{\mathrm{d}t}\right)$。曲面上任意一点的法线方向矢量 $\boldsymbol{N}$ 与切线方向矢量必然满足关系式（4－2）：

$$\boldsymbol{N}\cdot\boldsymbol{\tau}=0 \tag{4-2}$$

联合式（4－1）和式（4－2），可以进一步得到式（4－3）：

$$(\boldsymbol{R}_{\text{out}}-\boldsymbol{R}_{in})\cdot\boldsymbol{\tau}=0 \tag{4-3}$$

方向矢量 $\boldsymbol{R}_{in}$ 可以用光线的 3 个方向余弦分量来表示，即 $\boldsymbol{R}_{in}=(\cos\theta_{ix},\ \cos\theta_{iy},\ \cos\theta_{iz})$。同理，出射光线 $\boldsymbol{R}_{\text{out}}$ 的方向矢量也可用其方向余弦分量来描述，即 $\boldsymbol{R}_{\text{out}}=(\cos\theta_{ox},\ \cos\theta_{oy},\ \cos\theta_{oz})$。本章规定：如果参数中下标的第一个字母为 i 则代表该参数与入射光线相关，若为 o 则是与出射光线相关参数。

将式（4－3）按方向余弦展开，可以得到：

$$\frac{\mathrm{d}z}{\mathrm{d}t}=-\frac{(\cos\theta_{ox}-\cos\theta_{ix})}{(\cos\theta_{oz}-\cos\theta_{iz})}\times\frac{\mathrm{d}x}{\mathrm{d}t}-\frac{(\cos\theta_{oy}-\cos\theta_{iy})}{(\cos\theta_{oz}-\cos\theta_{iz})}\times\frac{\mathrm{d}y}{\mathrm{d}t} \tag{4-4}$$

从图 4－1 中可以看出，光线与光学曲面的交点坐标（x，y，z）与该入射光线的方向余弦矢量（$\cos\theta_{ix}$，$\cos\theta_{iy}$，$\cos\theta_{iz}$）和它与切平面的交点（h_x，h_y）之间的关系满足方程组（4－5）：

$$\begin{cases} x = h_x + z \times \dfrac{\cos\theta_{ix}}{\cos\theta_{iz}} \\ y = h_y + z \times \dfrac{\cos\theta_{iy}}{\cos\theta_{iz}} \end{cases} \tag{4-5}$$

将方程组（4－5）对参数 t 求偏导后再进一步代入式（4－4）中，就可以得到该曲面的微分方程，如式（4－6）所示：

$$\frac{\mathrm{d}z}{\mathrm{d}t} = \frac{A_1 \cdot \left[\dfrac{\mathrm{d}h_x}{\mathrm{d}t} + z \cdot \dfrac{\mathrm{d}(\tan\theta_{ix}/\tan\theta_{iz})}{\mathrm{d}t}\right] + B_1 \cdot \left[\dfrac{\mathrm{d}h_y}{\mathrm{d}t} + z \cdot \dfrac{\mathrm{d}(\tan\theta_{iy}/\tan\theta_{iz})}{\mathrm{d}t}\right]}{\left[1 - A_1 \cdot \tan\theta_{ix}/\tan\theta_{iz} - B_1 \cdot \tan\theta_{iy}/\tan\theta_{iz}\right]} \tag{4-6}$$

其中，$A_1 = -\dfrac{\cos\theta_{ox} - \cos\theta_{ix}}{\cos\theta_{oz} - \cos\theta_{iz}}$，$B_1 = -\dfrac{\cos\theta_{oy} - \cos\theta_{iy}}{\cos\theta_{oz} - \cos\theta_{iz}}$

4.3　用于设计两个光学自由曲面的偏微分方程

如果将 W－W 偏微分方程应用到离轴非对称光学系统中，需要对偏微分方程做一定的改进。图 3－1 为自由曲面楔形棱镜三维结构系统示意图，该系统 $Y-Z$ 平面对称，光学表面和像面的所有偏心发生在 $Y-Z$ 平面内，沿 X 轴方向的偏移量为 0，倾斜角度仅是绕 X 轴旋转产生的，其他方向的倾角为 0。图 4－2 给出了该系统在 $Y-Z$ 平面内的二维结构 W－W 方法的设计系统示意图。该系统的全局坐标原点设在出瞳中心，Z 轴沿着视线方向，Y 轴垂直视线方向向上，X 轴垂直纸面向内构成右手坐标系。为了方便描述，棱镜的 3 个表面依次标为 1、2、3，靠近坐标原点的面标记为 1，光线在该面上发生全反射时标记为 1′。

从图 4-2 中不难发现光线方向矢量 $\boldsymbol{R}$、光线与曲面和切平面交点之间的关系，三者之间的关系可以通过方程组（4-7）进行描述。

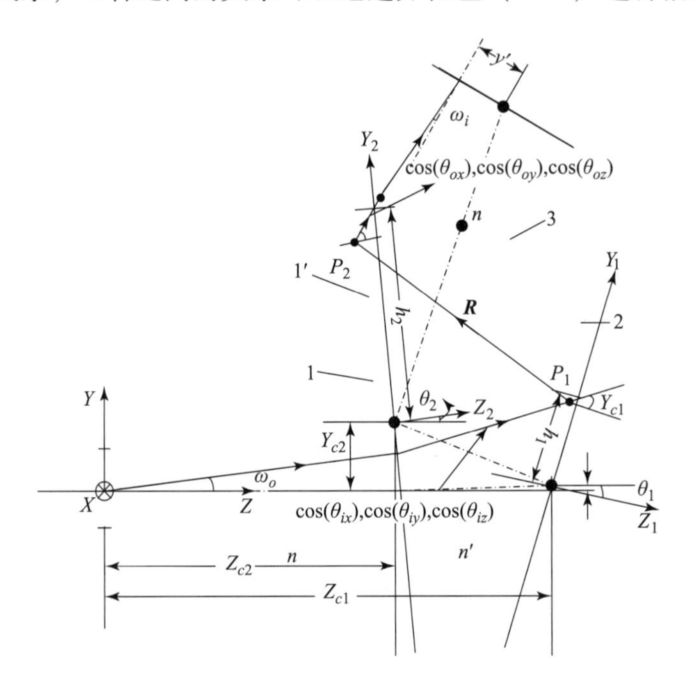

图 4-2 自由曲面棱镜光学系统的 W-W 方法设计示意图

方程组（4-7）中参数的上标为 l 时表示该参数位于表面的局部坐标系下，上标为 g 时表示的是该参数位于系统的全局坐标系下。

$$\begin{cases} x_1 = h_{x1} + z_1 \times \dfrac{\cos\theta^l_{ix1}}{\cos^l\theta_{iz1}} \\ y_1 = h_{y1} + z_1 \times \dfrac{\cos\theta^l_{iy1}}{\cos^l\theta_{iz1}} \end{cases} \tag{4-7}$$

连接两个光学曲面上两点之间的光线方向矢量 $\boldsymbol{R}$，在 X、Y 和 Z 轴方向的投影以及方向余弦可以分别描述为

$$\boldsymbol{R}_x = x_2^g - x_1^g,\ \boldsymbol{R}_z = z_2^g - z_1^g,\ \boldsymbol{R}_y = y_2^g - y_1^g,\ \boldsymbol{R}^2 = \boldsymbol{R}_x^2 + \boldsymbol{R}_y^2 + \boldsymbol{R}_z^2 \tag{4-8}$$

$$\cos\theta^g_{xR} = \frac{\boldsymbol{R}_x}{\boldsymbol{R}},\ \cos\theta^g_{yR} = \frac{\boldsymbol{R}_y}{\boldsymbol{R}},\ \cos\theta^g_{zR} = \frac{\boldsymbol{R}_z}{\boldsymbol{R}} \tag{4-9}$$

其中，$\begin{bmatrix} x_1^g \\ y_1^g \\ z_1^g \end{bmatrix} = \begin{bmatrix} 1 & 0 & 0 \\ 0 & \cos\theta_1 & \sin\theta_1 \\ 0 & -\sin\theta_1 & \cos\theta_1 \end{bmatrix} \begin{bmatrix} x_1^l \\ y_1^l \\ z_1^l \end{bmatrix} + \begin{bmatrix} 0 \\ Y_{c1} \\ Z_{c1} \end{bmatrix}$,

$$\begin{bmatrix} x_2^g \\ y_2^g \\ z_2^g \end{bmatrix} = \begin{bmatrix} 1 & 0 & 0 \\ 0 & \cos\theta_2 & \sin\theta_2 \\ 0 & -\sin\theta_2 & \cos\theta_2 \end{bmatrix} \begin{bmatrix} x_2^l \\ y_2^l \\ z_2^l \end{bmatrix} + \begin{bmatrix} 0 \\ Y_{c2} \\ Z_{c2} \end{bmatrix}$$

（0，Y_{c1}，Z_{c1}）是光学表面 1 的曲率原点，（O，Y_{c2}，Z_{c2}）是光学曲面 2 的曲率原点，θ_1 是曲面 1 绕 X 轴的倾斜角度，θ_2 是曲面 2 绕 X 轴的倾斜角度。

考虑到光学系统的两个曲面均有偏心和倾斜，首先追迹光线并计算其与切平面的交点以及光线的出射方向余弦，然后进一步迭代求解推导出偏微分方程组。需要注意的是，微分方程公式中光线的方向余弦均是曲面局部坐标系下的向量。

将入射光线和出射光线的方向余弦代入式（4－6），可以得到：

$$\frac{\mathrm{d}z_1}{\mathrm{d}t} = \frac{A_1 \cdot \left[\frac{\mathrm{d}h_{x1}}{\mathrm{d}t} + z_1 \cdot \frac{\mathrm{d}(\tan\theta_{ix1}^l/\tan\theta_{iz1}^l)}{\mathrm{d}t}\right] + B_1 \cdot \left[\frac{\mathrm{d}h_{y1}}{\mathrm{d}t} + z_1 \cdot \frac{\mathrm{d}(\tan\theta_{iy1}^l/\tan\theta_{iz1}^l)}{\mathrm{d}t}\right]}{[1 - A_1 \cdot (\tan\theta_{ix1}^l/\tan\theta_{iz1}^l) - B_1 \cdot (\tan\theta_{iy1}^l/\tan\theta_{iz1}^l)]} \tag{4-10}$$

其中，$A_1 = -\frac{\cos\theta_{xR}^{l1} - \cos\theta_{ix1}^l}{\cos\theta_{zR}^{l1} - \cos\theta_{iz1}^l}$，$B_1 = -\frac{\cos\theta_{yR}^{l1} - \cos\theta_{iy1}^l}{\cos\theta_{zR}^{l1} - \cos\theta_{iz1}^l}$,

$$\begin{bmatrix} \cos\theta_{xR}^{l1} \\ \cos\theta_{yR}^{l1} \\ \cos\theta_{zR}^{l1} \end{bmatrix} = \begin{bmatrix} 1 & 0 & 0 \\ 0 & \cos\theta_1 & -\sin\theta_1 \\ 0 & \sin\theta_1 & \cos\theta_1 \end{bmatrix} \begin{bmatrix} \cos\theta_{xR}^g \\ \cos\theta_{yR}^g \\ \cos\theta_{zR}^g \end{bmatrix}$$

同理，能够得到光学表面 2 的求解微分方程：

$$\frac{dz_2}{dt}=\frac{A_2\cdot\left[\frac{dh_{x2}}{dt}+z_2\cdot\frac{d(\tan\theta^{l}_{ox2}/\tan\theta^{l}_{oz2})}{dt}\right]+B_2\cdot\left[\frac{dh_{y2}}{dt}+z_2\cdot\frac{d(\tan\theta^{l}_{oy2}/\tan\theta^{l}_{oz2})}{dt}\right]}{[1-A_2\cdot(\tan\theta^{l}_{ox2}/\tan\theta^{l}_{oz2})-B_2\cdot(\tan\theta^{l}_{oy2}/\tan\theta^{l}_{oz2})]} \tag{4-11}$$

其中，$A_2=-\frac{\cos\theta^{l}_{ox2}-\cos\theta^{l2}_{xR}}{\cos\theta^{l}_{oz2}-\cos\theta^{l2}_{zR}}$，$B_2=-\frac{\cos\theta^{l}_{oy2}-\cos\theta^{l2}_{yR}}{\cos\theta^{l}_{oz2}-\cos\theta^{l2}_{zR}}$，

$$\begin{bmatrix}\cos\theta^{l2}_{xR}\\ \cos\theta^{l2}_{yR}\\ \cos\theta^{l2}_{zR}\end{bmatrix}=\begin{bmatrix}1&0&0\\0&\cos\theta_2&-\sin\theta_2\\0&\sin\theta_2&\cos\theta_2\end{bmatrix}\begin{bmatrix}\cos\theta^{g}_{xR}\\ \cos\theta^{g}_{yR}\\ \cos\theta^{g}_{zR}\end{bmatrix}$$

经光学表面 2 反射后出射光线的方向余弦，也是入射到光学表面 1′上入射光线的方向余弦。通过结合式（4－8）和式（4－9），利用龙格—库塔等数值迭代方法求解式（4－10）和式（4－11），可以同时得到光学表面 2 和 1′上的两组面形点云数据以及对应的曲面法线方向矢量。

4.4 偏微分方程求解初始结构需要满足的假设条件

在推导出曲面求解的偏微分方程之后，还需要知道光线在物像方的对应关系，才能对方程（4－10）和方程（4－11）进行迭代求解。假设光线在物像方满足正弦条件式（4－12）和无畸变理想成像条件式（4－13）。

正弦条件的描述公式如下：

$$\sin U=\frac{h}{f'} \tag{4-12}$$

式中，U 是一条给定光线与同一视场的主光线在像方空间的夹角；h 是该光线在孔径光阑上的入射高度（图 4－3），离轴视场的主光线不必与像面垂直。

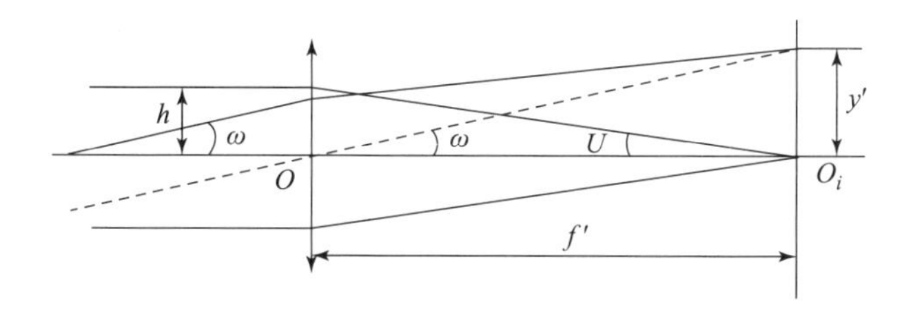

图 4－3　光学系统物方入射光线与像方出射光线之间的对应关系

光线一般还需要满足以下物像关系：

$$y' = f' \times \tan\omega \tag{4-13}$$

4.5　仿真与设计实例分析

在自由曲面设计实例中，每条光线需要通过光学表面 1（图 4－2 中的曲面 1）两次，标记为光学表面 1 和 1′。光线第一次经由光学表面 1′发生全反射，再次经由光学表面 1 透射离开棱镜最终进入人眼，设计后期需要使光学表面 1 和 1′完全相同。靠近微显示器的光学表面 3 初始值为一个平面，在优化设计的最后阶段转换成自由曲面并进一步优化。初始结构参数包括曲率原点，倾斜角度借鉴现有专利中的实例。该系统的出瞳直径为 8 mm，有效焦距为 15 mm，光学表面 1 的初始曲率半径设为 300 mm。通过通用型微分方程组（4－10）、方程组（4－11）、正弦条件式（4－12）以及无畸变成像条件式（4－13），求解出了轴上视场点的初始结构。图 4－4（a）显示的是通过改进型 W－W方法求解出的系统二维结构，图 4－4（b）显示的是该系统的传递函数曲线。

为了将系统视场角扩大，我们设计了若干个小视场的系统，并以多重结构的方式将它们绘制在同一幅图中，如图 4－5（a）所示。图4－5（b）绘制的是以 8 mm 出瞳直径评估不同视场子系统的传递函数曲线。最后，还需要将若干子系统组合成一个大视场的系统，如图

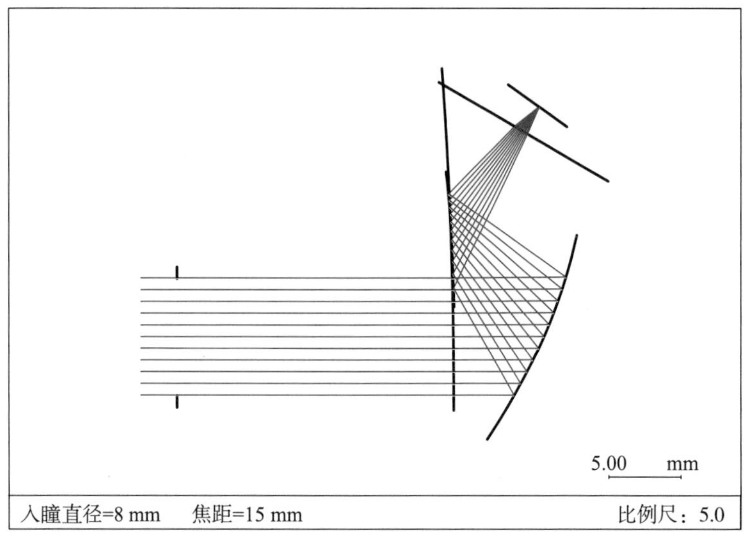

（a）

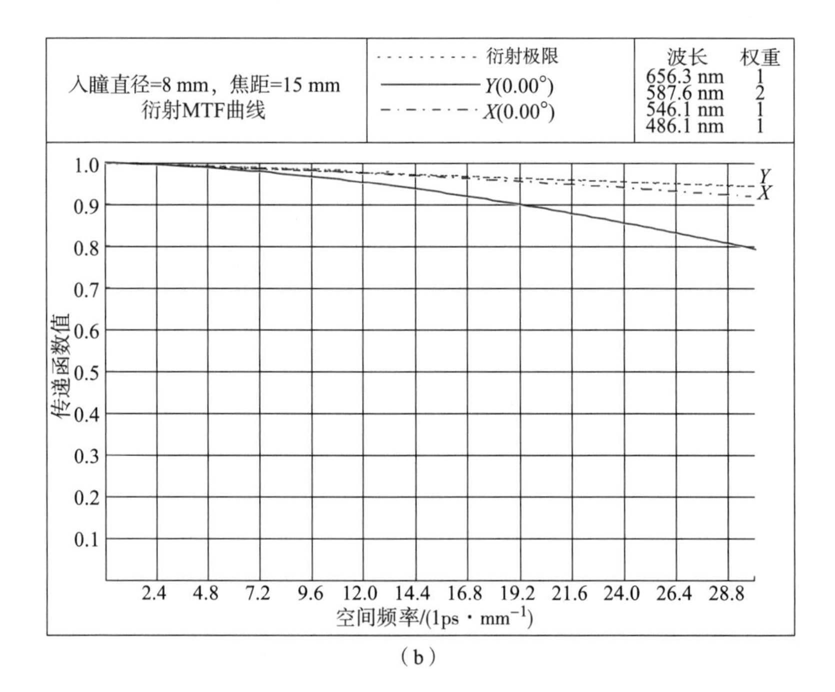

（b）

图 4－4　轴上视场点自由曲面楔形棱镜

（a）系统二维结构；（b）传递函数曲线

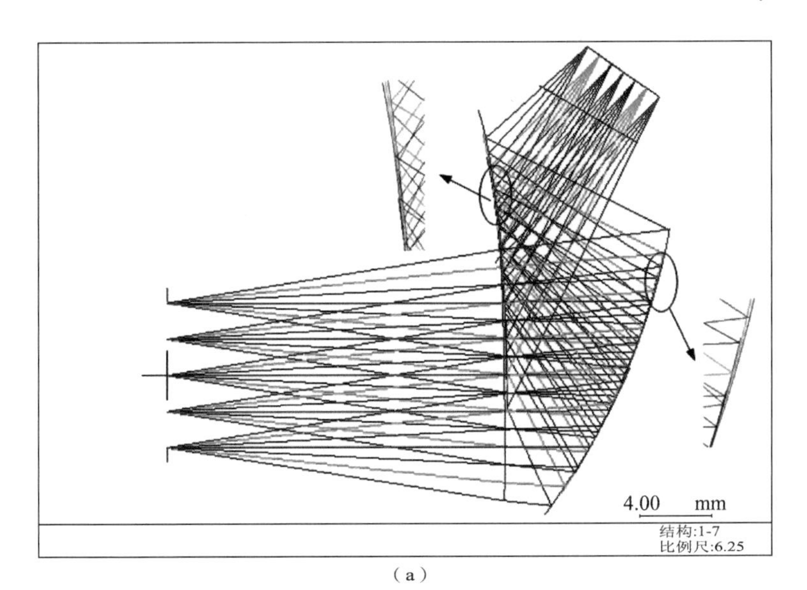

（a）

各结构传递函数曲线

衍射极限
x-zoo 1
x-zoo 2
x-zoo 3
x-zoo 4
x-zoo 5
x-zoo 6
x-zoo 7
y-zoo 1
y-zoo 2
y-zoo 3
y-zoo 4
y-zoo 5
y-zoo 6
y-zoo 7

传递函数数值

1.0 0.9 0.8 0.7 0.6 0.5 0.4 0.3 0.2 0.1 0.0

0.0 3.0 6.0 9.0 12.0 15.0 18.0 21.0 24.0 27.0 30.0

空间频率/(1ps · mm^{-1})

（b）

图 4－5　组合棱镜系统通过多重结构方式组合而成的结果

（a）由一系列子系统通过多重结构方式组合而成的楔形棱镜系统；
（b）各子系统以 8 mm 的出瞳直径计算的传递函数曲线

4－6（a）所示，我们将两个表面各自所有的坐标点用最小二乘法拟合成一个完整的自由曲面，然后在此基础上稍作优化。从图 4－6（b）

可以看出，转换优化后系统各视场的成像质量有所下降。

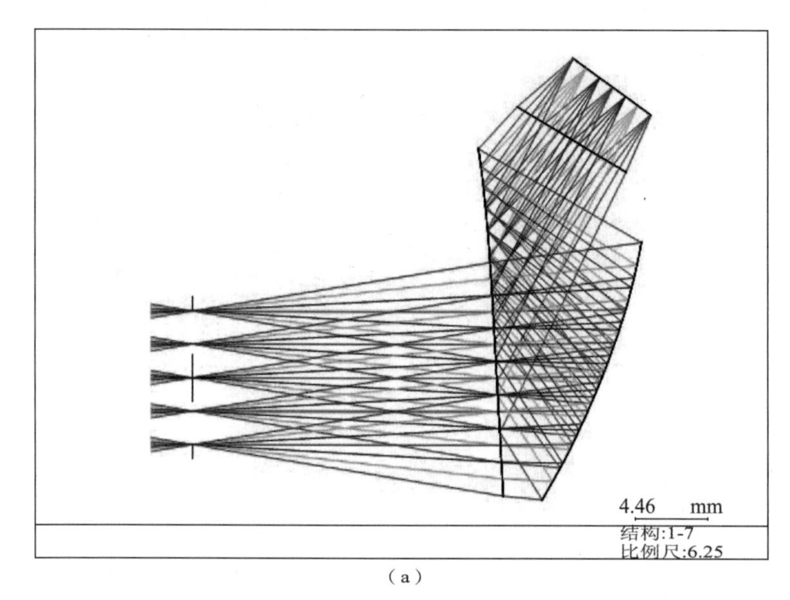

(a)

各视场传递函数曲线

衍射极限 x- -9 x- -6 x- -3 x- 0 x- 3 x- 6 x- 9
y- -9 y- -6 y- -3 y- 0 y- 3 y- 6 y- 9

传递函数值

1.0 0.9 0.8 0.7 0.6 0.5 0.4 0.3 0.2 0.1 0.0

0.0 3.0 6.0 9.0 12.0 15.0 18.0 21.0 24.0 27.0 30.0

空间频率/(1ps・mm^{-1})

(b)

图 4-6 组合棱镜系统对应面拟合并优化后的结果

(a) 通过将所有子系统对应面拟合并优化后的系统结构；

(b) 拟合优化后系统各视场的传递函数曲线，评估时的出瞳直径为 8 mm

将该组合棱镜系统优化后，进一步扩展其水平方向的视场。系统最终的对角视场为20°，出瞳直径为8 mm，焦距为15 mm。光学表面3也被设置成自由曲面并进一步优化以校正像差和提高系统成像质量。

图4－7（a）为该系统的二维结构，图4－7（b）为系统的网络畸变，全视场范围内小于1.5%，这也是微分方程方法求解的

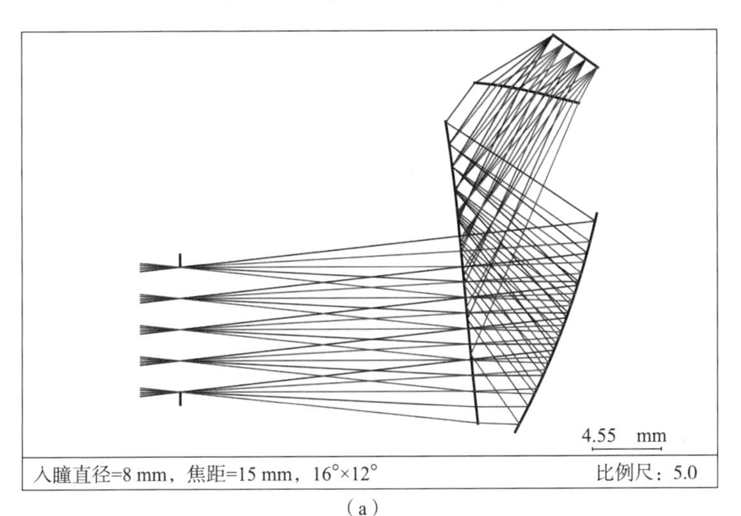

（a）

垂直视场
水平视场
近轴视场
实际视场
入瞳直径=8 mm，焦距=15 mm，16°×12°

（b）

图4－7　自由曲面楔形棱镜系统

（a）二维结构；（b）网格畸变

一个重要优势。

图4-8显示的是系统在全孔径评价时的传递函数曲线图。图4-9显示的是以3 mm出瞳直径计算的传递函数曲线，在30 lps/mm处各视场的MTF值均优于0.3。

微分方程求解方法可以快速地构建出光学系统的初始结构，能够满足光学系统的畸变要求，因为可以根据畸变要求预先设定主光线与像面的交点位置。缺点在于对大视场大孔径光学系统并不适用，还需要与优化方法相结合使用来提高光学系统的整体成像性能。该实例表明，运用通用型W-W方程求解方法，能够有效实现非对称自由曲面成像系统初始结构的求解。

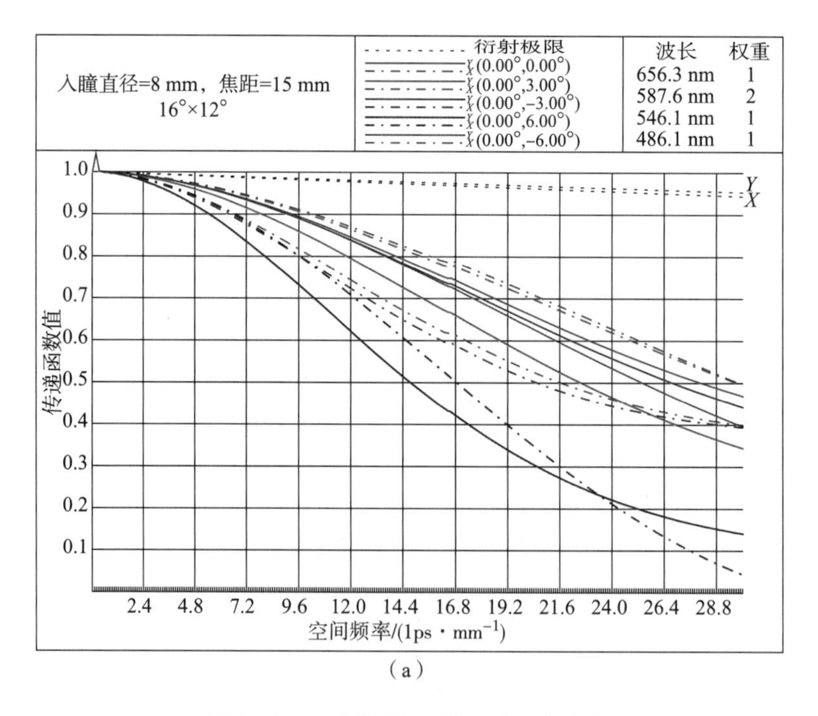

（a）

图4-8 全孔径评价时的传递函数曲线

（a）中心视场的传递函数曲线；（b）边缘视场的传递函数曲线

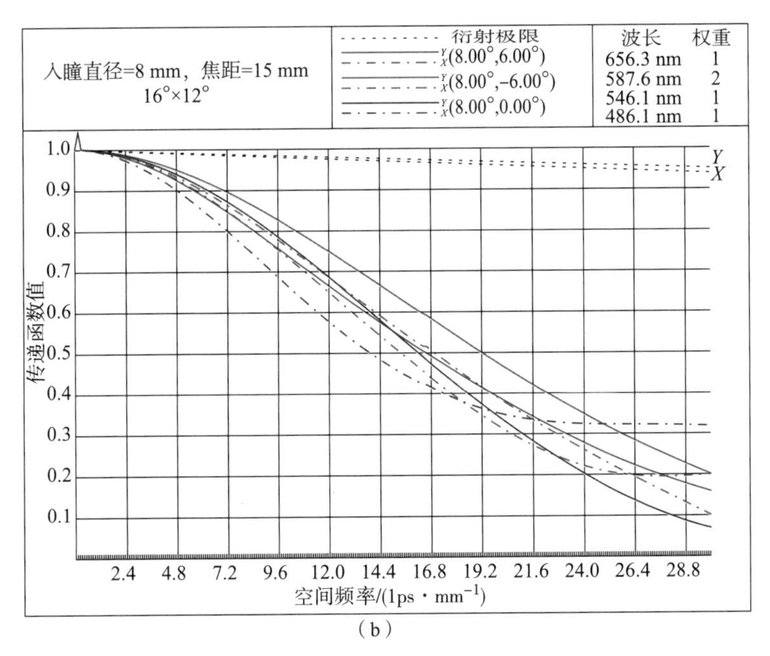

（b）

图 4－8　全孔径评价时的传递函数曲线（续）

（b）边缘视场的传递函数曲线

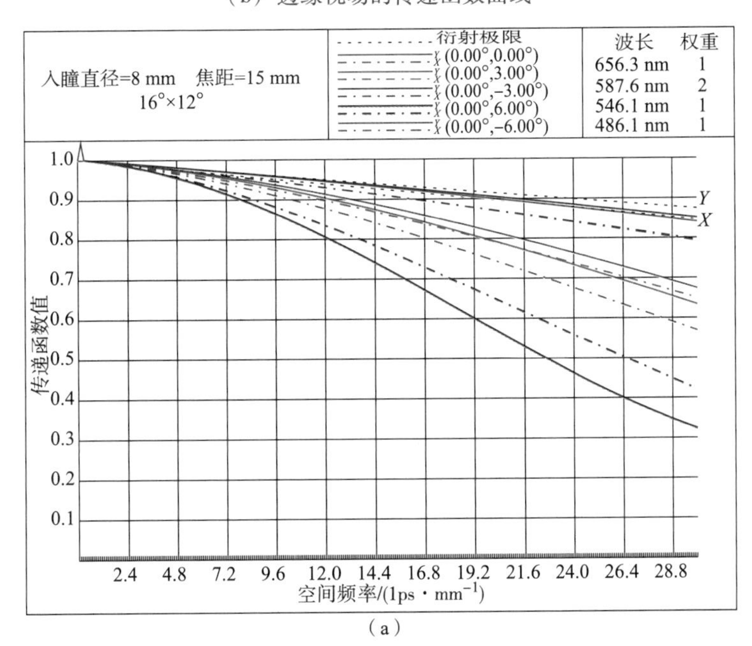

（a）

图 4－9　以 3 mm 出瞳直径计算的传递函数曲线

（a）中心视场的传递函数曲线

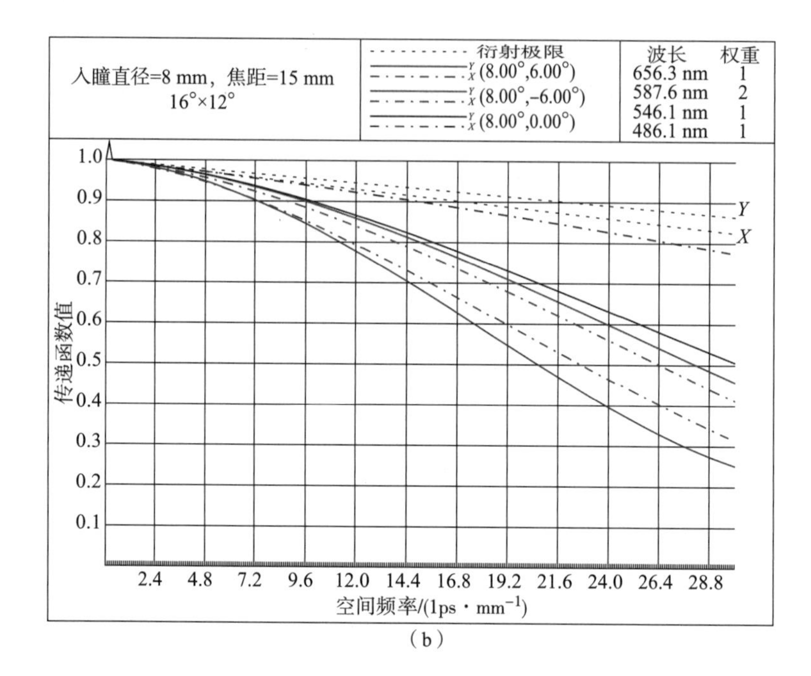

（b）

图 4-9 以 3 mm 出瞳直径计算的传递函数曲线（续）

（b）边缘视场的传递函数曲线

第 5 章

自由曲面成像系统的像面像质自动平衡

自由曲面成像系统失去了旋转对称性，故此在优化时需要抽样更多的视场，抽样视场的增多必然增加像面整体成像质量平衡的复杂程度和所需的优化调整时间。本章研究自由曲面系统像面像质的自动平衡优化，旨在全面提升自由曲面光学设计后期的优化效率，确保设计结果达到最优化，缩短产品的研发周期。

5.1 像面整体成像质量的平衡

像差平衡是光学设计后期非常重要的一项任务，整体像面各视场成像质量的平衡同样也非常关键。各视场成像质量的平衡可以通过在优化过程中不断调整和控制各参与优化视场的子午和弧矢方向的权重值来实现，这也是光学设计人员必须承担的一个主要任务，因为现有光学设计软件还存在局限性，即不会自动改变视场、方位的权重值。在光学设计的初期阶段，光学设计人员对各抽样视场可能采用软件提供的默认权重值，或者根据自身的经验为当前系统设置一组更为合理的权重值。在重新优化设计后，设计人员需要根据计算出的成像质量和最终的设计要求，重新计算并手动设置所有视场在两个方向上的权重值，然后再次利用与此前相同的优化控制约束条件进行下一轮优化。如此循环若干次，系统各视场间的成像质量可能会得到一定的平衡和提高，但是这一过程枯燥乏味而且非常耗时。

对于单重结构的旋转对称球面光学系统而言，在子午方向上抽样3 ~7 个视场就能满足像质分析和优化的要求，因此它的平衡优化不会特别复杂。然而对于含有多重结构/变焦的光学系统，抽样视场的数目在原来单重结构的基础上增加数倍，自由曲面成像系统更需要增加抽样视场来描述系统整体的像差和成像质量。抽样视场往往覆盖像面的大部分区域甚至是整个像面范围，同时由于此类系统的单轮优化时间增长，因此通过手动方法实现此类系统的平衡优化将极其复杂和耗时，并且在很大程度上依赖设计人员的经验知识。如果在设计过程中能够实现各视场方位权重值的自动计算和设置，将大大减少人工干预，最后阶段优化设计的工作负担也将大为减轻，设计效率也将得到很大提高。

本章提出的基于像面整体成像质量的自动平衡算法，在普通光学设计流程外围添加了一个循环控制层，用于分析系统的成像质量、权重的自动计算和设置。自动平衡算法能促使光学系统在若干次平衡优化后在全视场范围内达到均衡的成像质量，甚至能够提高系统的整体成像性能。该算法是在光学设计软件 CODE V 中通过编制的宏程序实现的。下面讨论各种参数权重的设置方法，然后进行验证实例设计。

5.2 像面整体成像质量的自动平衡算法原理

光学设计中的评价函数用来描述系统的整体成像质量，它是系统结构参数的函数，该值越小，系统就越靠近设计目标。光学优化设计的最终目标就是要将评价函数降至最小[92-94]。

误差评价函数由一系列的权重函数与像差函数相乘组成，其定义为[34]

$$\omega\sum_{Z}^{nz}\sum_{F}^{nf}\sum_{\lambda}^{nw}\sum_{R}^{nr}[W_W(Z,\lambda)W_A(Z,R)W_X(Z,F)\Delta x]^2+$$
$$[W_W(Z,\lambda)W_A(Z,R)W_Y(Z,F)\Delta y]^2 \quad (5-1)$$

式中，Z 是当前结构的重数/变焦数；nz 是所有多重结构系统的重数；F 是当前视场数；nf 是抽样视场的总数；λ 是当前波长；nw 是所有波长的总数；R 是当前追迹的光线；nr 是所追迹光线的总数。

为了满足特殊的误差评价函数要求，将视场权重函数（W_X，W_Y）作为视场和变焦重数的函数，波长权重函数的自变量是波长和变焦重数，光瞳函数 W_A作为光线和变焦重数的函数。

波长权重函数一般是由系统探测器的光谱响应和类型决定的，设计人员不能随意更改。例如设计一个目视光学系统，抽样波长通常为456 nm、589 nm 和656 nm，权重可设定为1、2 和1。光瞳的权重函数可以定义为[34]

$$W_A(Z,R)=\frac{1}{A}\frac{1}{(x_p^2+y_p^2)^\alpha} \quad (5-2)$$

式中，（x_p，y_p）是光线在光瞳上的坐标值；A 是该权重的归一化因子；α 值用来强调光瞳内不同区域的权重，可以将权重的重心由光瞳中心转移到边缘。

剩下需要解决的问题是如何优选各视场/方位的权重函数 $W_X(Z,F)$ 和 $W_Y(Z,F)$，以便快速有效地平衡和提高系统各视场间的像质。本书采用的原理是：为成像质量优良的视场和方位设置相对较低的权重，为视场成像质量差的视场和方位设置较高的权重，然后进一步优化提高系统在整个像面上成像质量的均衡程度。优化过程中各视场方位的权重通过权重函数式（5-3）和式（5-4）得到：

$$W_{xi}(Z,F)=\begin{cases}[1+(\bar{\zeta}-\zeta_x(Z,F))]\times m_h\times W_{xi-1}(Z,F),\zeta_x>\bar{\zeta}\\ [1+(\bar{\zeta}-\zeta_x(Z,F))]\times m_l\times W_{xi-1}(Z,F),\zeta_x<\bar{\zeta}\end{cases} \quad (5-3)$$

$$W_{Yi}(Z,F)=\begin{cases}[1+(\bar{\zeta}-\zeta_y(Z,F))]\times m_h\times W_{Yi-1}(Z,F),\zeta_y>\bar{\zeta}\\[1+(\bar{\zeta}-\zeta_y(Z,F))]\times m_l\times W_{Yi-1}(Z,F),\zeta_y<\bar{\zeta}\end{cases}\tag{5-4}$$

式中，i 是当前迭代循环的次数；m_h和 m_l是缩放因子。$W_{X0}(Z,\ F)$ 和 $W_{Y0}(Z,\ F)$ 是弧矢和子午方向视场的初始权重值，此处设定为 100。$\zeta_X(Z,\ F)$ 和 $\zeta_Y(Z,\ F)$ 分别代表指定的结构重数 Z 中特定视场 F 的成像质量，可以为某一空间频率处的传递函数值或是点列图均方根半径的倒数。$\bar{\zeta}$ 是所有抽样视场成像质量的平均值。

$$\bar{\zeta}=\frac{\sum_{z}^{nz}\sum_{f}^{nf}[\zeta_x(Z_z,F_f)+\zeta_y(Z_z,F_f)]}{2\times nz\times nf}$$

传统光学系统通常不要求整个像面内各处的成像质量一致，式（5－3）和式（5－4）可以改进为式（5－5）和式（5－6）的形式，将其中的 $\bar{\zeta}$ 项替换成所需的设计目标值。

$$W_{Xi}(Z,F)=\begin{cases}[1+(\zeta_{xt}(Z,F))-(\zeta_x(Z,F))]\times m_h\times\\ \quad W_{Xi-1}(Z,F),\zeta_x>\bar{\zeta}\\ [1+(\zeta_{xt}(Z,F))-(\zeta_x(Z,F))]\times m_l\times\\ \quad W_{Xi-1}(Z,F),\zeta_x>\bar{\zeta}\end{cases}\tag{5-5}$$

$$W_{Yi}(Z,F)=\begin{cases}[1+(\zeta_{yt}(Z,F))-(\zeta_y(Z,F))]\times m_h\times\\ \quad W_{Yi-1}(Z,F),\zeta_y>\bar{\zeta}\\ [1+(\zeta_{yt}(Z,F))-(\zeta_y(Z,F))]\times m_l\times\\ \quad W_{Yi-1}(Z,F),\zeta_y>\bar{\zeta}\end{cases}\tag{5-6}$$

由于不同视场、方位之间的权重的大小是相对值，因此可在进行下一轮优化前对其做归一化处理，归一化函数定义如下：

$$W_X(Z,\ F)=\frac{W_X(Z,\ F)}{\max(W_X(Z,\ F))}\tag{5-7}$$

$$W_Y(Z,\ F)=\frac{W_Y(Z,\ F)}{\max(W_Y(Z,\ F))}\tag{5-8}$$

优化收敛性是影响光学设计的一个重要因素，因此需要对其进行分析。自动平衡算法基于的假设条件是：增加视场/方位的相对权重值可以提高对应视场/方位的成像质量，而降低权重值会使对应视场/方位的成像质量变差。基于该假设条件，调整权重并优化后系统中各视场/方位的成像质量和设计目标值之间的差异会变小。根据式（5－3）和式（5－4）可知，权重的变化与视场像质之间的差值成正比，因此随着优化的不断进行，各视场/方位的权重变化也会越来越小；最后的变化很小甚至趋于固定不变，相当于用固定的权重去优化，成像质量不会有显著的变化。此时，需要定义优化终止阈值，当权重的变化很小时，优化的提高值也会越小，当其小于设定的阈值，算法将自动退出优化循环。此外，我们在该算法中增加了额外的退出条件，即在循环优化的最外层设置循环次数的计数器，一旦循环次数超出设定值，自动平衡算法将自动退出。通过以上两个退出条件有效地避免了优化过程中可能出现的死循环情况。

由于该算法是以系统各视场的成像质量为基础，并且主要用于光学设计后期的平衡优化，因此要求在执行该算法之前，系统的成像质量已经得到了一定程度的优化，同时要求系统中有足够的可用于优化的结构变量。因为在很多情况下，系统可用的变量少而需要满足的设计要求多，此时无论如何调节视场的权重，还是采用何种优化方法都无法平衡或提高系统的成像质量。

图 5－1（a）给出了传统手动平衡成像质量方法的流程，图 5－1（b）所示的是像面整体成像质量的自动平衡算法流程，它在优化外层增加了一层循环，用于自动计算和调节各视场的权重。在自动平衡算法中，初始权重值可设定为 100。在每次迭代循环之前，先计算各视场和方位成像质量的分布情况，接着根据实际成像质量和设计目标值之间的差异计算出各视场方位的权重值，像质高的视场和方位获取低的权重；反之亦然，然后进行归一化并乘以 100。在完成新权重的设置后，采用与此前相同的优化控制条件进行下一轮优化设计。该算法

是通过在 CODE V 中宏语言的基础上编制宏程序实现的。

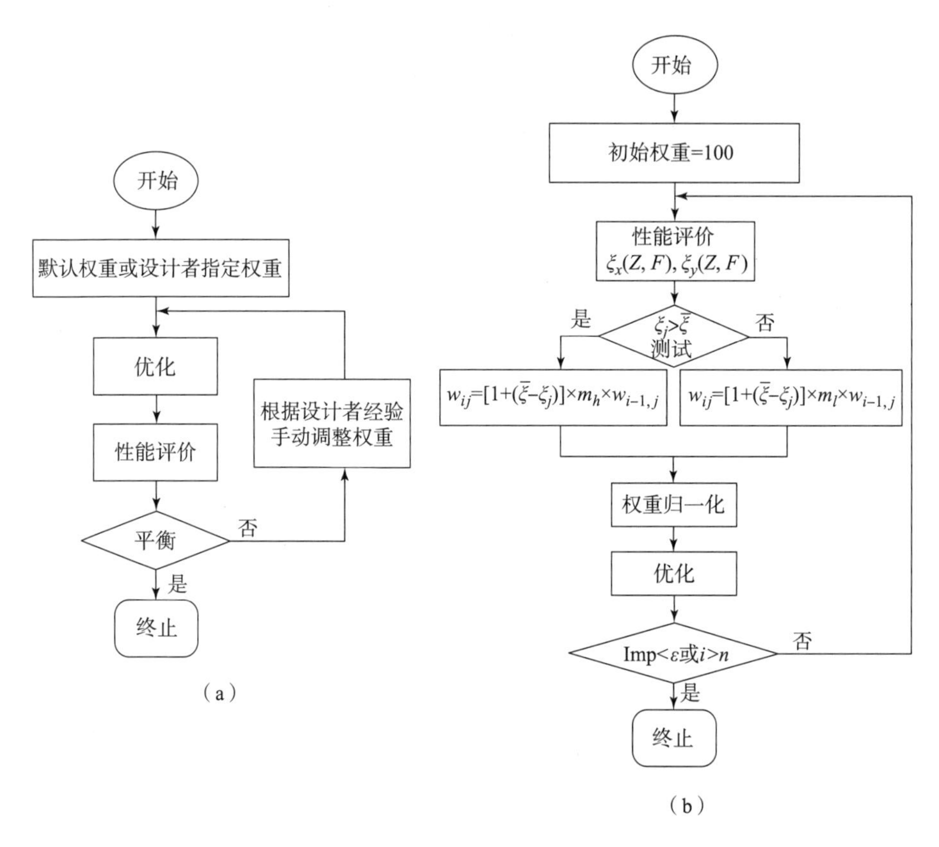

图 5-1　光学设计过程中像面整体的像质平衡

(a) 传统手动调整流程；(b) 自动平衡算法流程

5.3　像面整体成像质量的自动平衡算法实例

为了验证像面整体成像质量的自动平衡算法的合理性与可行性，本节运用该算法设计了 3 个系统，分别是旋转对称投影式光学系统、变焦系统和自由曲面成像系统。第一个实例的初始系统借鉴文献[95]，是手动平衡优化后的结果；第二和第三个设计实例的初始结构是通过

CODE V 中的局部优化设计得到的，在进行局部优化时保持所有视场的权重为相同值。为了进一步平衡和提高成像系统的像质，设计人员可以通过图5－1（a）所示的手动平衡方法进行优化，甚至尝试全局优化，这都将占用大量的时间。在自动优化平衡算法中，由于MTF直观并且能准确地描述和评估成像系统的性能，因此可选取特定空间频率处的传递函数值作为权重设置的标准。在所有的验证实例中，α 均设定为0.5。当使用MTF作为像质评价的标准时，建议比例因子 m_h 和 h_l 分别设置为1和2。为了分析权重的变化规律，最大优化循环次数设定为20。

通过自动平衡算法，设计人员未必能得到完全相同的设计结果，这取决于权重函数的定义和选取的初始结构。在进行若干次优化循环后，设计人员可能找到一组合适的权重值，并促使光学系统整个像面的像质达到设计要求。

5.3.1 含有5个子午面抽样视场的投影式头盔显示系统

第一个设计实例是华宏和J. Rolland设计的用于投影式头盔显示器的旋转对称光学系统，该系统的出瞳直径为12 mm，焦距为35 mm，全视场大小为52.4°。设计时仅在子午方向上抽样了5个视场。每个视场的权重值是本书作者在优化设计过程中采用手动方式调整的，最终设计各视场的权重值为1.0、0.8、0.8、0.5和0.3，分别对应轴上0.0、0.3、0.5、0.7和1.0全视场。与抽样波长656.3 nm、550.0 nm和456.1 nm对应的权重分别为1、2和1。

图5－2（a）显示的是该实例初始结构的二维结构。我们采用空间频率33 lps/mm处的所有抽样视场和方位的MTF值来构造各视场的权重函数，以此提升整个像面上的成像质量。图5－2（b）和图5－2（c）给出了经手动平衡和自动平衡后的系统按全孔径计算的传递函数曲线。经手动平衡优化后系统各视场的MTF值在33 lps/mm处位

于0.2~0.5之间，然而经自动平衡后的系统的MTF值在33 lps/mm处均优于0.5，可见自动平衡优化后系统的成像质量得到了很好的平衡与提高。图5-2（d）是该系统所有抽样视场/方位在多个空间频率处MTF的平均值、RMS值和扩散值（P-V值）。在0~33 lps/mm之间抽样了12个空间频率。平均值用水平直线段表示；P-V值用连接竖线描述；各视场MTF的RMS值用一个矩形进行描述，它的高度值与MTF的均方根值相同。为了有效区分自动平衡优化前后的MTF曲线，绘图时将平衡后的MTF沿横坐标向右方向移动了一段很短的距离。在33 lps/mm处，系统各视场和方位间的MTF扩散值由0.35降至自动平衡优化后的0.12，自动平衡算法在12个空间频率处的MTF扩散值是手动平衡的1/3。

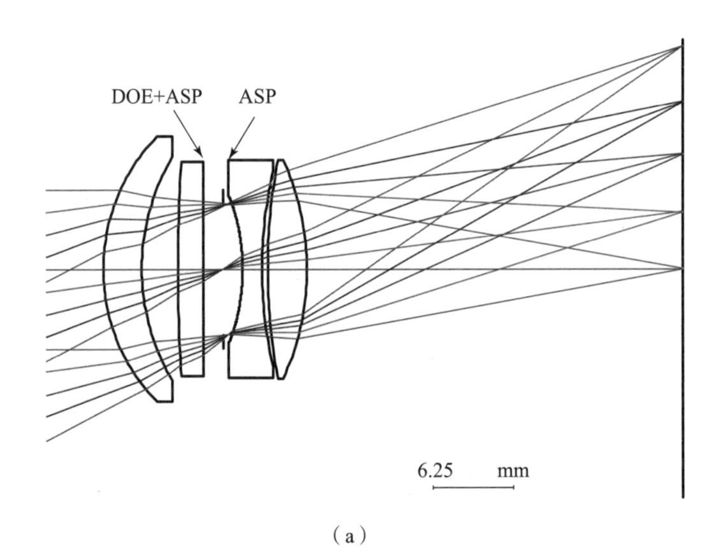

（a）

图5-2 实例1

（a）透镜的二维结构

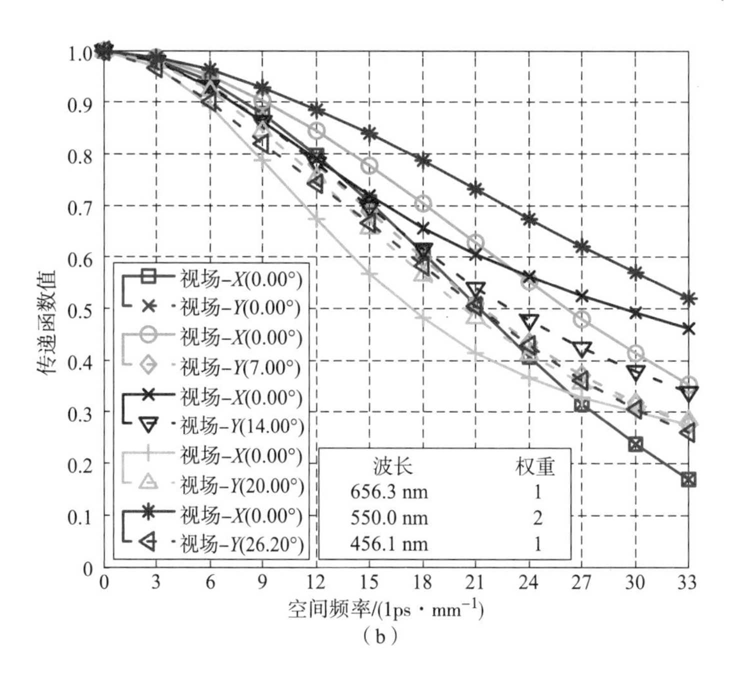

（b）

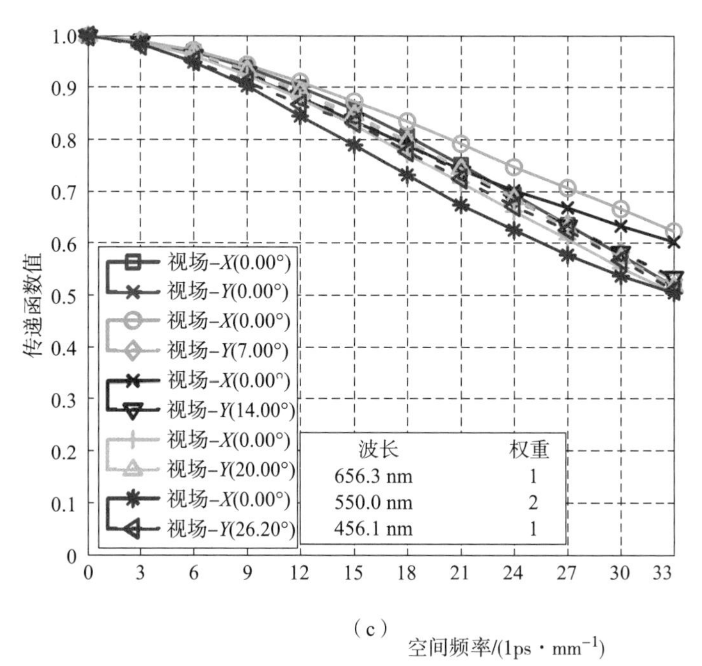

（c）

图 5－2　实例 1（续）

（b）人工调整权重后系统的 MTF 曲线；

（c）经过像面整体成像质量自动平衡算法调整权重优化后的 MTF 曲线

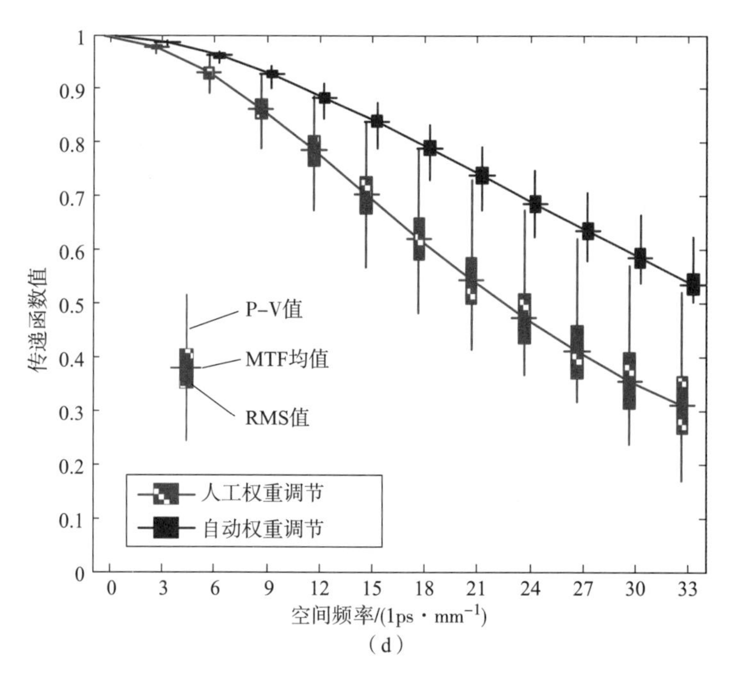

图 5-2 实例 1（续）

（d）人工和自动权重调节后系统中各抽样视场的 MTF 均值、RMS 值和 P-V 值

为了验证像面整体成像质量的自动平衡算法的效率，图 5-3 给出了误差评价函数随优化迭代次数的变化曲线。评价函数值经过 20 轮优化后由最初的 88 下降到 24.3，并且下降速度最快的几次发生在最前面的 5 轮优化。图 5-4 给出了 5 个抽样视场两个不同方位的传递函数平均值随优化迭代次数的变化曲线。33 lps/mm 处弧矢方向的 MTF 平均值由 0.25 上升到了 0.55，子午方向的 MTF 目标值由 0.35 上升到了 0.52，两个方向 MTF 平均值的差异由原来的 0.1 降到了 0.03。整个平衡优化过程仅用了 1 min。

图 5-5 显示的是各视场在弧矢和子午方向上权重函数变化曲线，在几次优化迭代后曲线变得十分平缓，也就保证了后续优化的收敛性。5 个视场在弧矢方向最终的相对权重分布为 0.37、0.02、0.05、1.00 和 0.37，在子午方向的相对权重分布为 0.51、0.32、0.15、0.37 和 1.00，这与原文给出的权重 1、0.8、0.8、0.5 和 0.3 有很大的区

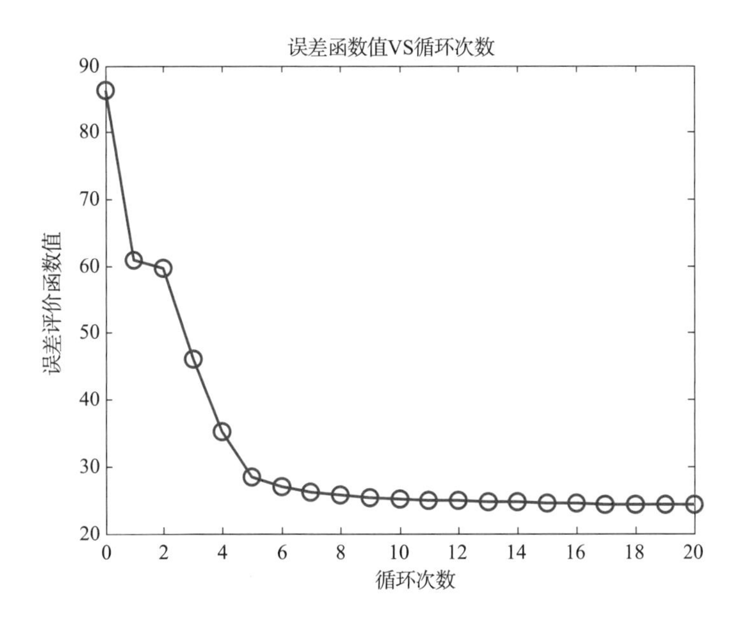

图 5－3　误差评价函数变化曲线图

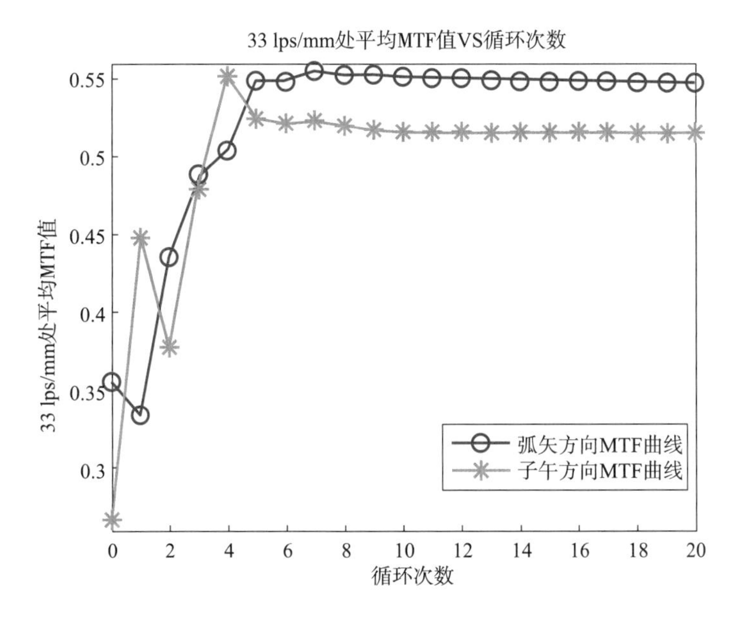

图 5－4　系统各视场在 33 lps/mm 处弧矢和

子午方向传递函数平均值的变化曲线

别。而且在每一步循环过程中，权重的分布都在发生变化，这对于手动平衡方法而言，难度和复杂程度都非常大。

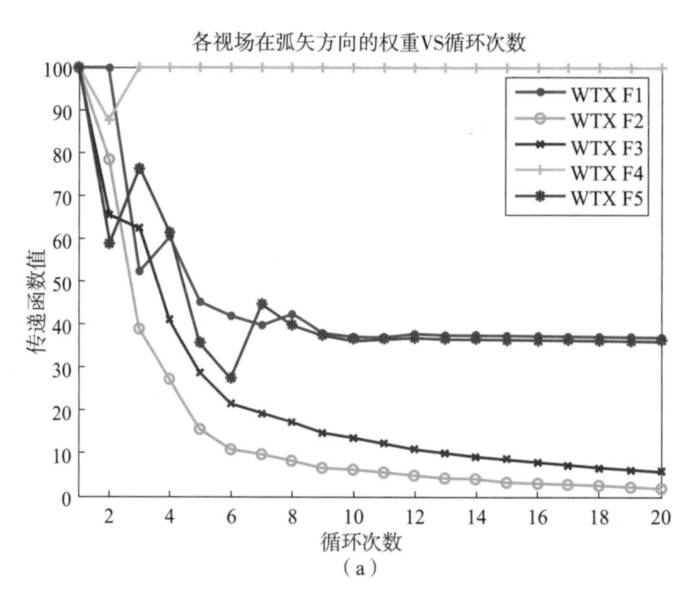

（a）

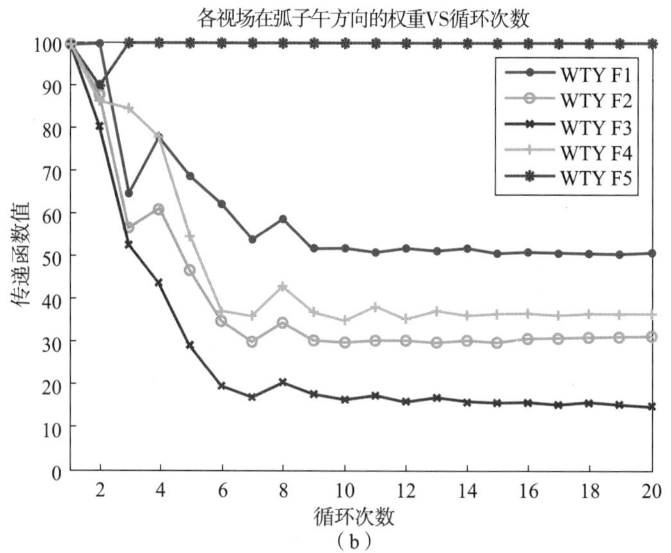

（b）

图5-5 各视场在弧矢和子午方向上的权重函数变化曲线

（a）弧矢方向权重函数变化曲线；（b）子午方向权重函数变化曲线

然而在传统光学系统中，并不一定需要使整个像面内各处的像质都相同。通常是边缘视场的像质比中心视场的像质稍差。为了实现这种目标，可将式（4－3）和式（4－4）中的平均值 $\bar{\zeta}$ 替换为特定的目标值，成为如式（4－5）和式（4－6）定义的方式，以达到所需的像质要求；对图 5－2（a）所示的系统设定特殊的目标值，然后进行自动平衡验证。该实例中将目标 MTF 的空间频率设置为 33 lps/mm，中心视场和 0.2 视场的 MTF 目标值为 0.7，半视场的 MTF 目标值为 0.5，0.7 视场和边缘视场的 MTF 目标值为 0.4，系统的初始结构与实例 1 的初始结构相同。图 5－6 给出了用自动平衡算法优化后系统的传递函数曲线，可以看出它们与设计目标值非常接近。中心视场的 MTF 目标值在目标值 33 lps/mm 时为 0.65，0.2 视场的 MTE 目标值为 0.62，半视场的 MTE 目标值为 0.53，0.7 视场和边缘视场的 MTE 目标值为 0.42。如图 5－7 所示，经过第一轮优化后，系统的误差评价函数值迅速下降，此时权重被过度调整了，但是算法及时重新计算并分配权重，使优化收敛并向改进的方向变化，满足最终的设计目标。

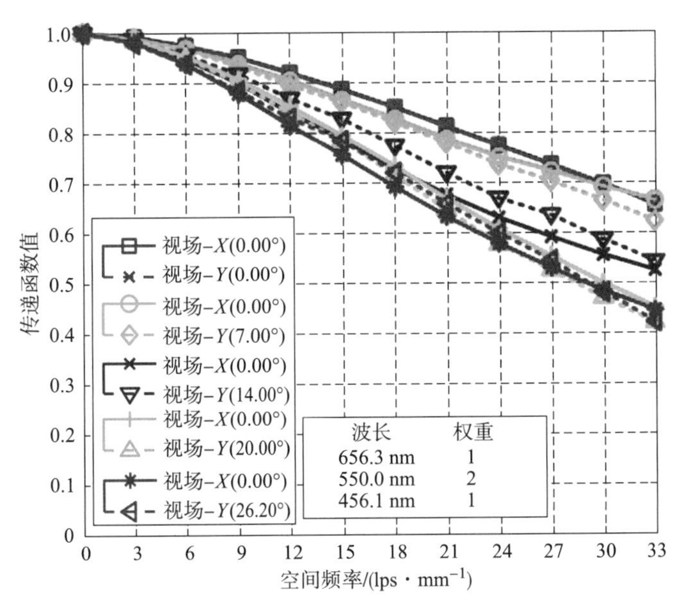

图 5－6　用自动平衡算法优化后系统的传递函数曲线

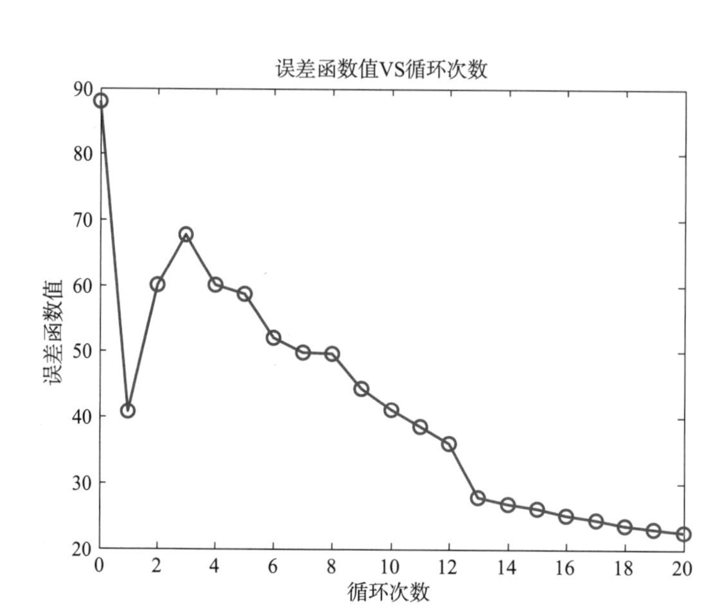

图5－7　系统误差评价函数随优化迭代次数变化曲线

5.3.2　含有三重结构12个视场的电影变焦镜头

实例2是一个电影变焦镜头，初始结构选自美国专利3 464 763，如图5－8所示。三重结构的有效焦距分别为9 mm、20 mm和36 mm，每重结构分别抽样4个视场，因此该系统共抽样了12个视场。优化过程中所有的曲率半径、厚度均作为优化变量；每重结构的总长度被控制为相同值；透镜的最小和最大中心、边缘厚度也得到了控制。抽样波长的权重均为相同值，采用空间频率200 lps/mm处的MTF值构建抽样视场和方位权重的函数。

在为得到该实例初始结构而执行局部优化的过程中，我们保持所有视场和方位的权重相同，局部优化后的系统在200 lps/mm处MTF值基本优于0.2，如图5－9（a）、（c）和（e）所示。经过像面整体成像质量的自动平衡算法进一步优化后的系统在200 lps/mm处的所有

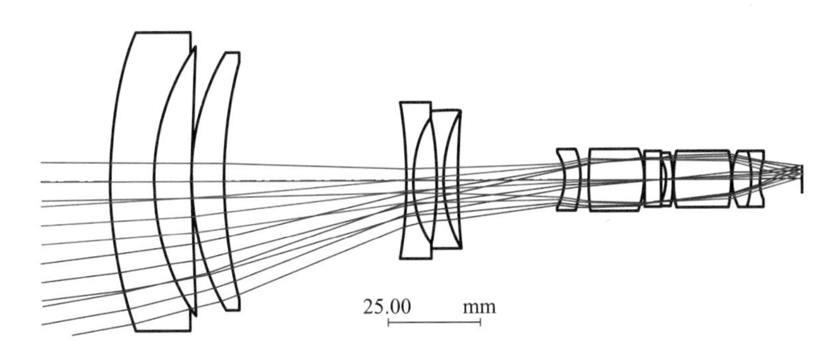

图5-8 实例2 系统的三维结构

MTF 值均优于0.4，如图5-9（b）、（d）和（f）所示。三重结构在11 个空间频率上（均匀分布在0~200 lps/mm 之间），所有抽样视场MTF 扩散程度的平均值在自动平衡优化前后的比值分别是 1.63∶1、3.14∶1 和1.77∶1。

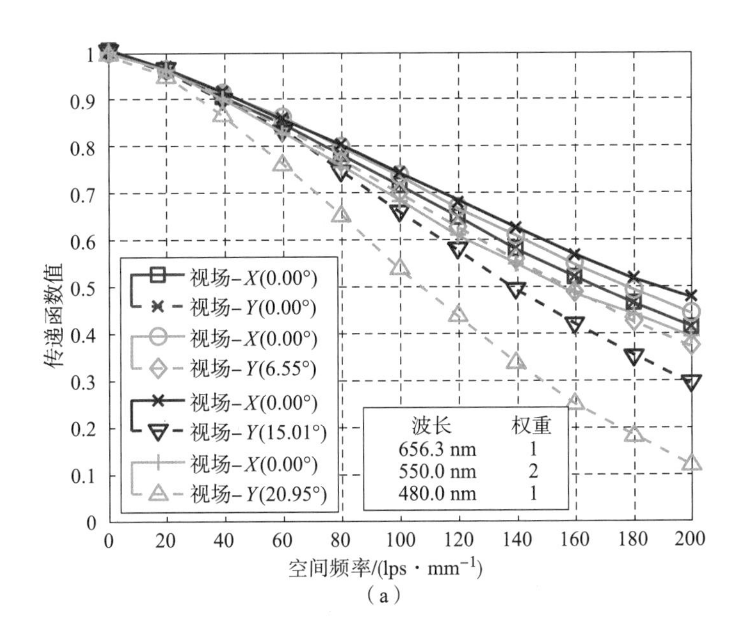

图5-9 系统传递函数曲线

（a）采用相同权重进行局部优化后的 MTF 曲线

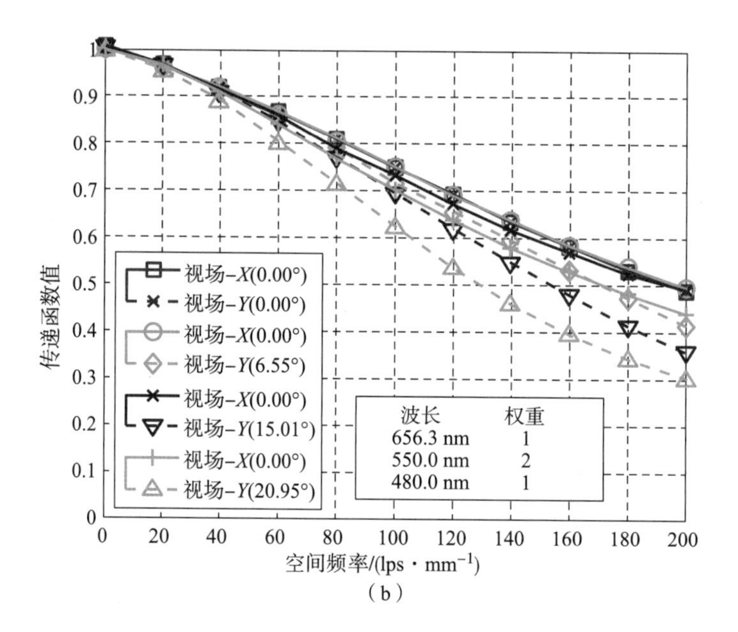

(b)

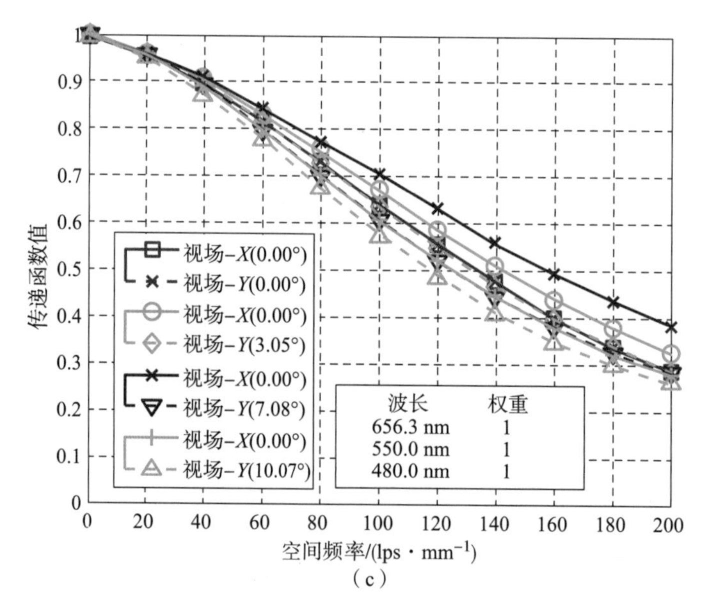

(c)

图 5-9 系统传递函数曲线（续）

（b）采用像面整体成像质量自动平衡算法优化后的 MTF 曲线；

（c）采用相同权重进行局部优化后的 MTF 曲线

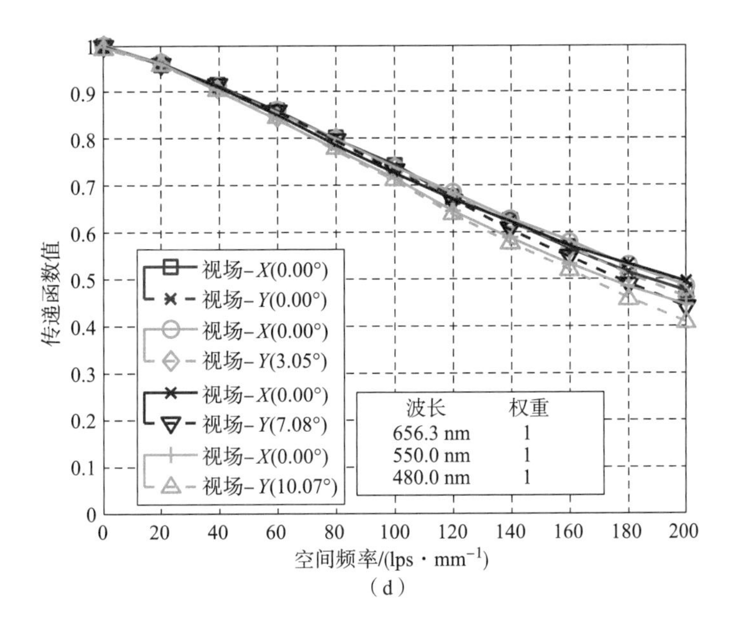

(d)

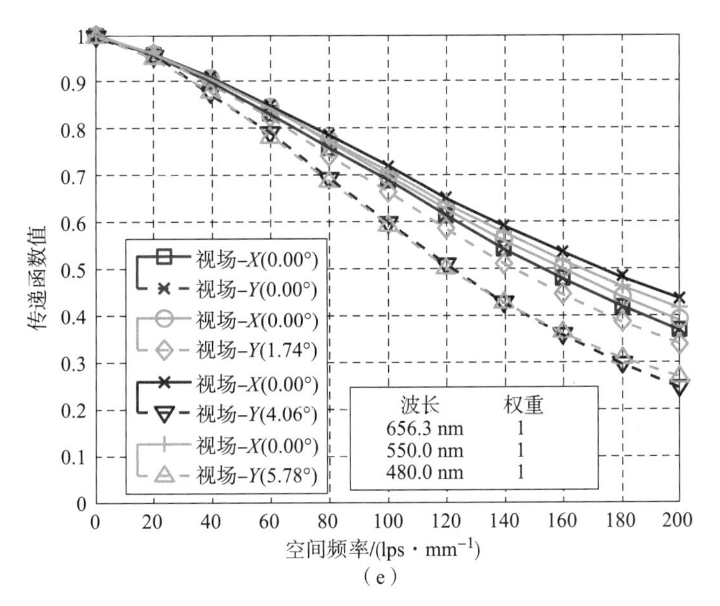

(e)

图5-9　系统传递函数曲线（续）

(d) 采用像面整体成像质量自动平衡算法优化后的MTF曲线；

(e) 采用相同权重进行局部优化后的MTF曲线

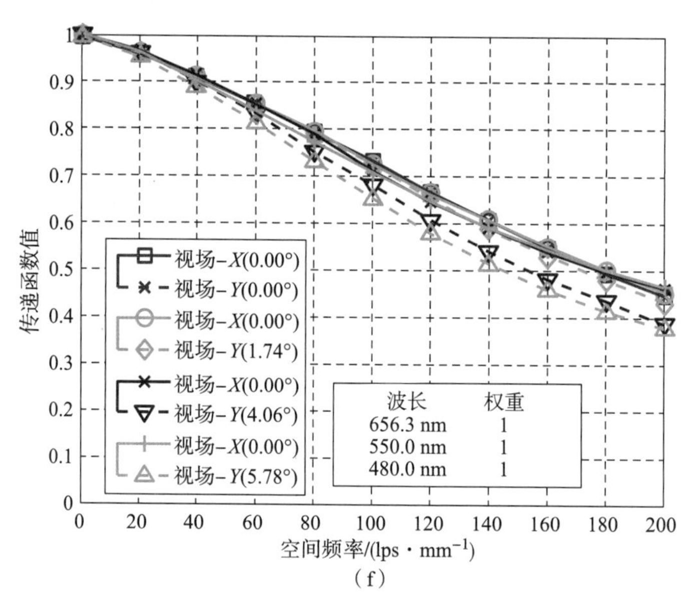

图 5-9 系统传递函数曲线（续）

（f）采用像面整体成像质量自动平衡算法优化后的 MTF 曲线

由图 5-10 可看出，系统的误差评价函数值从 2.3 下降到了 1.6。从图 5-11 可看出，各重结构所有抽样视场在空间频率 200 lps/mm 处，子午和弧矢方向上 MTF 平均值的差值从 0.09 下降到 0.05。图 5-12

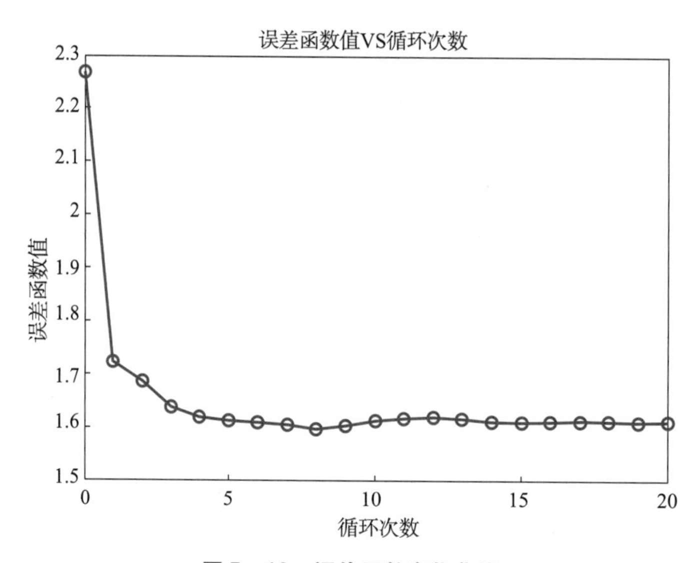

图 5-10 评价函数变化曲线

（a）和（b）所示为每轮循环过后视场权重的变化情况。在经过几轮优化循环后，弧矢方向大部分视场的权重和子午方向所有视场的权重变化均趋于稳定。

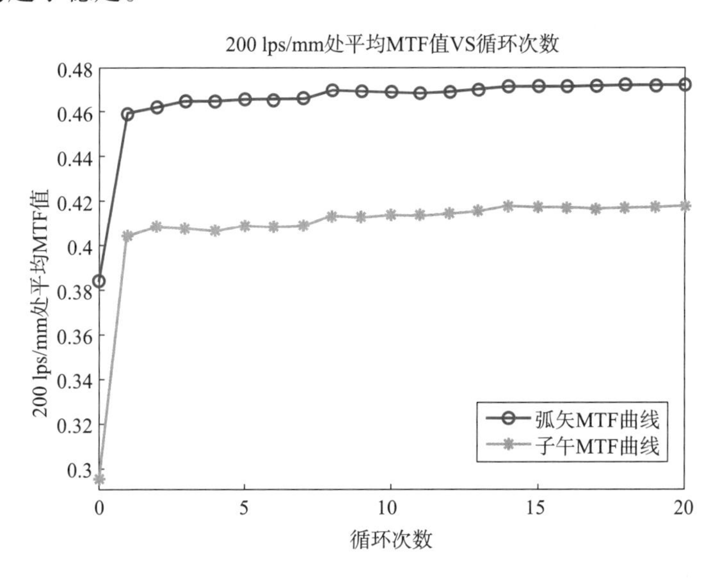

图 5-11　200 lps/mm 处子午和弧矢方位 MTF 均值随优化次数变化曲线

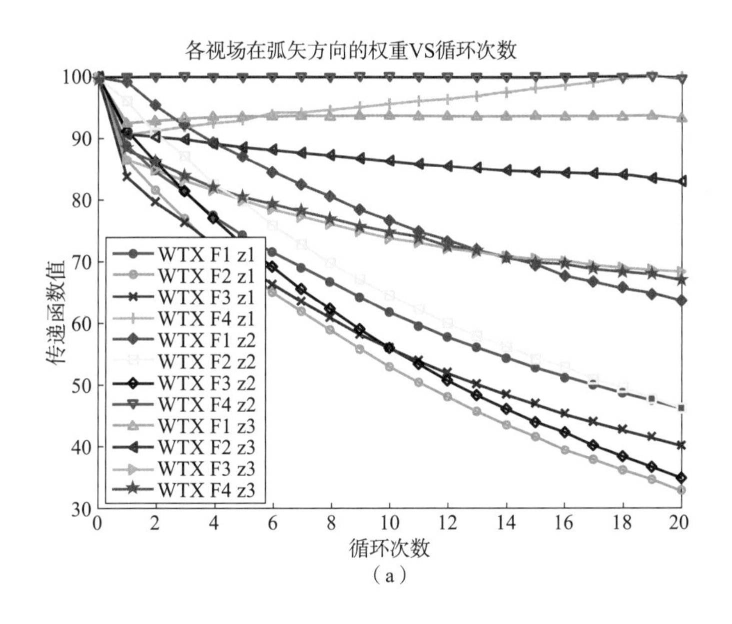

图 5-12　各视场权重变化曲线

（a）弧矢方向上的权重变化曲线

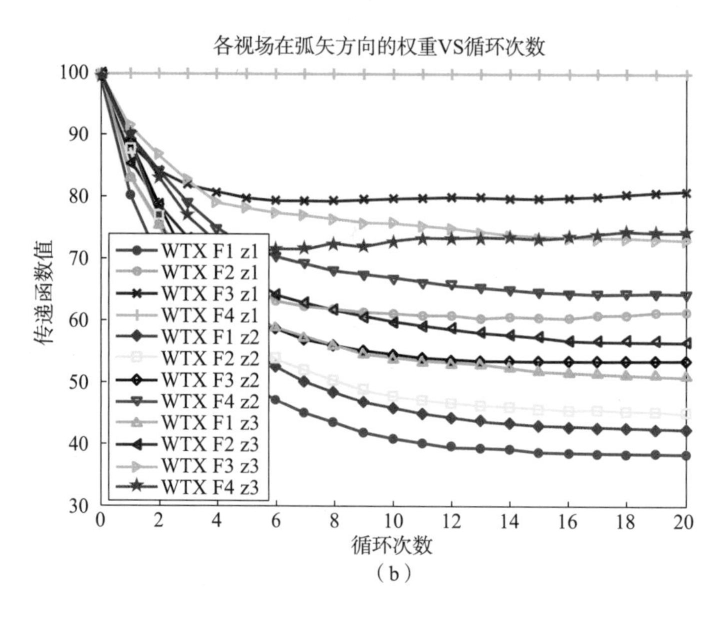

（b）

图 5－12 各视场权重变化曲线（续）

（b）子午方向上的权重变化曲线

5.3.3 含有 15 个视场的楔形自由曲面棱镜光学系统

我们仍然以自由曲面楔形棱镜作为实例 3 的光学系统，结构如图 5－13 所示。优化时在水平半个全视场范围内抽样了 15 个视场以保证像面整体成像质量的均衡。该实例的有效焦距为 19 mm，对角视场为 33.4°，出瞳直径为 7 mm，有效出瞳距离为 20 mm，有效出瞳距离代表的是目镜上靠近人眼的最近点距离（人眼的轴向长度）。将每个抽样视场在弧矢和子午两个方向上位于该系统奈奎斯特频率（33 lps/mm）处的 MTF 值作为构建权重函数的标准。系统在 656.3 nm、587.6 nm 和 486.1 nm 波长处的权重分别为 1、2 和 1。

图 5－14 所示的是每一轮优化后对应的误差评价函数值。评价函数值在经过 20 次迭代优化循环后由最初的 213 下降到了 74。由图 5－15 可看出，在 33 lps/mm 处，抽样视场弧矢方向的 MTF 平均值由 0.2 上升到 0.32，子午方向的 MTF 平均值由 0.145 提高到 0.31。所有抽样视

场两个方向的 MTF 平均值之差由 0.045 缩小到 0.01。

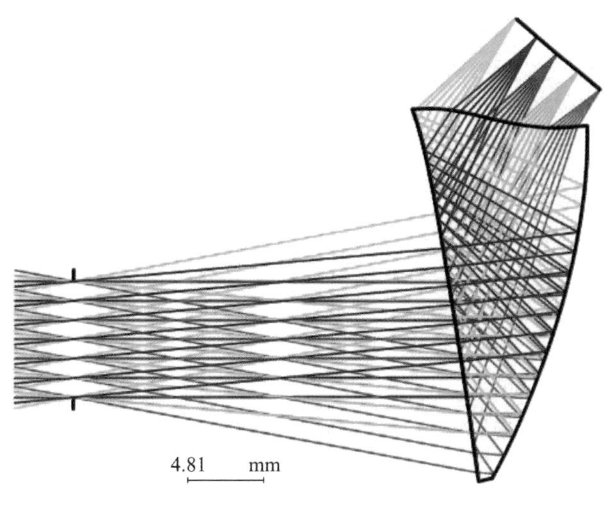

图 5-13　实例 3 的二维结构图

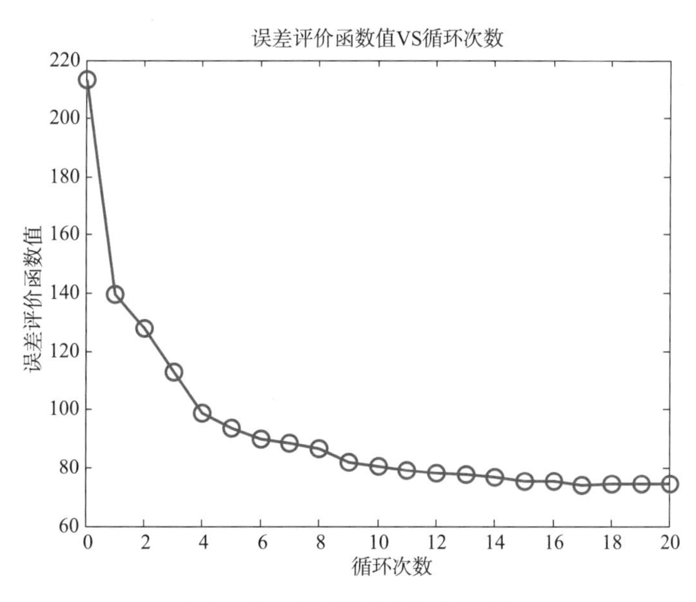

图 5-14　误差评价函数变化曲线

图 5-16（a）、（c）和（e）所示为所有视场权重设为相同值经过局部优化后的 MTF 曲线，图 5-16（b）、（d）和（f）所示为自动平衡算法优化后的 MTF 曲线，各抽样视场在空间频率 33 lps/mm 处全部优于 0.3。由此可见，经过像面整体成像质量自动平衡算法优化设

计后，各视场的像质得到了更好的平衡，整体成像性能有了进一步的提高。

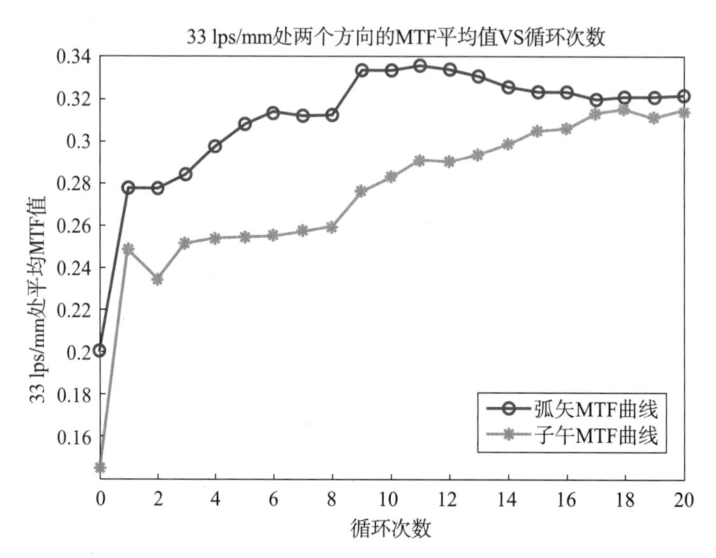

图 5-15 各视场在 33 lps/mm 处两个方向的 MTF 平均值随优化次数的变化曲线

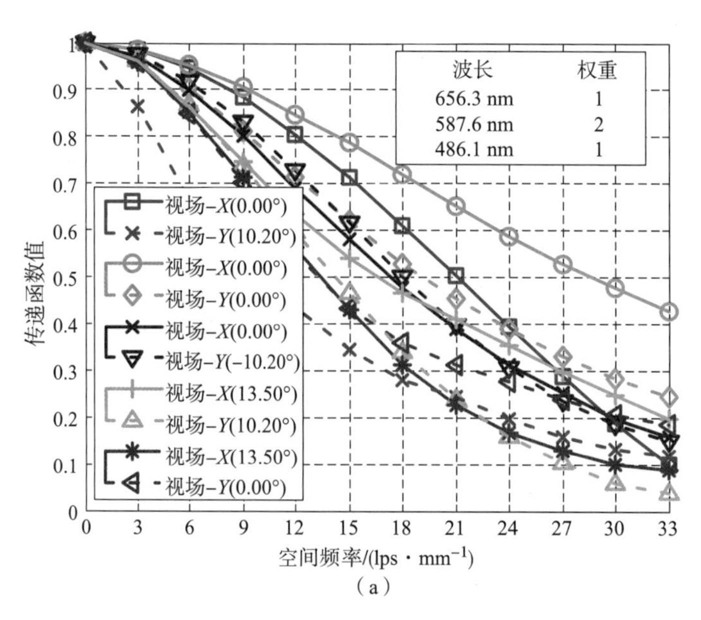

(a)

图 5-16 传递函数曲线

(a) 所有视场权重设为相同值并经局部优化后系统的 MTF 曲线

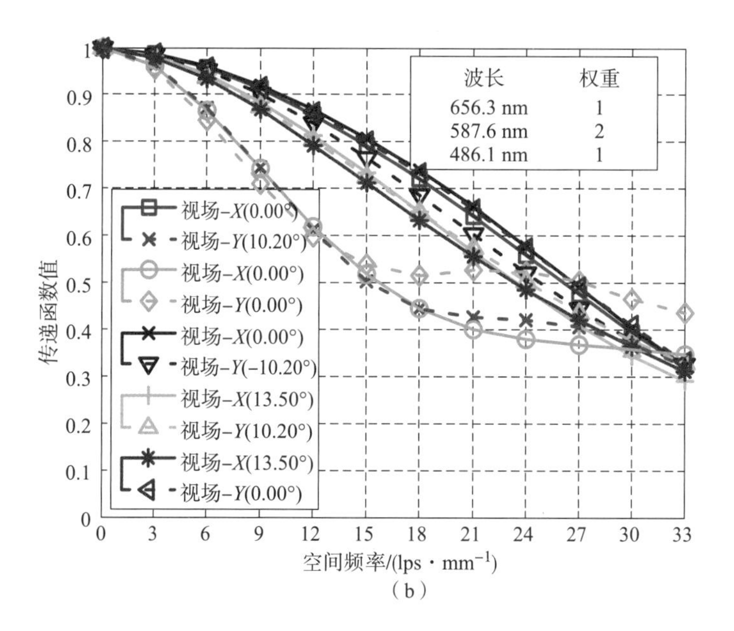

(b)

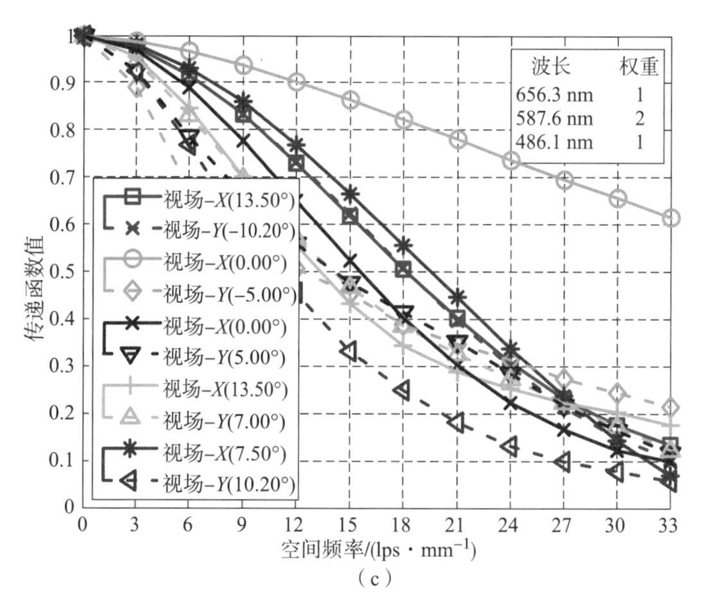

(c)

图5-16　传递函数曲线（续）

(b)(c) 所有视场权重设为相同值并经局部优化后系统的 MTF 曲线

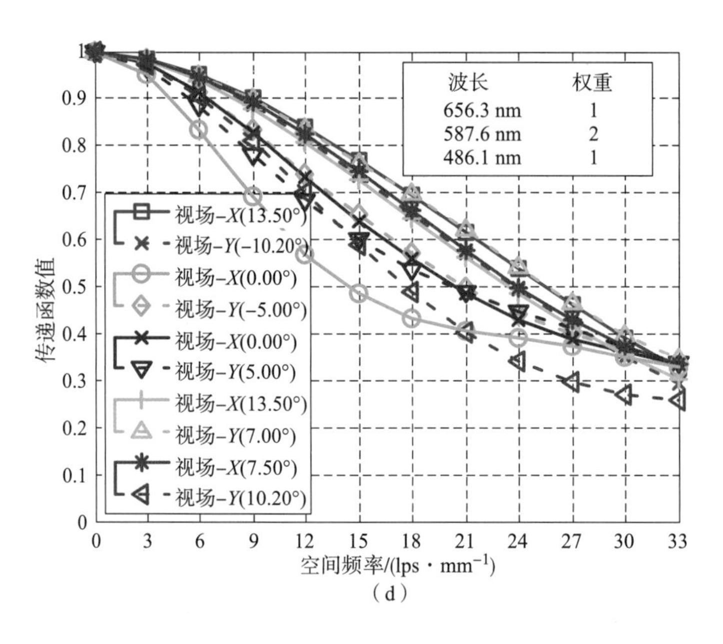

（d）

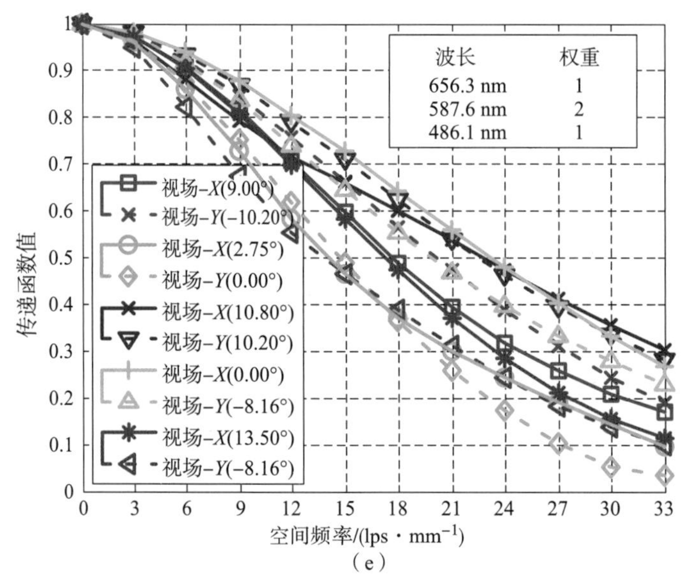

（e）

图 5－16　传递函数曲线（续）

（d）自动平衡算法优化后的 MTF 曲线；

（e）所有视场权重设为相同值并经局部优化后系统的 MTF 曲线

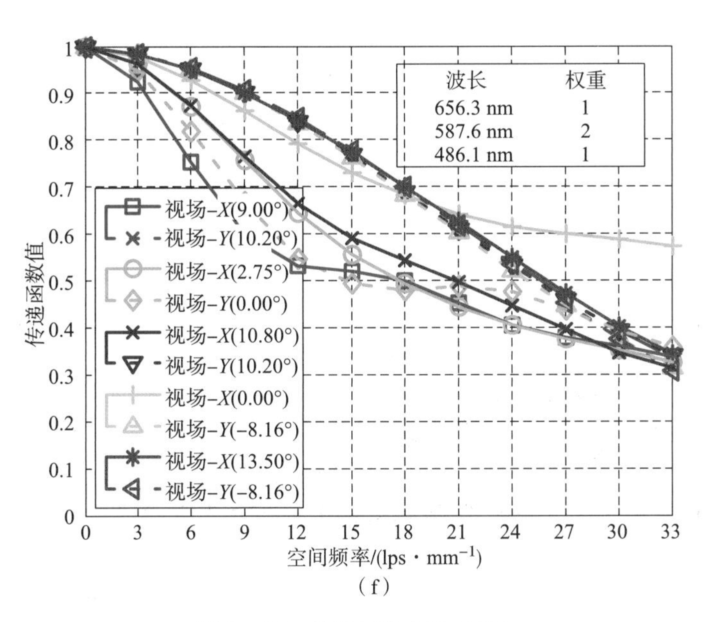

图5-16 传递函数曲线（续）

(f) 自动平衡算法优化后的MTF曲线

图5-17给出了平均分布在0~33 lps/mm之间的12个空间频率上各抽样视场MTF的平均值、扩散值和RMS值。平衡前后12个空间频率的MTF平均值之比为1∶1.8。

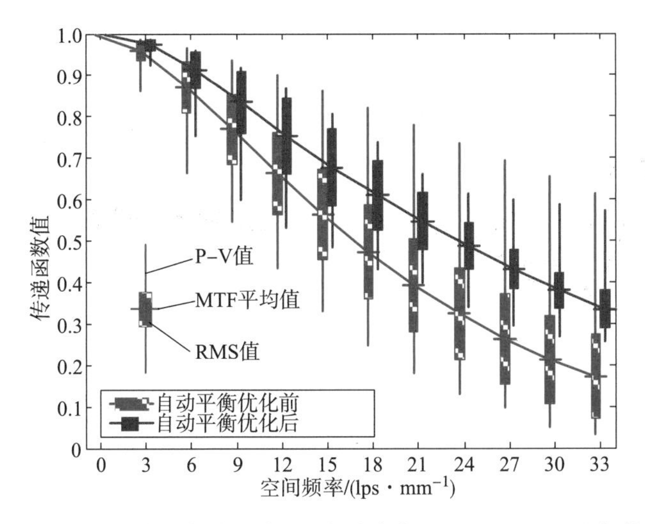

图5-17 自动平衡优化前后均匀分布在0~33 lps/mm之间的12个空间频率处MTF的平均值、扩散值和RMS值

图 5－18 和图 5－19 分别显示了优化过程中各视场的 MTF 和权重的变化曲线图。除第 14 个视场子午方向的 MTF 值远高于平均值，其他视场在空间频率 33 lps/mm 处的 MTF 值随着优化的进行逐渐向 0.3 靠近。

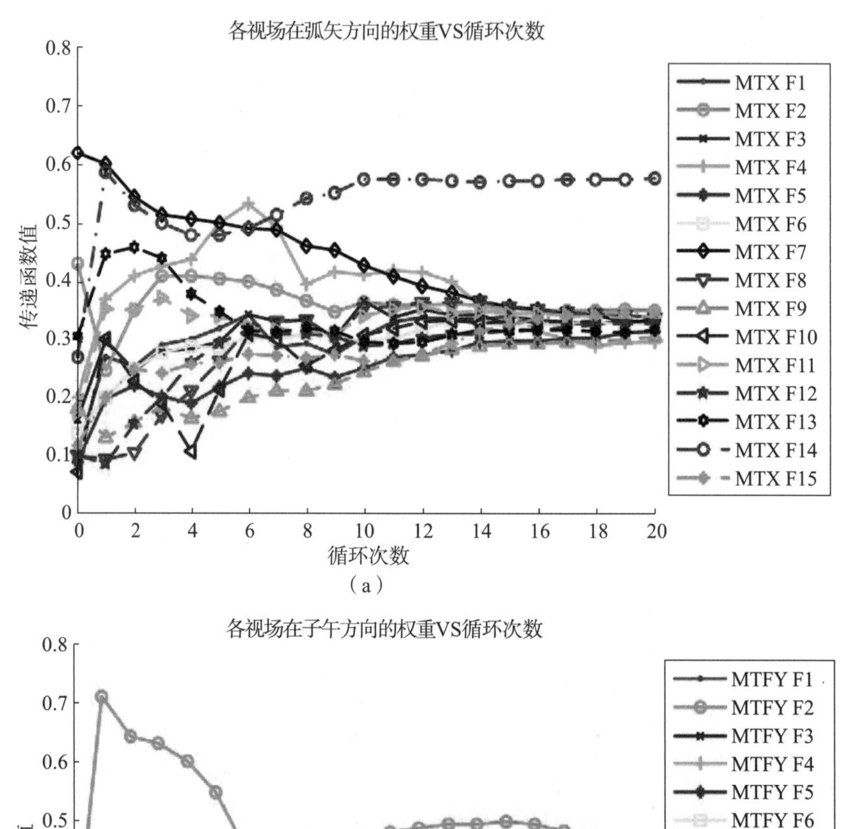

（a）

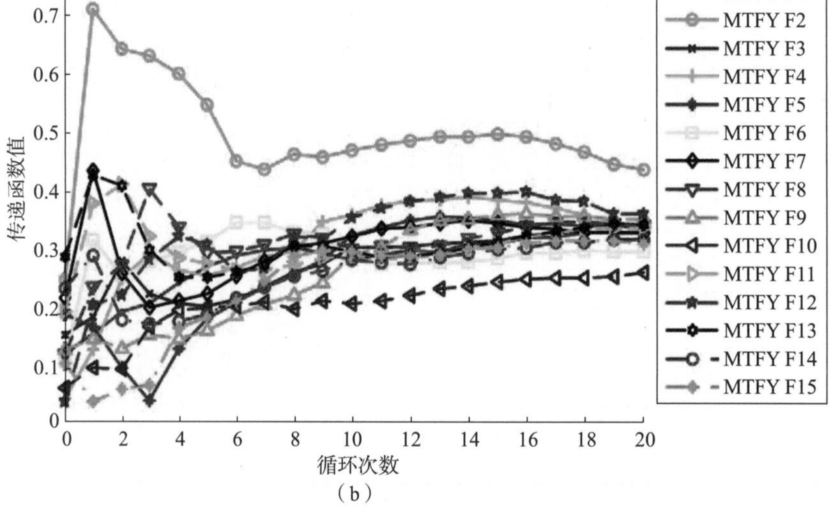

（b）

图 5－18　空间频率 33 lps/mm 处的 MTF 变化曲线图

（a）弧矢方向 MTF 变化曲线；（b）子午方向 MTF 变化曲线

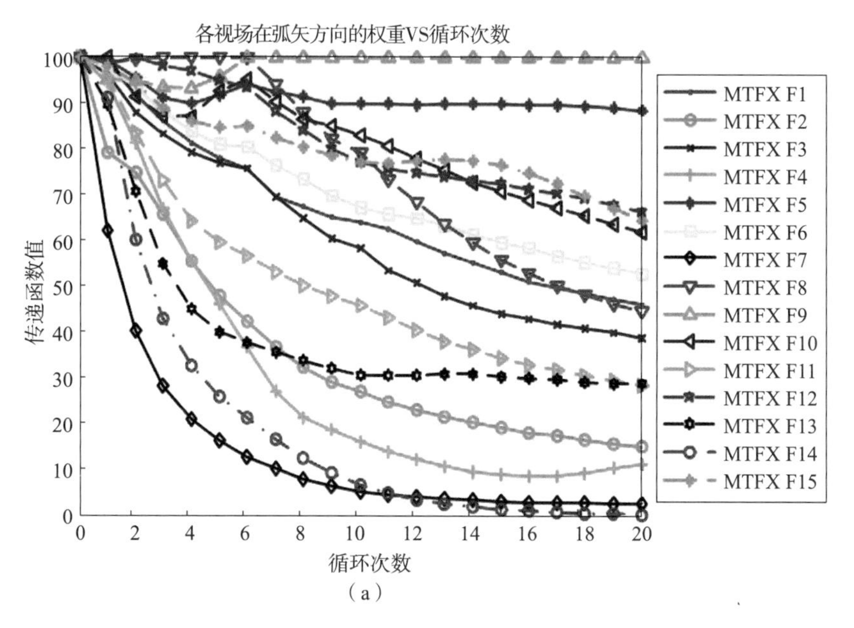

（a）

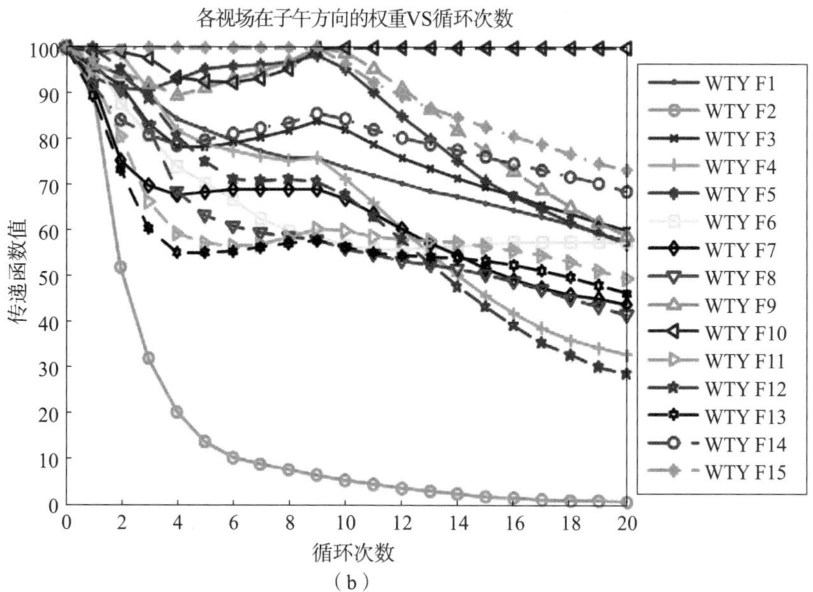

（b）

图 5－19　系统各视场权重变化曲线图

（a）弧矢方向权重变化曲线；（b）子午方向权重变化曲线

在自由曲面成像系统的设计中，通常需要进行全局优化[32]。然而对此类光学系统进行全局优化是一个相当漫长的过程，当设计中采用多个自由曲面时更是如此。该实例使用了 3 个 10 阶 *X*－*AXYP* 曲面，包含 123 个结构变量，同时抽样了 15 个视场。完成单次局部优化需要几分钟的时间，完成一次全局优化至少需要 250 小时，并且经过全局优化后的最佳结构仍然需要进一步的平衡。采用本书的自动平衡算法对该实例进行优化，整个调节过程可以在 1 小时内完成。

通过以上设计实例充分表明：该算法能快速有效地平衡各视场的成像质量，并且能使整体的成像质量得到一定程度的提高，平衡效果明显优于手动平衡调整方法。

第 6 章

自由曲面成像系统的优化边界条件和头盔目视光学系统的优化设计

自由曲面成像系统设计的另一个难点是对其结构优化时的边界条件的设置和控制。对于传统的旋转对称光学系统，其结构形式遵循统一的规律，优化时的控制方法已经成熟，常用的边界条件包括焦距、后截距、系统总长、镜片中心和边缘厚度等，在商业光学设计软件中均可以进行方便的设置和有效的约束。自由曲面光学系统不再具备旋转对称性，为了实现紧凑小巧的结构，经常采用反射、转折光路。其结构千差万别，对边界条件的要求各不相同，几乎无法在软件中预先设置供设计者调用。故此，在对自由曲面光学系统进行优化时，必须根据需要加入特殊、复杂的用户自定义边界条件，才能得到合理可行的系统物理结构。本章以自由曲面楔形棱镜式头盔目视光学系统为例，给出了对其优化时特殊边界条件的设置思路和控制方法；同时，介绍了大视场、大相对孔径光学透视式头盔显示器的设计和研制结果。

6.1 头盔显示器结构形式的选取

头盔显示系统按结构可分为不含中继系统和含中继光学系统的头盔显示器[96-98]；按功能可分为光学透射式、视频透射式和浸没式头盔显示器。传统共轴结构的旋转对称目镜难以实现光学透射式功能，而光学透射式头盔在安全性、实时性等方面比视频透射式或浸没式头盔具有更大的优势，并且在很多重要应用中必须使用光学透射式头盔显示器，例如医学手术导航中的应用[99]。为了实现紧凑的物理结构要求和光学透射式功能，头盔显示器从共轴旋转结构逐步演变成折反射结合的离轴结构。

图 6－1（a）所示的头盔显示目镜光学系统中采用的半反半透平板透镜的目的仅是折转光路，避免目镜对真实场景的遮挡，实现光学透射[100]。图 6－1（b）所示的方案采用胶合立方棱镜作为组合器，并将棱镜的下表面设置成有一定光焦度的反射面，有利于减小后继光学元件的直径，真实景物的光线直接通过棱镜的两个平面透射并最终进入人眼[101]。由于使用大尺寸的立方棱镜，体积和重量都很大，仅棱镜的重量就已高达一百多克[102]。

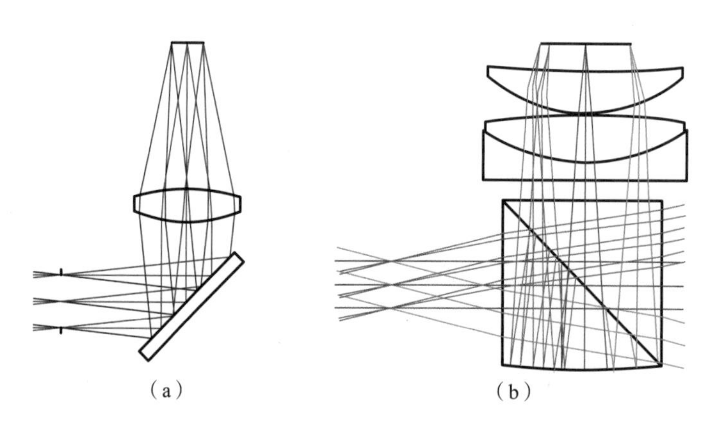

图 6－1　采用半反半透镜组合器和采用胶合立方棱镜作为组合器

（a）半反半透平板透镜组合器；（b）采用胶合立方棱镜作用组合器

为了克服半反半透平板透镜组合器头盔显示器视场角小、体积大的缺点，可在组合玻璃反射面上引入光焦度，以减小后继光学元件的直径；同时将曲率组合器倾斜保证足够的出瞳距离，如图 6－2 所示。反射镜与光轴的倾斜角度对光学系统的像差有很大的影响，当倾斜角度较大时，单独使用球面难以很好地校正像散等离轴像差，需要使用非球面或自由曲面校正像差[60,61][103]。

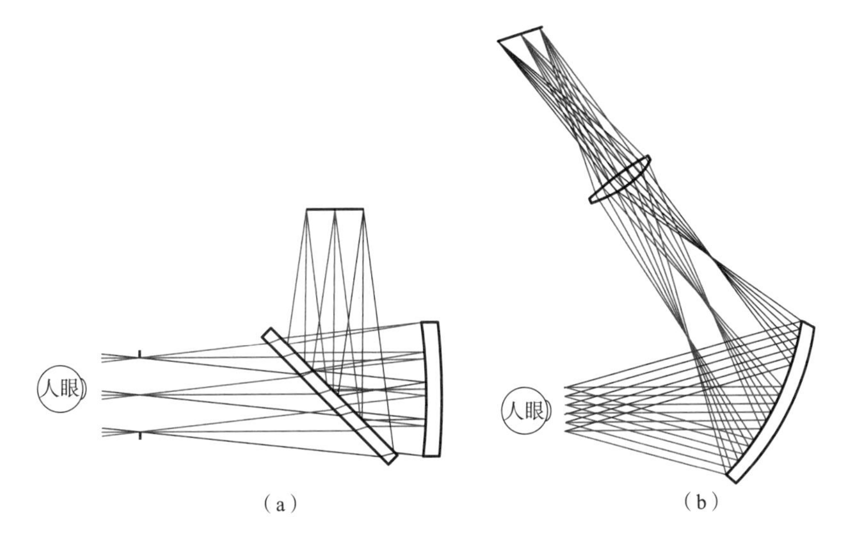

图6-2　不含中继系统和含中继系统的折反射头盔显示器光路

(a) 不含中继光学系统的光路；(b) 含中继光学系统的光路

1995年，奥林巴斯公司的K. Takahashi等在图6-2(a)所示结构的基础上，提出了基于自由曲面楔形棱镜式结构的头盔显示器[10]，将半反半透平板透镜和球面反射镜分别作为楔形棱镜的前后表面，同时将楔形棱镜较宽的一个端面也设置为光学表面。通过合理控制各表面的位置和角度，实现光线在楔形棱镜的前表面上全反射和透射各一次，大大提高了光能利用率。该结构特别轻巧紧凑，还降低了系统装调的难度。

奥林巴斯、佳能等公司在此后的10年内先后申请了多项类似结构的专利，提出了多种棱镜结构型式光学系统。例如有些大视场、低F数的单片楔形棱镜头盔显示器，由于光线在前表面不能满足全反射条件，需要在楔形棱镜前表面的上半部分镀膜。Honeywell公司的J. Droessler申请了高亮度的光学透射式头盔显示器专利[104]，虽然系统F数达1.7，但是该结构额外使用了两片离轴透镜，且将楔形棱镜的上表面设置为衍射表面，使加工和装调的难度都大大增加。

为了选择一种合理的大视场、大相对孔径、大出瞳距离的光学透射式头盔棱镜结构形式，同时又要保证结构简单、体积小、重量轻以及装调简便，我们对多种棱镜结构方案分别进行了初步的优化设计，分析比较它们各自能够实现的光学特性参数（表6－1）和优缺点。

表6－1　各种棱镜结构头盔显示器的光学特性参数

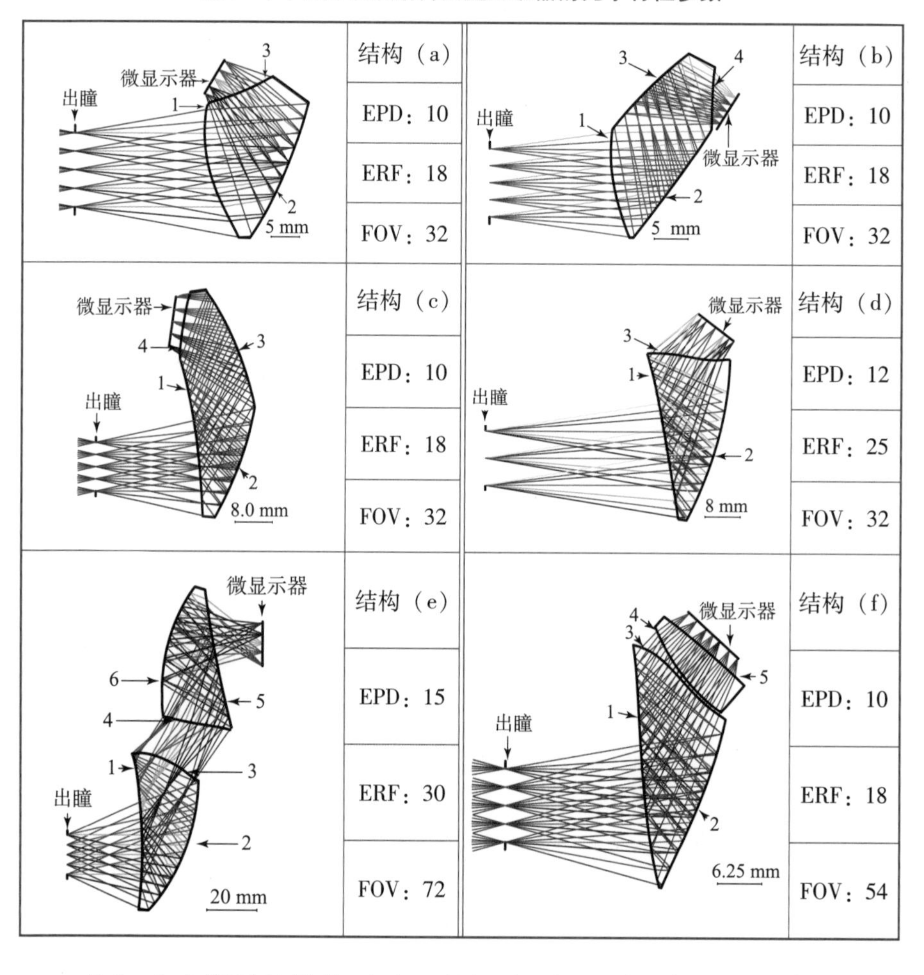

结构	EPD	ERF	FOV
结构（a）	EPD：10	ERF：18	FOV：32
结构（b）	EPD：10	ERF：18	FOV：32
结构（c）	EPD：10	ERF：18	FOV：32
结构（d）	EPD：12	ERF：25	FOV：32
结构（e）	EPD：15	ERF：30	FOV：72
结构（f）	EPD：10	ERF：18	FOV：54

表6－1中所示的结构（a）、（b）和（c）需要保证下边缘视场的光线经过表面2反射后能全部入射到光学表面3，且与光学表面1分开；结构（b）和（c）需要进一步将经表面3反射后所有的光线入射到光学表面4上，分别与表面2和表面1分离。使这几种结构形式

头盔显示器的出瞳直径、出瞳距离和视场角都受到了很大的限制。表6-1（a）和（b）的结构对人眼的表面的光焦度比较大，不利于实现光学透射式功能。表6-1（e）的结构使用了两片楔形棱镜，能实现超大孔径和视场角设计，但是对加工、装调要求更高，系统体积也很大。表6-1（f）的在楔形棱镜的基础上增加了一块球面透镜，可以实现更为优良的成像质量，但是其加工、装调都更为困难。本章的任务不仅要完成自由曲面成像光学系统特殊物理边界条件的研究，还要完成具体系统的设计并加工出原理样机，以成像质量和显示效果来验证前文研究工作的合理与可行性。为了避免装调误差可能带来的不利影响，应保证系统的结构尽可能简单，因此选用结构表6-1（d）作为最终的结构方案。

图6-3所示的头盔显示系统由一块自由曲面楔形棱镜和自由曲面透镜组成。虚拟成像光路的光线从微显示器出发通过自由曲面棱镜的表面3透射进入棱镜内部，然后在表面1′上发生全反射后到达光学表面2，再次经过表面2反射，经过棱镜的前表面1透射最终离开棱镜并进入人眼。光学透射成像光路的光线源自真实场景，依次透射通过自由曲面透镜和楔形棱镜后进入人眼。为了便于设计，我们用反向光路对系统进行建模和优化设计，将出瞳作为物面，微显示器作为像面。

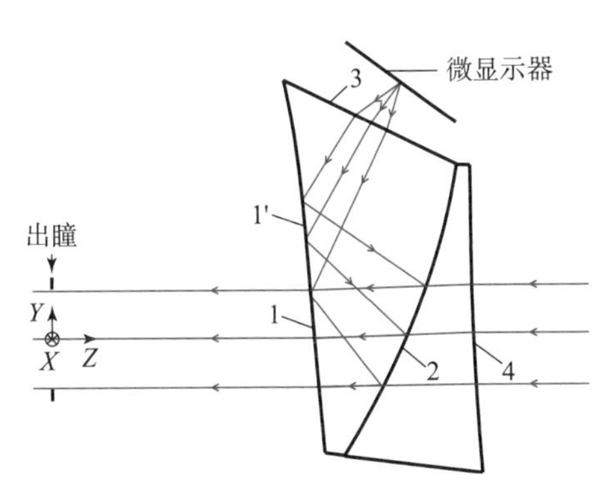

图6-3　光学透射式自由曲面楔形棱镜头盔显示器结构示意图

6.2 自由曲面棱镜头盔显示器光学特性参数和初始结构的确定

头盔显示器光学系统与传统的目镜类似，出瞳位于透镜的外侧，都具有焦距短、视场角大、入瞳和出瞳远离透镜组等特点[105]。由于其出瞳远离透镜组，视场角又比较大，轴外光线在透镜前表面上的入射高和入射角均会很大，造成轴外视场的像差如彗差、像散、场曲、畸变和垂轴色差都很大。为了校正这些像差导致目镜的结构比较复杂。由于畸变不影响成像清晰度，随着现有图像预处理和显示技术的不断提高，光学系统对畸变一般不做严格的校正，而是交由电路或者软件处理[106]。

表 6 – 2 列出了该头盔显示器的光学特性参数，选用的微型图像源为 eMagin 公司的 OLED（Organic Light – Emitting Diode，有机发光二极管）[107]，显示区域为 0.61 in，分辨率为 SVGA（Super Video Graphics Array，高级视频图形阵列）。与其他类型的微型图像源相比，它具有自发光功能，不需要背光源，因此功耗低，小于 200 mW。此外它还具有厚度薄、对比度高、视角广、刷新频率快等优点，同时它的显示色彩也是最为丰富和逼真的。为了满足一定的观察视场，要求系统的视场角大于 50°，这就要求焦距不能大于 16.6 mm，因此我们将焦距定为 15 mm；对应的视场角为 53.5°，显示分辨率为 3.2 弧分。由于成年人的双目瞳距一般为 54 ~ 72 mm[74,108]，为了让不同用户在不调节瞳距的情况下都能正常使用头盔显示器，要求其目镜光学系统有较大的出瞳直径；同时为了保证系统的结构紧凑和像质优良，我们将系统的出瞳直径定为 8 mm，出瞳距离大于 18 mm。

表 6－2　自由曲面头盔显示器的光学特性参数

特性参数		参数值
OLED	尺寸	对角 15.5 mm
	显示区域	12.7 mm×9.0 mm
	分辨率	852×600
虚拟成像光路	结构形式	自由曲面折反射棱镜
	有效焦距	15 mm
	出瞳直径	8 mm
	出瞳距	>17（18.25）mm
	F/#	1.875
	非球面总数	3
透射成像光路	结构形式	自由曲面透镜
	非球面总数	2
其他参数	波长	656.3～486.1 nm
	视场角	45°H×32°V
	渐晕	0.15 上下边缘
	畸变	<10% 最大边缘视场
	成像质量	30 lps/mm 处 MTF>10%

考虑到自由曲面棱镜加工的难度和试验样品数量的需求，决定采用注塑的方式进行加工。通过金刚石车床加工出单个自由曲面模芯，同时完成注塑成型模具的设计，使 3 个自由曲面模芯镶嵌在模具内闭合后能够形成精确的楔形棱镜腔体，以便将树脂光学材料压注成型。因此，在材料方面宜选用树脂光学材料，因为现有玻璃材料的压注工艺还不成熟，不能保证压注效果，而且价格也非常昂贵；同时，由于系统仅含一片光学元件，为尽可能减小色差，需要选择色散小（阿贝数较大）的玻璃材料，最终选用的是在树脂光学材料中具有“冕牌玻璃”之称的聚甲基丙烯酸甲酯（Poly Methyl Meth Acrylate，PMMA），其阿贝数为 57.2，在波长 587.6 nm 处的折射率为 1.492。

6.2.1 类似结构专利数据分析

为了构建优良的初始结构，需要深入地研究自由曲面棱镜式结构头盔显示光学系统的特性，为此我们查阅了大量的专利数据，分析了11 个专利中的100 多种结构相似的专利实例[28,29,84,103,109-115]（表6-3）。它们的 F 数一般为4~8，视场角小于40°[62]。

表6-3 为专利实例同类结构各光学表面的曲率半径数值。

表6-3　同类结构各光学表面的曲率半径数值　　单位：mm

镜头名称	子午方向			弧矢方向		
	R_{ys1}	R_{ys2}	R_{ys3}	R_{xs1}	R_{xs2}	R_{xs3}
5959780_2	-490.155	-85.148 8	-90.947 9	-133.409	-65.436 2	-238.452
5959780_3	Infinity	-109.341	-231.099	Infinity	-106.584	-40.6436
5959780_6	3 163.62	-93.507 9	2 314.34	-156.322	-67.054 1	-178.791
6028709_1	-2352.3	-71.522 3	-25.094 8	-126.828	-53.280 9	-22.327 1
6028709_2	-421.077	-68.089 8	-25.345 5	-105.292	-51.280 9	-33.341 6
6028709_3	-172.433	-63.025 6	-30.227 2	-163.264	-58.990 1	-62.584 4
6028709_4	229.11	-101.793	-28.288 5	-104.939	-54.188 5	-19.008 7
6028709_5	245.519	-89.455 5	-40.819 1	87.815 4	-87.772	-149.63
6028709_6	-941.191	-103.642	-45.693 8	-169.055	-75.783 5	-56.978 7

我们还进一步分析了类似结构中全部使用 XY 多项式曲面描述的实例[110,111]，并通过前文提出的最佳复曲面基底面的拟合方法，将它们的光学表面拟合成最佳复曲面基底面。表6-3 列出了拟合后各实例的3 个光学表面在子午方向和弧矢方向的曲率半径数值，其中镜头名称定义为：专利号_实例序号。

棱镜的第一个光学表面的光焦度计算公式为

$$\varphi_1=(n-1)c_1 \tag{6-1}$$

棱镜的第二个光学表面的光焦度计算公式为

$$\varphi_2 = (n-1)c_2 \tag{6-2}$$

棱镜的第三个光学表面的光焦度计算公式为

$$\varphi_3 = (n-1)c_3 \tag{6-3}$$

式中，c_1、c_2、c_3 分别为棱镜 3 个光学表面的顶点曲率。

表 6-4 列出了部分专利实例中同类型结构的 3 个表面的初阶光焦度与系统整体光焦度的比值。其中，Φ_{ys1}、Φ_{ys2} 和 Φ_{ys3} 分别代表第一、第二和第三光学表面在子午方向的光焦度，Φ_{xs1}、Φ_{xs2} 和 Φ_{xs3} 代表第一、第二和第三光学表面在弧矢方向的光焦度，Φ_x、Φ_y 分别代表楔形棱镜在子午方向和弧矢方向的光焦度。

表 6-4　同类结构各面光焦度与系统整体光焦度的比值

镜头名称	子午方向			弧矢方向		
	Φ_{ys1}/Φ_y	Φ_{ys2}/Φ_y	Φ_{ys3}/Φ_y	Φ_{xs1}/Φ_x	Φ_{xs2}/Φ_x	Φ_{xs3}/Φ_x
5959780_ 2	-0. 031 9	1. 066 7	0. 172 0	-0. 121 1	1. 433 6	0. 067 8
5959780_ 3	0. 000 0	0. 963 3	0. 078 5	0. 000 0	0. 829 8	0. 374 8
5959780_ 6	0. 005 0	0. 979 1	-0. 006 8	-0. 098 2	1. 329 5	0. 085 9
6028709_ 1	-0. 004 6	0. 879 5	0. 431 7	-0. 084 7	1. 170 8	0. 481 2
6028709_ 2	-0. 025 8	0. 926 4	0. 428 6	-0. 109 8	1. 309 1	0. 346 8
6028709_ 3	-0. 071 1	1. 129 9	0. 405 7	-0. 077 8	1. 250 3	0. 203 0
6028709_ 4	0. 047 0	0. 613 6	0. 380 3	-0. 107 8	1. 212 4	0. 595 2
6028709_ 5	0. 063 1	1. 004 9	0. 379 2	0. 174 6	1. 014 2	0. 102 5
6028709_ 6	-0. 017 0	0. 894 3	0. 349 3	-0. 102 9	1. 332 7	0. 305 3

从表 6-4 中可以看出，光学系统的光焦度主要是由第二光学表面产生的。第一光学表面在子午方向的光焦度所占比例很小，但在弧矢方向有一定的贡献。第二光学表面的光焦度变化范围比较大，但主要为系统提供正光焦度。

6. 2. 2　优化初始结构的建立

在经过大量的比较分析后，我们选取了美国专利 5 959 780 中的第一个实例[116]作为本设计的初始结构。该实例的光学特性参数如下：

微型显示器尺寸为 1.3 in，视场角 60°×58.8°，出瞳直径为 4 mm，焦距为 27.4 mm，对应的 F 数为 6.85。为了满足头盔显示技术参数要求，需要将初始结构按焦距缩放的方式把系统焦距缩小到 15 mm，同时将出瞳直径扩大为 8 mm，视场角调整为 45°×32°。缩放后的 F 数降到了 1.875，接近专利实例的 1/4。图 6－4（a）显示的是调整后系统的二维结构。图 6－4（b）显示的是以全孔径评估的传递函数曲线，图 6－4（c）和（d）是以 3 mm 出瞳直径计算的垂轴像差曲线。从传递函数曲线可以看出，系统的传递函数在每毫米 12 lps 以后几乎接近于 0。更为严重的是调整后的系统有效出瞳距离大幅缩短，减小到 14 mm；在全反射面 1′上光线的入射角远远小于临界角，从微显示器发出的光线无法按正常的预定光路传播进入位于出瞳处的人眼，因此需要重新进行优化设计。

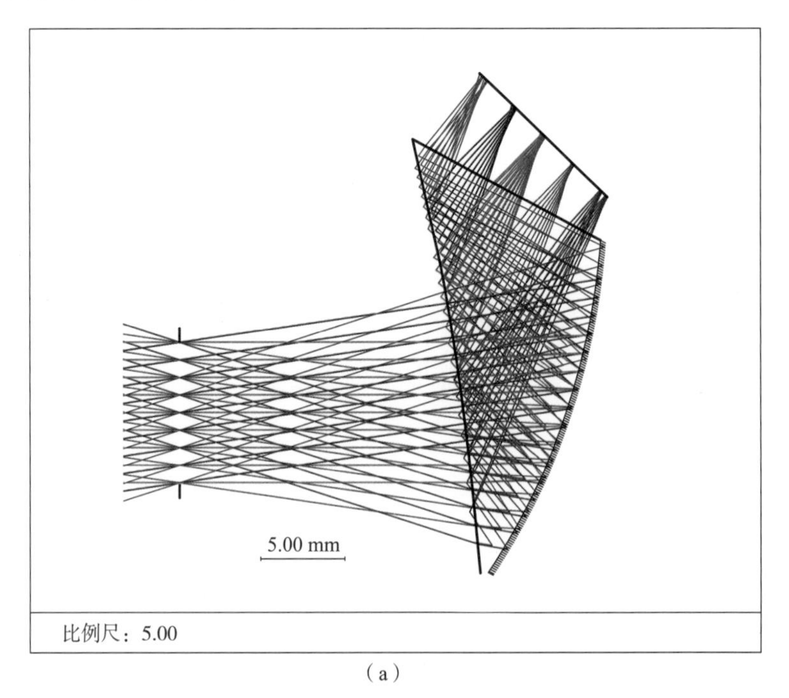

（a）

图 6－4　焦距缩放和视场、出瞳直径调整后的初始光学系统

（a）*YZ* 平面内初始二维结构

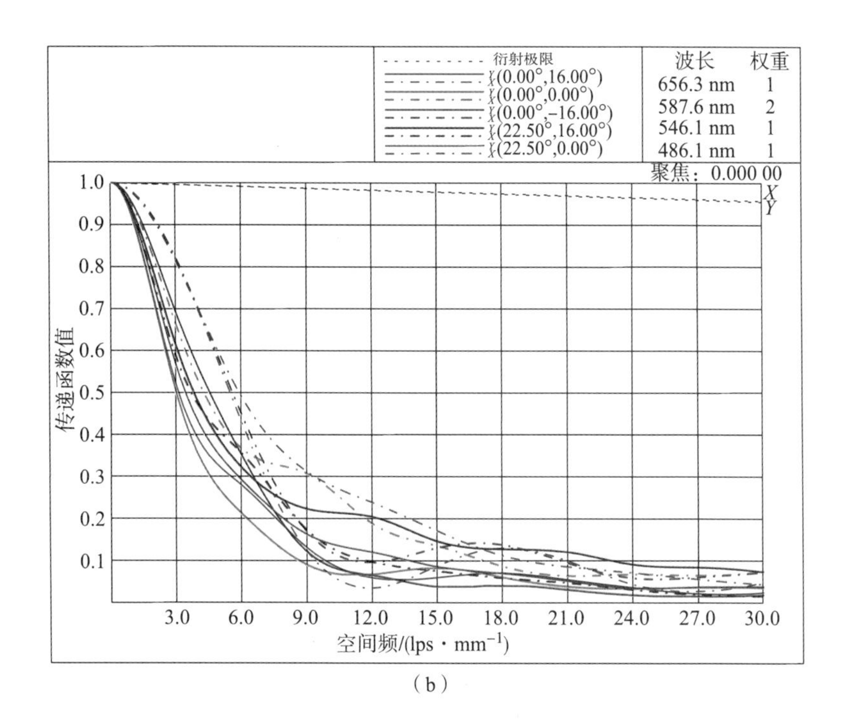

（b）

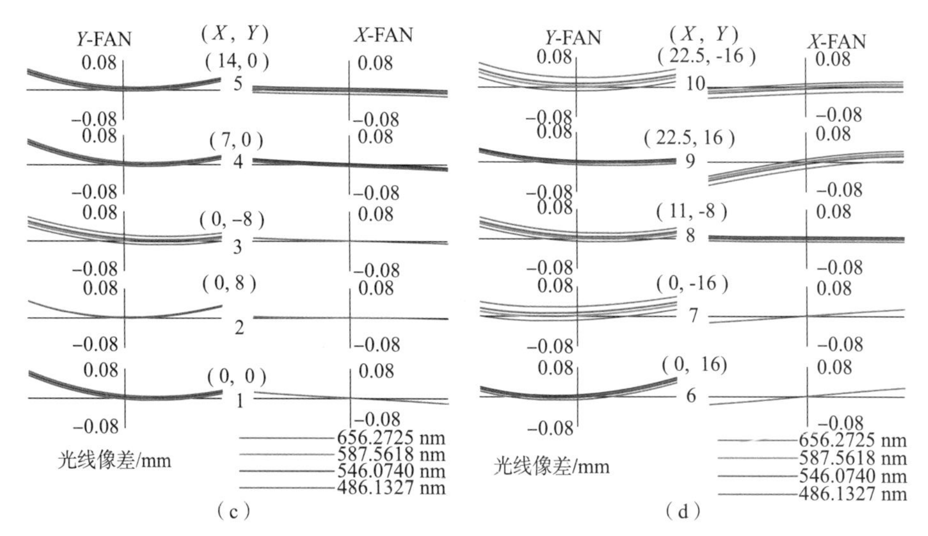

（c） （d）

图 6－4 焦距缩放和视场、出瞳直径调整后的初始光学系统（续）

（b）传递函数曲线；（c）中心视场的垂轴像差曲线；

（d）边缘视场的垂轴像差曲线

6.3 浸没式自由曲面楔形棱镜头盔显示光学系统的优化控制条件

在浸没式自由曲面楔形棱镜头盔显示光学系统的优化过程中，需要控制5个条件：①特殊物理结构边界条件；②全反射控制条件；③成像性能和像差的要求；④出瞳距和有效出瞳距控制要求；⑤光学曲面的曲率半径约束条件。图6－5为自由曲面楔形棱镜系统优化设计过程中的结构控制示意图。图6－5中画出了几条经过精心挑选的特征光线，并标出了它们与光学曲面的交点以及与光学表面的夹角情况，它们对楔形棱镜的物理结构控制和全反射条件的实现有非常重要的意义。

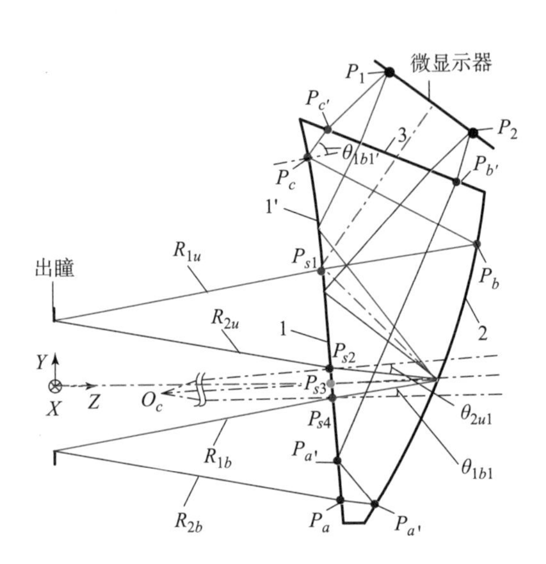

图6－5 自由曲面楔形棱镜系统优化设计过程中的结构控制示意图

6.3.1 特殊物理结构边界条件的约束控制

为了确保优化设计出的物理结构切实可行，保证各光学表面之间不会发生干涉冲突，需要定义一些特殊的结构控制约束条件。为此，通过图6－5中定义的几条特征光线与光学表面的交点坐标位置来构建物理结构的控制条件，分别如不等式组（6－4）、（6－5）和（6－6）

所示，确保光线在各相邻表面间的光程为正，保证棱镜的边缘厚度不会出现负值。

这几条特征光线中包括 $+Y$ 方向最大视场的上下边缘光线 R_{1u}、R_{2u} 和 $-Y$ 方向最大视场的上下边缘光线 R_{1b}、R_{2b}。

$$\begin{cases} Y_{P_{a''}} - Y_{P_a} < 0 \\ Y_{P_{a'}} - Y_{P_a} > 0 \\ 1.5 < Z_{P_a'} - Z_{P_a} < 3 \end{cases} \tag{6-4}$$

$$\begin{cases} 10 > Y_{P_b'} - Y_{P_b} > 0 \\ -1.5 < Z_{P_b'} - Z_{P_b} < -0.2 \end{cases} \tag{6-5}$$

$$\begin{cases} -2 < Y_{P_c} - Y_{P_c'} < 0 \\ -1 < Z_{P_c} - Z_{P_c'} < 0 \end{cases} \tag{6-6}$$

不等式组（6-4）、（6-5）和（6-6）所述的控制条件中，Y、Z 是在全局坐标系下特征光线与光学表面的交点坐标值，全局坐标系的原点位于出瞳中心。$+Z$ 轴为人眼的视轴方向，$+Y$ 轴为垂直于人眼视轴垂直向上的方向，X 轴则与 Y 和轴 Z 轴构成右手坐标系。如图6-5所示，光线 R_{2b} 与光学表面1相交于点 $P_a(0, Y_{P_a}, Z_{P_a})$，与光学表面2相交于点 $P_{a'}(0, Y_{P_{a'}}, Z_{P_{a''}})$，经过表面2反射后入射到光学表面1′，相交于点 $P_{a''}(0, Y_{P_{a''}}, Z_{P_{a''}})$，离开棱镜时与光学表面3相交于 $P_{b'}(0, Y_{P_{b'}}, Z_{P_{b'}})$。$Y$ 方向最大视场上边缘光线 R_{1u} 与光学表面2相交于点 $P_b(0, Y_{P_b}, Z_{P_b})$，与光学表面1′相交于点 $P_c(0, Y_{P_c}, Z_{P_c})$，以及与光学表面3相交于点 $P_{c'}(0, Y_{P_{c'}}, Z_{P_{c'}})$。

控制条件式（6-4）用于控制自由曲面棱镜的下边缘厚度，控制条件式（6-5）用于将光线 R_{1u} 与光学表面2的交点 P_b 控制在光线 $P_{a''}P_{b'}$ 的右下方。确保经过光学表面1′反射出来的光线不会在入射到光学表面3之前再次与光学表面2相交。控制条件式（6-6）确保棱镜左上边缘的厚度，确保光线经由光学表面2反射后不会先交于光学表面3，然后再与光学表面1′相交，而是先通过光学表面1′全反射后再入射到光学表面3。以上3个约束条件一起使用才能保证合理可行的自由曲面楔形棱镜结构。可对控制条件不等式（6－4）、式（6－5）和式（6－6）中的上下限做适当的调整，以满足不同的结构要求。

图6－6给出了优化过程中几种容易出现的异常结构。图6－6（a）为不采用约束条件不等式（6－4）优化后产生的病态结构。图6－6（b）为不采用约束条件不等式（6－5）优化时容易产生的结构。图6－6（c）为不采用约束条件不等式（6－6）优化出的结构。图6－6（d）为不同时采用约束条件不等式（6－5）和式（6－6）容易优化出的结构，这两个约束条件的同时使用能够保证点$P_{b'}$和$P_{c'}$位于光线P_bP_c的上方。

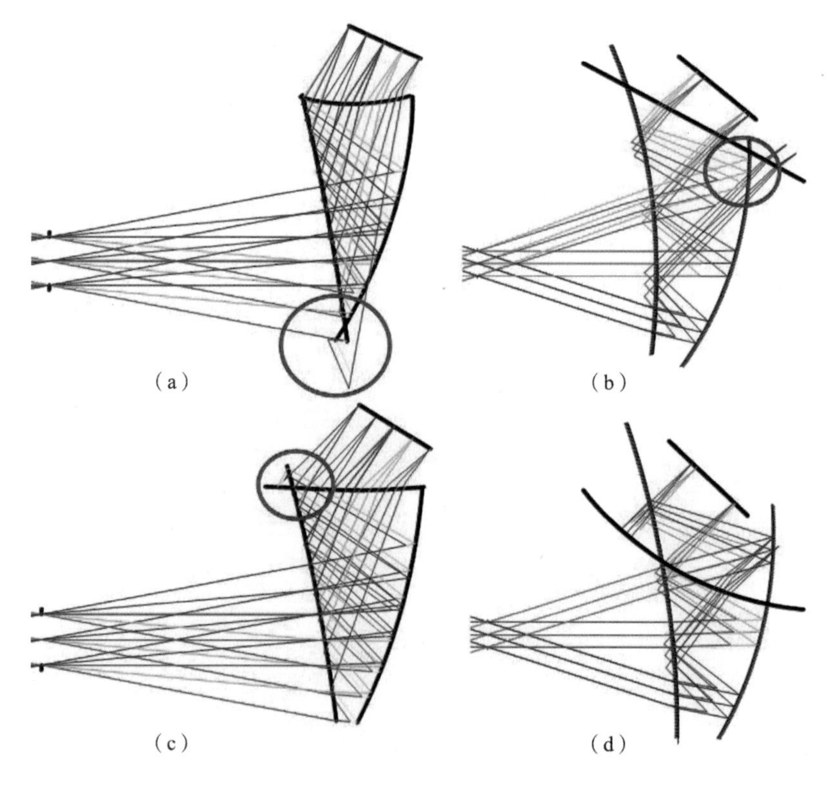

图6－6　物理结构控制异常情况

（a）棱镜下边缘异常情况；（b）棱镜右上边缘异常情况；
（c）棱镜左上边缘异常情况；（d）棱镜上表面结构异常情况

如果优化时不使用这些特殊的物理边界条件，而仅仅采用光学设计软件中默认的物理结构约束控制条件，则非常容易优化出同轴结构的光学系统，根本无法满足物理结构要求。

6.3.2　全反射控制条件

在该楔形棱镜光学系统中，从微显示器发出的光线会经过自由曲面的前表面 1（1′）两次，第一次发生反射，第二次为透射，因此该表面不宜镀反射膜，否则会造成光能量的大量损失，导致整个显示图像的亮度不一致，也可能会引发鬼像、杂光等问题。因此要求自由曲面棱镜的前表面 1′以全反射模式工作，即所有从微显示器发出的光线第一次经过表面 1′时的入射角要大于临界角。如果需要将所有光线在该表面的入射角加入全反射控制条件，则优化过程中的约束条件过多，不仅造成优化速度慢，甚至导致优化不收敛，使优化无法进行。为此，需要找到全反射条件控制优化设计的关键点，既确保所有光线都满足全反射条件，又保证优化能够顺利进行。

在完成对楔形棱镜系统所作的两个简单假设后，我们找到了满足全反射条件的两个关键点：①光学表面 1′上入射角最小的光线，记为 $R_{1'}$，因此在优化过程中仅需要控制 $R_{1'}$ 的入射角大于临界角。②光学表面 1 上入射角最大的光线，记为 R_1。在优化时控制 R_1 的入射角小于临界角，就能保证从光线能透射离开光学表面 1，最终按预定光路传播到观察者的眼睛。以下是详细的分析过程。

由表 6－3 的分析讨论可得，光学表面 1（1′）的光焦度非常小，即曲率半径很大。在此基础上可以进行两个假设：①光学表面 1（1′）近似为球面，而且其曲率半径很长，远远大于微型显示器的高度；②为简化分析，第二个假设条件认为微显示器发出的光线直接入射到光学表面 1′。

从图 6－7 中不难看出：

$$\angle\theta_1 = \angle P_{s_5}O_cP_{I1} + \angle P_{s_5}P_{I1}O_c$$

$$\angle\theta_2 = \angle P_{s_6}O_cP_{I1} + \angle P_{s_6}P_{I1}O_c$$

显然，$\angle P_{s_6}O_cP_{I1} > \angle P_{s_5}O_cP_{I1}$，$\angle P_{s_6}P_{I1}O_c > \angle P_{s_5}P_{I1}O_c$，因此$\angle\theta_2 > \angle\theta_1$。同理可得$\angle\theta_4 > \theta_1$，因此可得出结论（a）：位于同一视场内的光线，与出瞳面的交点坐标相对较高的光线在光学表面1′上的入射角度较小。

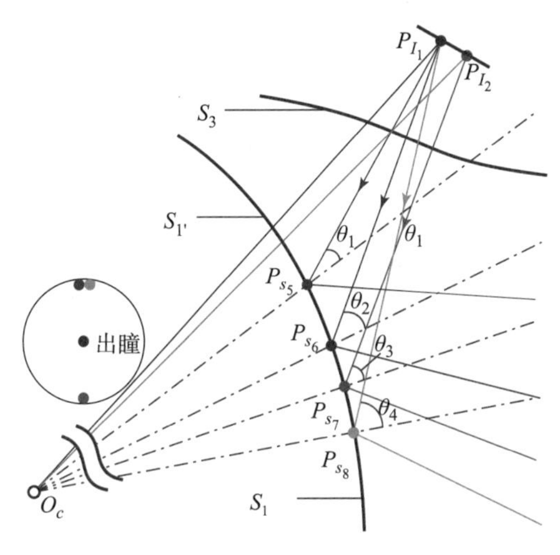

图6－7　全反射面各光线的入射角关系示意图

假设光学表面1的曲率半径远远大于微显示器的高度，即光学表面1的圆心O_c远离像面。此时线段$P_{I_1}P_{I_2}$对O_c的张角很小，可认为$O_cP_{I_1}$与$O_cP_{I_2}$近似平行。由$\angle P_{s_7}O_cP_{I_2} > \angle P_{s_5}O_cP_{I_1}$，可得$\angle\theta_3 > \theta_1$。不难得出结论（b）：具有相同出瞳位置但是视场相对偏上的光线在光学表面1′上入射角较小。

根据结论（a）和（b）可以进一步得出：+Y方向最大视场的上边缘光线，即R_{1u}，在光学表面1′上的入射角是所有光线中最小的，即该入射角就是$R_{1'}$，因此只要在设计时控制光线R_{1u}在光学表面1′上的入射角大于临界角，其余光线的入射角必然会大于临界角。因此通过控制特征光线R_{1u}在光学表面1′上的入射角满足约束式（6－7），就能保证其余光线都能满足全反射条件。

$$\theta_{1u} > \arcsin(1/n) \tag{6-7}$$

与以上分析类似，我们还是假设曲面 1 的曲率半径比较大，并且其曲率中心 O_c位于 Z 轴负方向上，如图 6－5 所示。为了分析经光学表面 2 反射后到达光学表面 1 上的入射角大小，我们可以从表面 1 左侧的光线入射角进行分析，由于入射角和出射角之间满足斯涅耳定律，即满足正弦比关系，如果光学表面 1 左侧的光线入射角大（如 θ_{2u}），则其对应的折射角也大，即 θ_{2u1}也大。从图 6－5 可以看出，$\theta_{2u} = \omega + \angle P_{s_3}O_cP_{s_2}$；$\theta_{1b} = \omega + \angle P_{s_3}O_cP_{s_4}$。$\omega$ 为系统 Y 方向的半视场角。当 R_{2u}往下移动或者 R_{1b}往上移动时，法线与光轴的夹角越来越小，因此它们的入射角也逐渐减小。

当光学表面 1 的倾角 θ_1为正时（逆时针旋转为正，顺时针旋转为负），O_c位于光轴下方，$\theta_{2u} = \omega + \angle P_{s_3}O_cP_{s_4} + \theta_1$，而 $\theta_{1b} = \omega + \angle P_{s_3}O_cP_{s_4} - \theta_1$。因此光线 R_{2u}与光学表面 1 有最大的入射角。同理，当光学表面 1 的倾角为负时，光线 R_{1b}与光学表面 1 的入射角最大。控制这两条光线与光学表面 1 的入射角小于临界角将有效控制所有光线在光学表面 1 上的入射角小于临界角，光线就会在光学表面 1 上透射，并最终进入人眼，因此需要控制特征光线 R_{1b}和 R_{2u}的入射角满足约束条件（6－8），其他所有光线都能透射离开光学表面 1。

$$\theta_{1b} = \begin{cases} \theta_{1b} < \arcsin(1/n), & \theta_1 \leqslant 0 \\ \theta_{2u} < \arcsin(1/n), & \theta_1 > 0 \end{cases} \tag{6-8}$$

6.3.3　像差控制条件

在设计过程中采用曲面微分理论控制光学系统的像差，光学系统中采用了多个有倾斜角度的自由曲面反射面，这将使系统产生较大的畸变。对系统优化时要控制自由曲面的倾斜和偏心，也要控制曲面的面形变化，这可以通过控制曲面上特征点的一阶导数或二阶导数，使它们不超出特定的范围，若不满足该条件，系统的像差将无法校正。

与全反射控制条件类似，不可能对曲面上的每一点加以控制，因此选择具有代表性的6个点来控制整个曲面形状。6个点的位置①②③④⑤⑥由各视场的主光线确定，如表6-5所示。

表6-5 各视场主光线定义

视场角	X方向视场角为0	X方向最大视场角
$+Y$方向最大视场角	①	④
Y方向视场角为0	②	⑤
$-Y$方向最大视场角	③	⑥

为了方便求导计算，把自由曲面方程写成$F(x, y, z)=0$的形式，在这种情况下，曲面的偏导数可以定义为

$$\frac{\partial F}{\partial x}=\frac{\mathrm{d}F}{\mathrm{d}x},\frac{\partial F}{\partial y}=\frac{\mathrm{d}F}{\mathrm{d}y},\frac{\partial F}{\partial z}=-1 \tag{6-9}$$

以10阶复曲面为例，其方程按式（2-2）展开为

$$\begin{aligned}z=&\frac{c_x x^2+c_y y^2}{1+(1-(1+k_x)c_x^2x^2-(1+k_y)c_y^2y^2)^{1/2}}+\\&A_1[(1-B_1)x^2+(1+B_1)y^2]^2+A_2[(1-B_2)x^2+(1+B_2)y^2]^3+\\&A_3[(1-B_3)x^2+(1+B_3)y^2]^4+A_4[(1-B_4)x^2+(1+B_4)y^2]^5\end{aligned} \tag{6-10}$$

对曲面方程求导后可得

$$\begin{aligned}\frac{\partial F}{\partial x}=&\frac{2c_x(\Delta+\Delta^2)x+c_x^2(c_x x^2+c_y y^2)(1+k_x)x}{(1+\Delta)^2\Delta}+\\&4A_1[(1-B_1)x^2+(1+B_1)y^2](1-B_1)x+\\&6A_2[(1-B_2)x^2+(1+B_2)y^2]^2(1-B_2)x+\\&8A_3[(1-B_3)x^2+(1+B_3)y^2]^3(1-B_3)x+\\&10A_4[(1-B_4)x^2+(1+B_4)y^2]^4(1-B_4)x\end{aligned} \tag{6-11}$$

$$\frac{\partial F}{\partial y}=\frac{2c_y(\Delta+\Delta^2)y+c_y^2(c_x x^2+c_y y^2)(1+k_y)y}{(1+\Delta)^2\Delta}+$$

$$4A_1[(1-B_1)x^2+(1+B_1)y^2](1-B_1)y+$$
$$6A_2[(1-B_2)x^2+(1+B_2)y^2]^2(1-B_2)y+ \tag{6-12}$$
$$8A_3[(1-B_3)x^2+(1+B_3)y^2]^3(1-B_3)y+$$
$$10A_4[(1-B_4)x^2+(1+B_4)y^2]^4(1-B_4)y$$

$$\frac{\partial F}{\partial z}=-1 \tag{6-13}$$

其中，

$$\Delta=[1-(1+k_x)c_x^2x^2-(1+k_y)c_y^2y^2]^{1/2} \tag{6-14}$$

记：

$$\mathrm{d}x=\frac{\partial F}{\partial x},\mathrm{d}y=\frac{\partial F}{\partial y},\mathrm{d}z=-1 \tag{6-15}$$

通过光线追迹的方法计算出 6 条主光线在曲面上的坐标位置并代入上式后可以得到每一点处的 dx、dy、dz。

系统的畸变通过各视场主光线在像面上的交点和中心视场主光线在像面上的高度差来加以控制。

6.3.4　出瞳距离控制条件

为确保足够长的有效出瞳距离，要求控制 $+Y$ 方向最大视场上边缘光线 R_{1u} 与光学表面 1′交点的 Z 坐标位置，以及 $-Y$ 方向最大视场下边缘光线 R_{2b} 与光学表面 1 交点的 Z 坐标位置大于最小的接受值，例如需要控制有效出瞳距 >16 mm，则可通过不等式（6-16）和不等式（6-17）定义的控制条件来实现。

$$Z_{P_a}\geqslant 16 \tag{6-16}$$

$$Z_{P_c}\geqslant 16 \tag{6-17}$$

6.3.5　自由曲面棱镜前表面的光焦度约束条件

自由曲面楔形棱镜的前表面 1(1′)在虚拟成像光路中起着双重作

用，光线在该表面既要透射又要满足全反射条件，否则光线将无法按预定的正常光路传播。因此需要控制光线入射到该面的入射角，也就是要求控制该面的曲率半径和倾斜角度，这能满足用于非光学透射式头盔显示器的要求。但是对于用于光学透射式结构的头盔显示器，楔形棱镜的前表面 1 还将参与透射光路的成像，此时光学表面 1 将起三重作用。为了保证加入自由曲面辅助透镜后能够有效消除楔形棱镜引入的光焦度、视轴偏离和畸变等问题，必须增加对光学表面 1 的约束条件，根据我们大量的试验与分析，为了保证透射光路的图像不会发生横向或纵向的压缩以及消除透射光路光焦度，其曲率半径应该满足式（6－18）所述的条件。

$$\begin{cases} |c_y| \leqslant 0.04 \\ 0.4 \leqslant c_x/c_y \leqslant 2.5 \end{cases} \tag{6-18}$$

6.4 自由曲面楔形棱镜浸没式头盔显示光学系统的设计与加工结果

根据 6.2.2 节的分析，在对专利实例进行调整后得到的初始结构的有效出瞳距大为缩短，更为严重的是光线在光学表面 1′上的入射角远远小于临界角，$+Y$ 方向最上边缘视场的上边缘光线的入射角仅为 35.2°，因此我们借鉴了调整后系统的曲率半径、偏心和倾斜数据，将其简化成球面系统，结合逐步逼近优化算法来进行优化设计。由于该系统的离轴偏心程度很大，而且最终抽样的视场需要覆盖整个视场的一半，对于仅使用球面的设计而言难度非常大。因此，与逐步逼近优化算法对应，设计最初阶段仅定义子午方向的视场，如图 6－8（a）所示。随着优化过程中曲面的升级，逐步增加抽样视场并扩大子午方向视场的大小，最后覆盖整个视场的一半区域，并且逐步增加抽样光线的密度。图 6－8（b）显示了不同阶段视场的定义方式，图

6-8（c）、（d）和（e）所示的是不同优化阶段弧矢方向系统的二维结构。

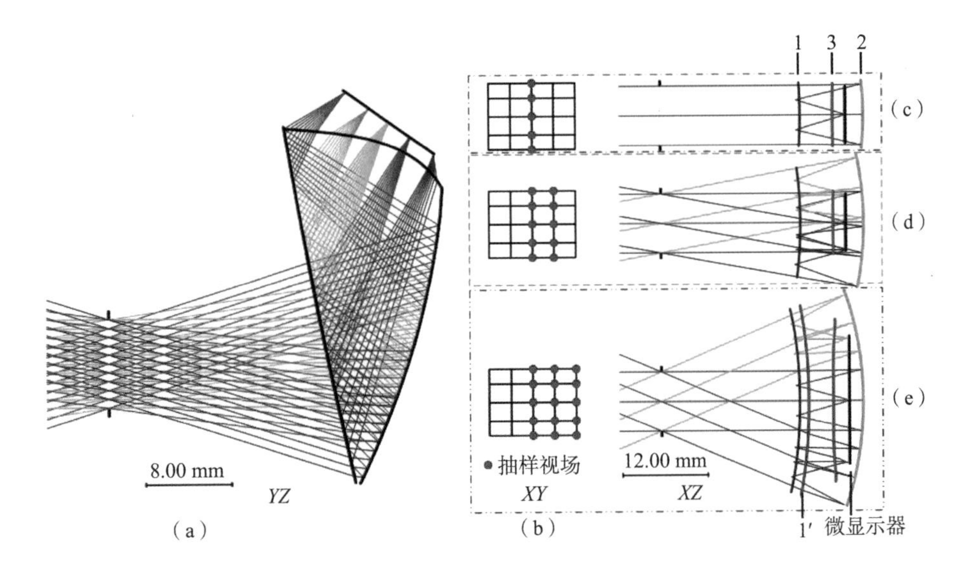

图6-8 不同优化阶段视场的定义情况

（a）*YZ* 平面内二维结构；（b）各优化阶段的视场定义方式；

（c）（d）（e）各优化阶段系统在 *XZ* 平面内的二维结构

在优化设计过程中，将棱镜3个表面的曲率半径、非球面系数，3个光学表面及像面在 *Y* 和 *Z* 方向的偏心，以及它们绕 *X* 轴的倾角作为优化变量，在优化过程中加入本节提出的5个约束条件进行控制，完成最终的优化设计。

图6-9（a）显示的是浸没式自由曲面楔形棱镜头盔显示光学系统设计结果的二维结构，图6-9（b）显示的是该系统的网格畸变，可以看出系统呈梯形和桶形畸变，最大畸变发生在像面的左右上角，达到了12%，需要进行电子畸变预处理。

图6-10是浸没式自由曲面楔形棱镜头盔显示光学系统设计结果的成像质量和像差曲线，与图6-4相比，成像质量有了明显的改善，以3 mm 出瞳直径评价时，在空间频率每毫米30 lps 处的 MTF 值基本

上优于0.2，系统的垂轴像差比优化前提高了一倍，满足人眼的观察需求。

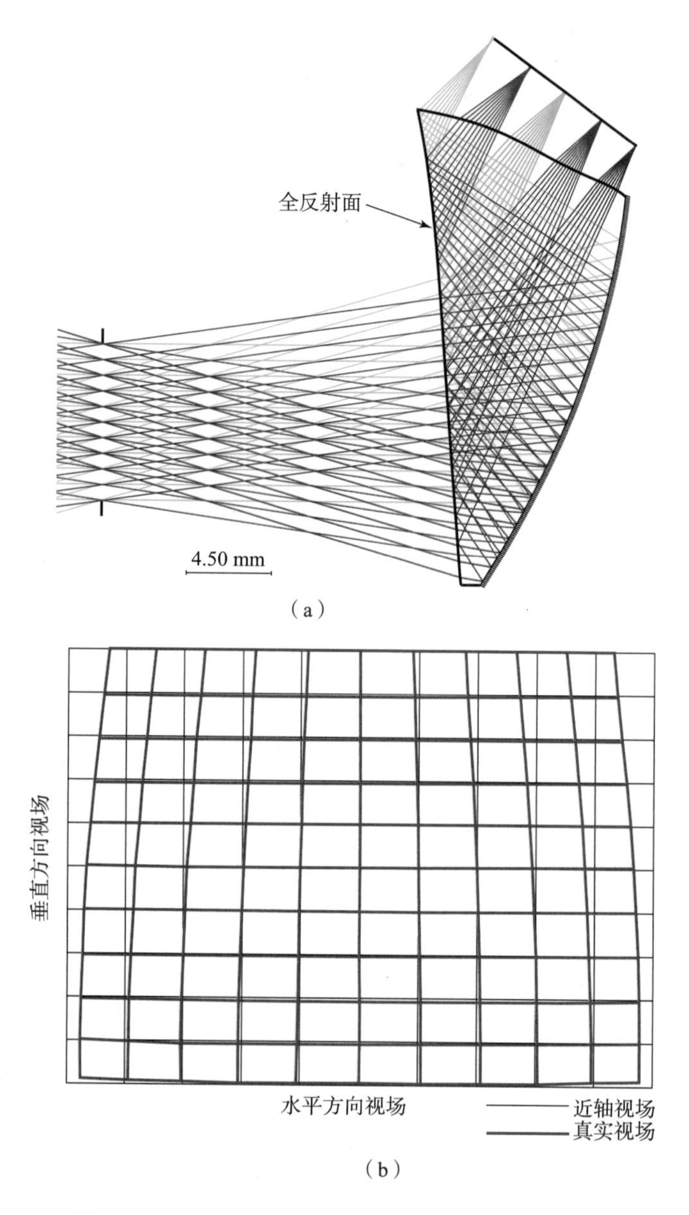

图6-9　浸没式自由曲面楔形棱镜头盔显示光学系统

(a) 二维结构图；(b) 网格畸变图

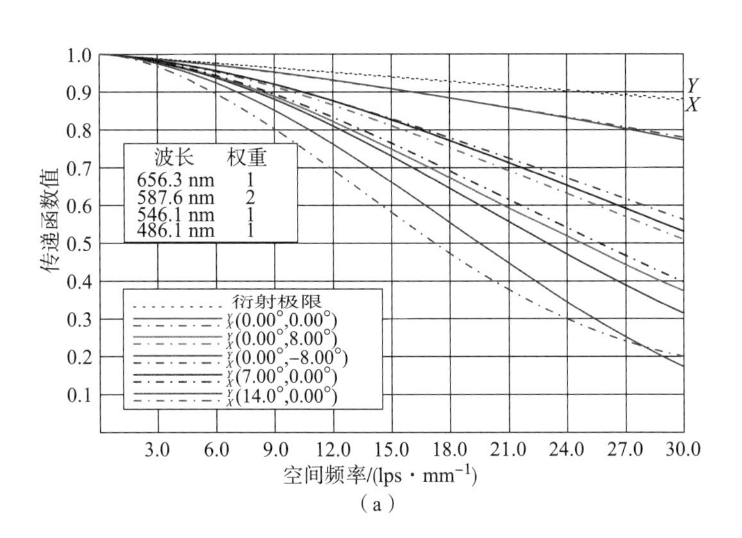

（a）

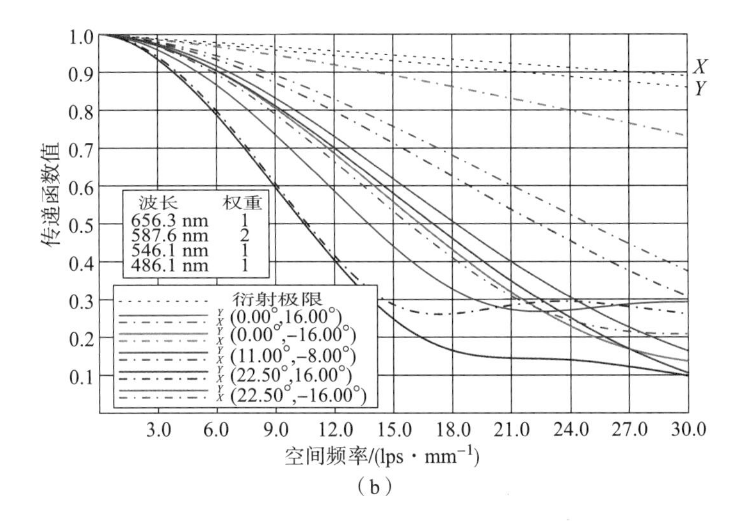

（b）

图6－10　浸没式自由曲面楔形棱镜头盔显示光学系统设计结果

（a）中间视场的传递函数曲线；（b）边缘视场的传递函数曲线

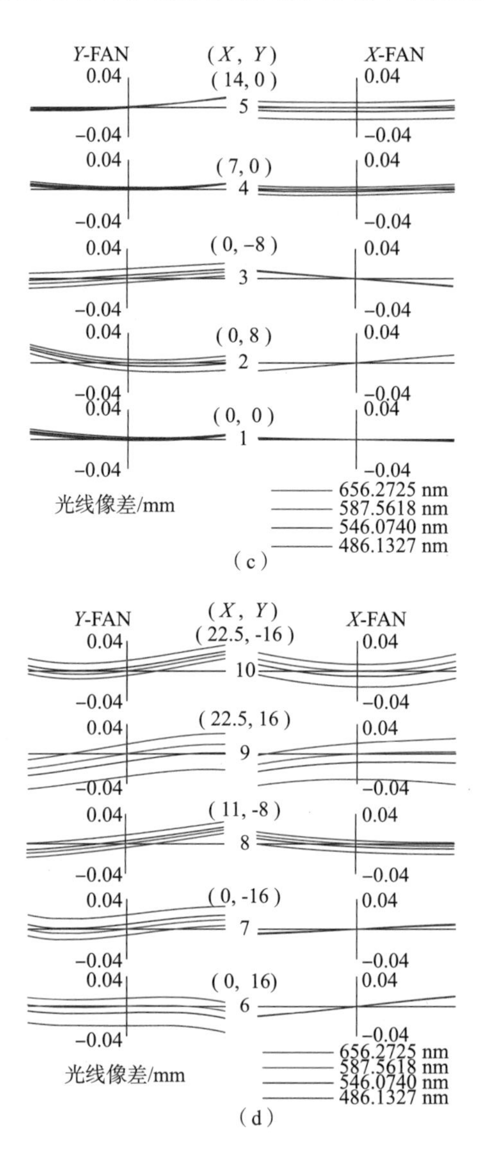

图 6－10　浸没式自由曲面楔形棱镜头盔显示光学系统设计结果（续）

（c）中心视场的垂轴像差曲线；（d）边缘视场的垂轴像差曲线

6.4.1　全反射面上的入射角验证

为了保证光线在楔形棱镜内按预定的光路传播，除了保证合理的物理结构外，还要确保光线两次经过全反射面时的入射角符合要求。

因此验证全反射约束控制条件的有效性。图6－11（a）和图6－11（b）分别画出了光线入射到光学表面1′上时的入射角随光线光瞳位置和视场位置的变化曲线。当视场不变，而光线在出瞳面内的位置从底部往顶端移动时，最上边缘视场光线的入射角从59.13°逐渐下降到42.98°；中心视场的入射角从61.66°下降到42.2°；下边缘视场的入射角从65.02°下降到46.7°。当光线的出瞳坐标不变，而相对视场的从－Y方向最大往＋Y方向最大移动时，位于归一化出瞳（0，0.7）位置上的光线的入射角从50.2°逐渐下降到42.4°；中心主光线的入射角从54.5°下降到50.1°；光瞳位置为（0，－1）光线的入射角从66°下降到58.4°。由于所用树脂光学材料的折射率为1.492，对应的临界角值为42.1°，因此所有光线的入射角都满足全反射约束条件式（6－7）。

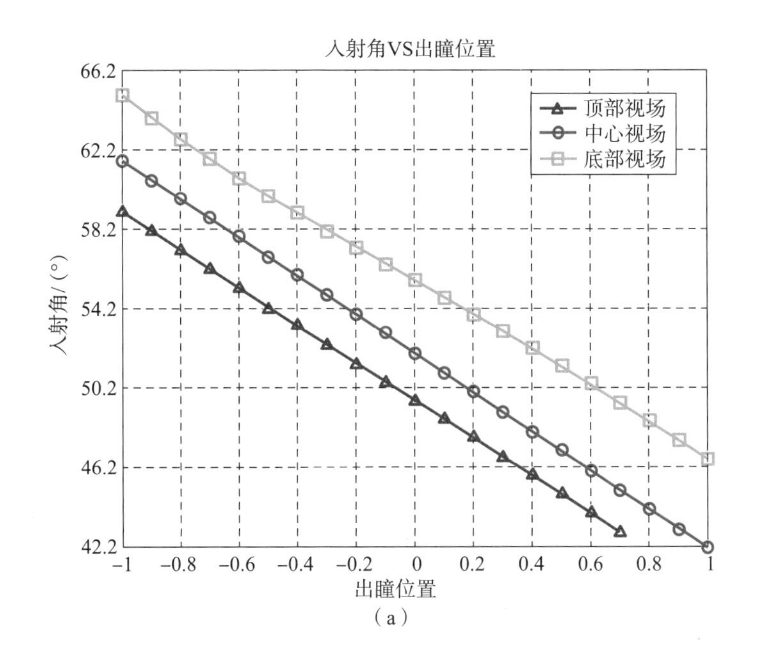

（a）

图6－11　全反射光学表面上光线的入射角变化曲线

（a）同一视场、不同出瞳位置光线在全反射表面1′上的光线入射角变化曲线

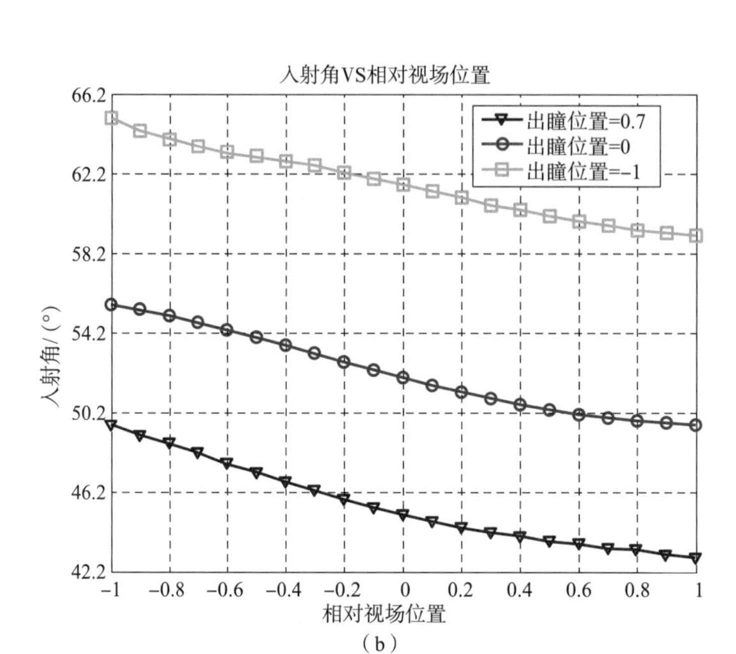

（b）

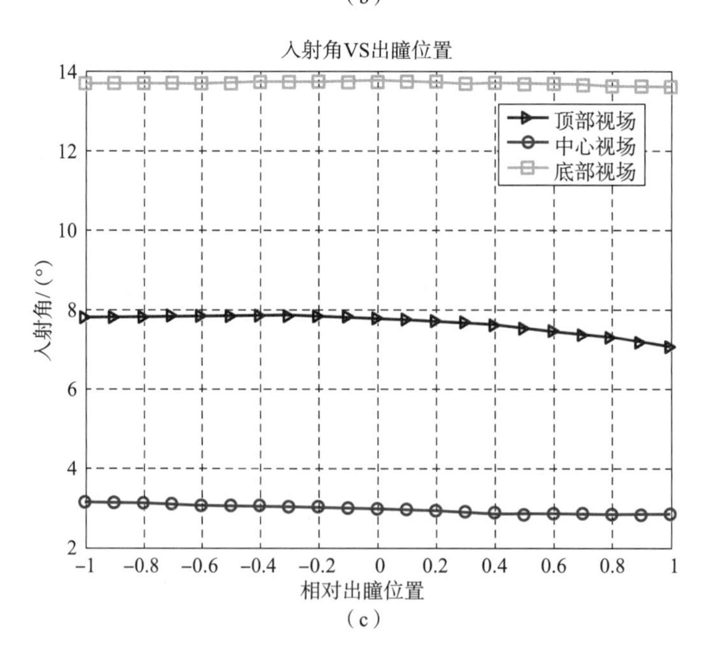

（c）

图6－11　全反射光学表面上光线的入射角变化曲线（续）

（b）子午面上不同视场、相同出瞳位置光线在全反射表面上1′的光线入射角变化曲线；

（c）同一视场、不同出瞳位置光线在光学表面1上的光线入射角变化曲线

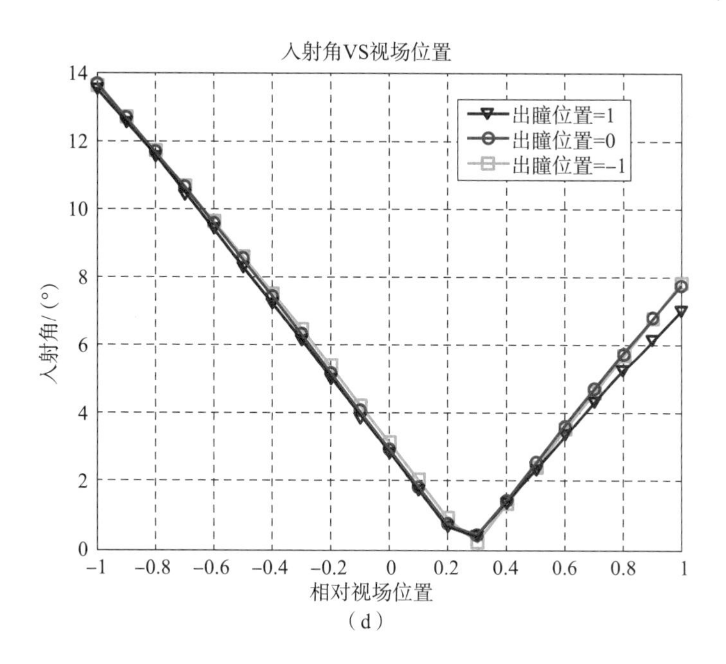

（d）

图 6 - 11　全反射光学表面上光线的入射角变化曲线（续）

（d）子午面上不同视场、相同出瞳位置光线在光学表面 1 上的光线入射角变化曲线

图 6 - 11（c）和图 6 - 11（d）分别画出了光线入射到光学表面 1 上时光线入射角与出瞳和视场位置的关系曲线。当视场不变时，上边缘视场内光线的光瞳位置从底部移到顶部时，入射角从 7.8°变化到 7.0°；对于中心视场，入射角从 3.15°下降到 2.84°；对于底部视场，从 13.7°下降到 13.6°，几乎没有变化。当光线的出瞳坐标不变，而相对视场从 $-Y$ 方向最大往 $+Y$ 方向最大移动时，位于出瞳（0，0.7），（0，0）和（0，-1）位置上的光线的入射角开始为 13.9°，到 0.3 视场时几乎下降为 0，随后又逐渐上升到 8°，但都远远小于全反射角，完全满足约束条件式（6 - 8）。

6.4.2　与同类结构头盔显示产品光学系统的比较分析

表 6 - 6 列举了现有部分同类结构产品的主要技术参数，这些系统

的焦距相对较长，出瞳直径小。综合体现在 F 数上，是我们设计的 2.2 ~4.8 倍；而且我们研制出的样机的视场角远远大于这些设计的视场角，充分体现了本章设计的难度。如果构建视场角与 F 数之比的评价标准，现有同类设计的最大值仅为 9.76，而我们设计的最大值达到了 28.53。

表 6-6　现有部分同类产品的主要技术参数比较

光学特征	Eye - Trek FMD	Z800 3Dvisor	i - Visor	ProView SL40	本章设计
模型视图	LCD显示器			显示器	
对角视场/(°)	37	39.5	42	40	53.5
出瞳距离/mm	23	27	22	30	18.25
出瞳直径/mm	4	4	3	5	8
有效焦距/mm	21	22	26.7	20.6	15
像面尺寸/in	0.55	0.61	0.81 *	0.59	0.61
$F/\#$	5.25	5.5	8.9	4.1	1.875
$\frac{FOV}{F数}$	7.05	7.25	4.72	9.76	28.53

注：* 该尺寸是根据视场角和焦距计算得出。

在国家知识产权局专利信息中心的查新结果表明："在国内外对比文献中公开的采用单片自由曲面棱镜的头盔目视光学系统，其出瞳直径、视场角等关键技术参数均明显低于本委托检索项目中的技术方案。"

6.4.3　与传统旋转对称结构目镜的比较分析

在完成与同类结构的比较分析后，我们进一步将超薄型自由曲面楔形目镜与传统旋转对称式结构的目镜进行对比分析。图 6-12 所示的是我们设计并用于头盔显示器的旋转对称目镜光学系统[116]。它与自由曲面棱镜式目镜的光学特性参数基本相同，且使用同一种微型图像源。该设计是目前具有相近参数的旋转对称结构头盔显示目视光学系统中最为紧凑轻巧的设计之一。有关该目镜的研究成果已经成功应用到文物古迹数字重建项目中，为相关企业创造了良好的经济效益。

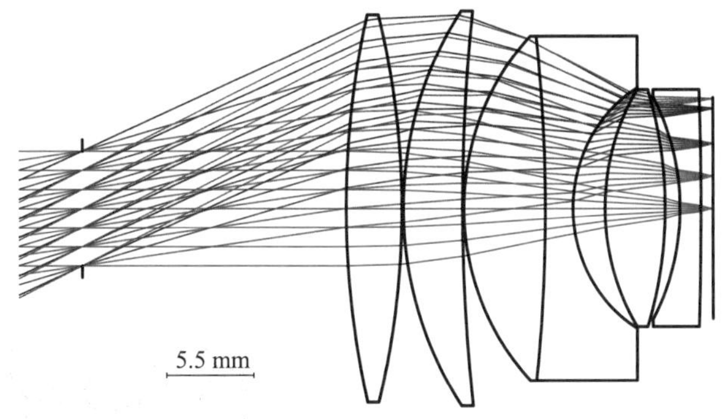

图 6－12　用于头盔显示器的旋转对称目镜光学系统

表 6－7 分别列出了两种目镜的光学特性参数、体积和重量。从表 6－7 比较分析可以得知，自由曲面目镜和旋转对称目镜的光学特性参数基本一致，但是前者的体积和重量都要明显优于后者：自由曲面目镜的总长降到了旋转对称目镜的 1/2，重量更是降到了旋转对称目镜的 1/7。如果考虑目镜的机械结构，自由曲面目镜在体积、重量方面的优势更为突出。同时自由曲面棱镜式结构很容易实现光学透射能力，而这对于旋转对称结构的目镜而言，实现透射功能是非常困难的。

表 6－7　自由曲面目镜与旋转对称目镜比较

光学特征	自由曲面目镜	旋转对称目镜
视场角/(°)	53.5	52.0
出瞳距/mm	18	18
出瞳孔径/mm	8	7
焦距/mm	15	15
重量/g	5	35
总长/mm	12	25
是否具有光学透射功能	是	否

6.4.4 自由曲面楔形棱镜浸没式头盔显示器的样机加工与试验测试

自由曲面楔形棱镜是采用注塑方式进行加工的。首先用单点金刚石车床加工棱镜的3个光学表面模芯，同时设计与之配套的机械注塑模具，通过压塑机注塑成型。图6－13（a）显示的是加工出的自由曲面棱镜实物样品，图6－13（b）是对棱镜进行成像质量测试的试验装置。

（a）

（b）

图6－13 自由曲面棱镜

（a）加工出的实物样品与25美分硬币对比；

（b）对棱镜进行成像质量测试的试验装置

自由曲面成像系统的畸变校正方法与传统旋转对称光学系统的校正方法略有不同。传统旋转对称光学系统进行畸变预处理需要3个径向畸变向量和2个切向畸变向量即可[117,118]，而这几个变量是不足以描述自由曲面成像系统畸变。为校正自由曲面棱镜的畸变，需要建立更为复杂的畸变模型。利用图6－9（b）所示的网格畸变计算进行预畸变处理前后两幅图像的映射关系，然后通过映射矩阵对显示图像进行预处理。与图 6－9（b）类似，将像平面分成 800×600 的规则网格，然后计算网格点对应视场大小，并通过在 CODE V 光学设计软件中追迹光线以寻找对应视场主光线与像面的交点。可以根据网格点之间的对应关系，计算出显示图像到预畸变图像的映射矩阵。

图 6－14（a）为通过位于棱镜出瞳位置处的相机所拍摄的图像，此时微图像源上的分辨率板图像没有经过畸变预处理；图 6－14（b）为经过畸变处理后的分辨率板图像，将通过电路硬件和 GPU 技术的方法实现图像的实时渲染和显示[119,120]。

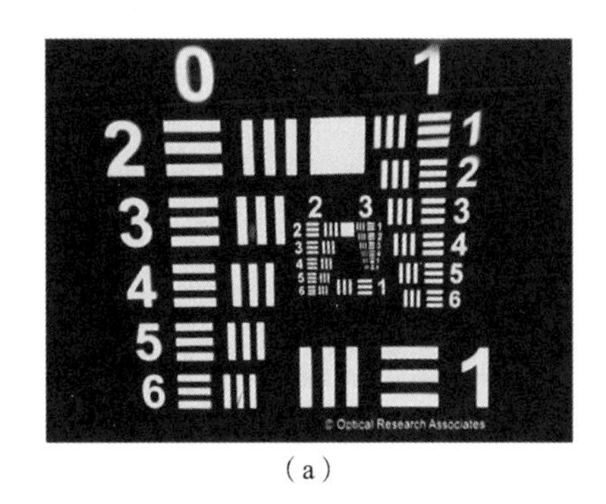

（a）

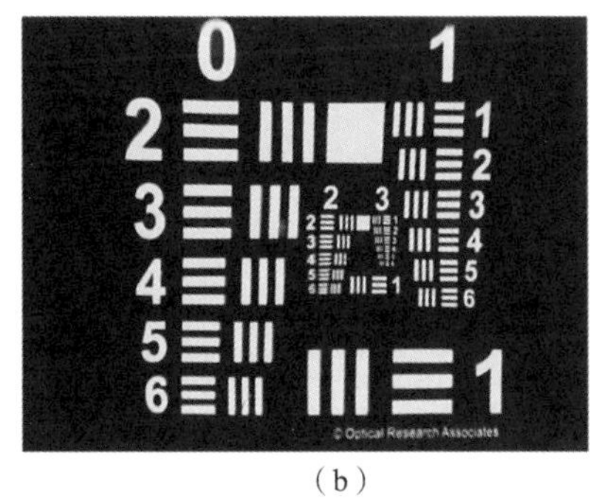

（b）

图 6－14　位于出瞳位置处的相机获取的图像

（a）显示图像为规则图像；（b）畸变处理后拍摄的图像

图 6－15（a）是双目浸没式自由曲面头盔显示器的原理样机内部光学元件，图 6－15（b）是对应样机的外形结构设计图。

（a）

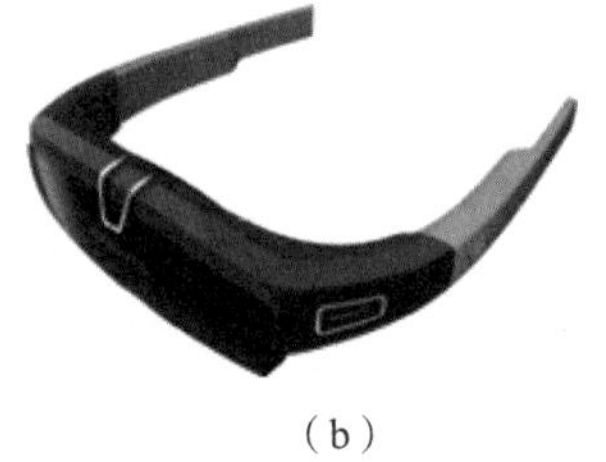

（b）

图 6－15　浸没式头自由曲面盔显示器

（a）原理样机内部光学元件；（b）对应样机外形结构设计图

6.5 自由曲面光学透射式楔形棱镜头盔显示器的设计与原理样机

6.5.1 光学透视光路设计方法研究

在前一节设计的基础上，我们在楔形棱镜的前方增加一个自由曲面辅助透镜，将浸没式头盔显示器光路拓展为具有光学透射式功能的头盔显示器。下面进行自由曲面光学透射式成像光路的优化设计方法研究。

由于自由曲面棱镜的前表面1有光焦度，因此其在光学透视光路中也会产生一定光焦度，使真实场景产生了明显的视轴偏离和让人无法接受的畸变，以及引入了一些其他的离轴像差。图6－16（a）为自由曲面棱镜作为透射用途的光路结构，显示了自由曲面楔形棱镜造成的光线偏移和像差；光学系统的视轴也发生了很大的偏移，而且引入了很大的光焦度。图6－16（b）所示的是单个棱镜引入的畸变。图6－16（c）和图6－16（d）为单个棱镜加理想透镜后的MTF曲线图，是以3 mm出瞳直径评估的，可以看出它的像质非常差，必须增加自由曲面透镜消除由FFS棱镜引入的大量离轴像差、光焦度和视轴的偏移。因此在透射成像光路优化过程中，需要对透射光路的光焦度、视轴偏移、不规则畸变以及图像横向与纵向的变形比进行约束。

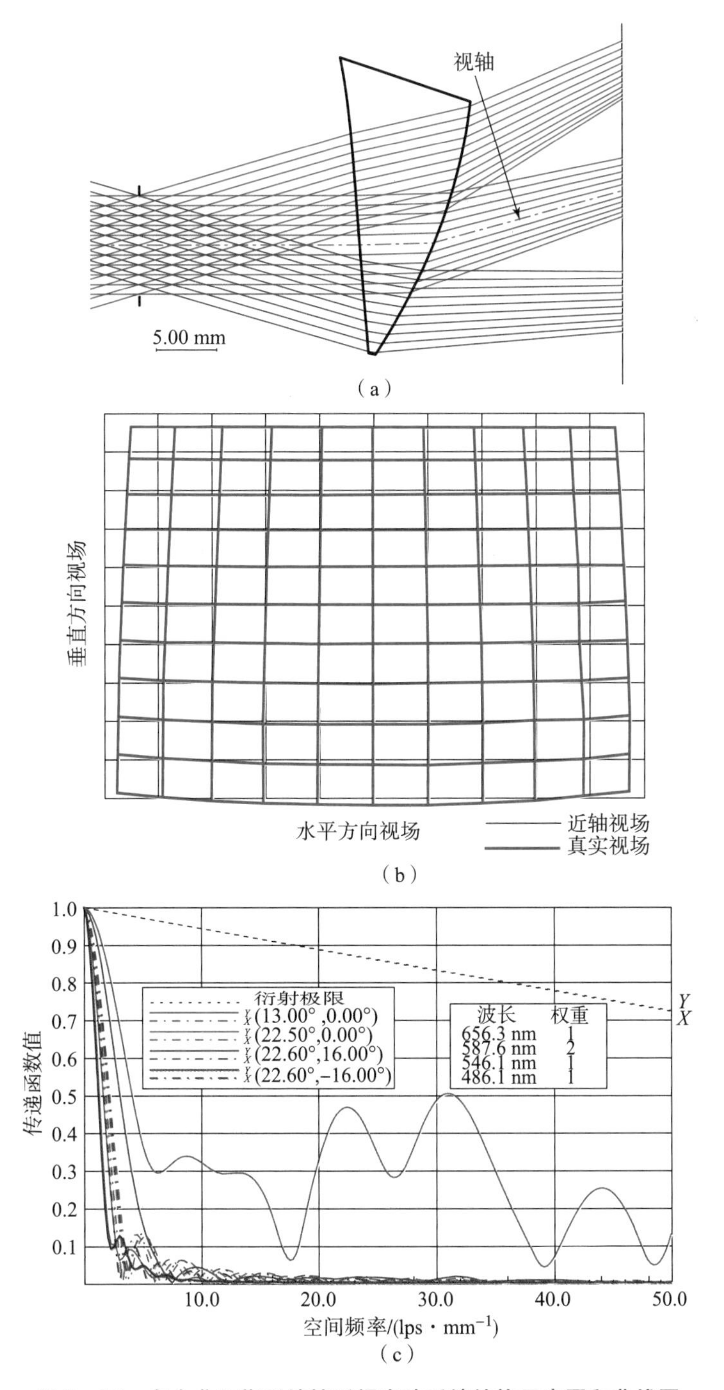

图 6－16　自由曲面楔形棱镜透视光路系统结构示意图和曲线图

(a) 二维光路结构；(b) 单个棱镜引入的畸变；(c) 中心视场的 MTF 曲线

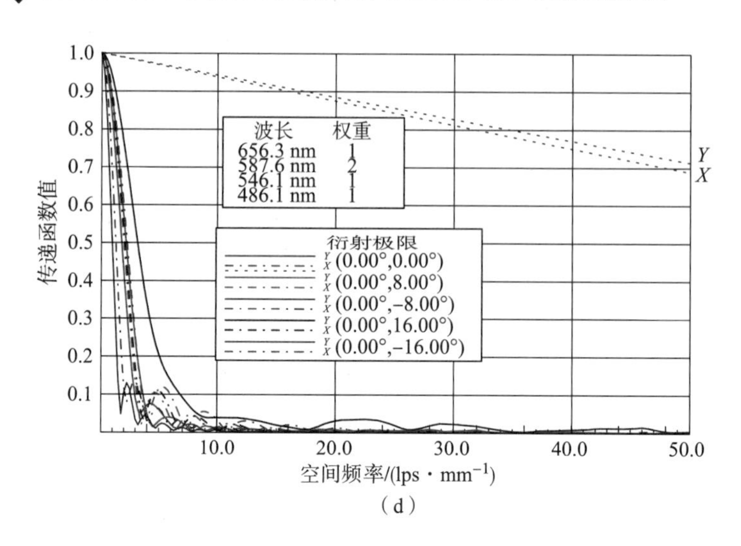

(d)

图 6-16 自由曲面楔形棱镜透视光路系统结构示意图和曲线图（续）

（d）边缘视场的 MTF 曲线图

在自由曲面辅助透镜的设计过程中，将光线从真实景物追迹至人眼，如图 6-17 所示。将优化后的 FFS 棱镜沿着 X 轴翻转 180°，光瞳便将位于棱镜的右侧；同时，将表面 2 的反射模式改为透射模式。在棱镜的左侧插入与楔形棱镜相同材料的透镜，透镜与棱镜相邻的表面 2 是用相同面形方程和系数描述的，以保证透镜和棱镜的胶合，同时简化自由曲面棱镜的设计。透镜的前表面需要补偿 FFS 棱镜表面 1 造成的光焦度、视轴偏移和畸变，需要将自由曲面辅助透镜表面 4 的曲率半径、曲面系数以及倾斜角度设置为优化变量。自由曲面透镜的表面 4 的初始面形可以是球面，曲率半径与光学表面 1 大致相同，另一表面参数的设置与楔形棱镜的光学表面 2 相同，这样就构建出一个可用于优化的初始结构。设计的目标是要使自由曲面补偿透镜和棱镜组合后形成一个无焦系统，这样真实场景的光线进入人眼不会产生偏移和光焦度。因此，优化之前可在出瞳位置上插入一个焦距与人眼有效焦距相同的理想透镜，对出射光线进行聚焦，减小设计难度。通过控制出射光线的平行度消除光焦度，并通过控制主光线与像面的交点高度实现畸变控制。

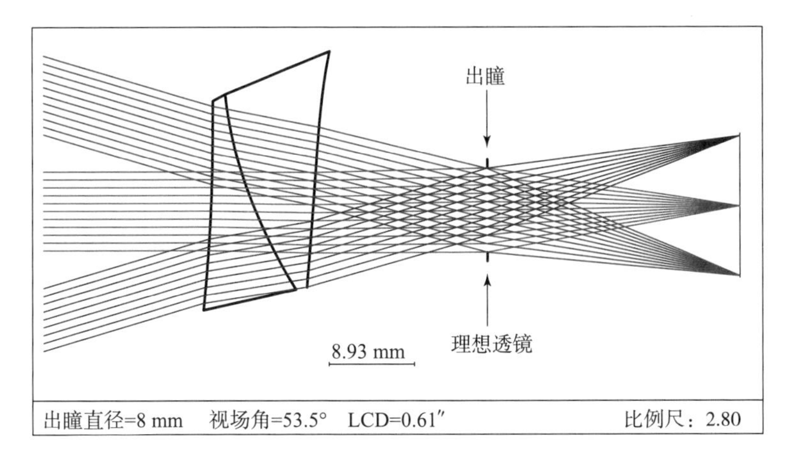

图 6－17　透射光路中自由曲面补偿透镜优化设计示意图

图 6－18 和图 6－19 显示的是加入自由曲面辅助透镜后透视光路的光学性能。传递函数曲线是以 3 mm 的出瞳直径评估计算的，如图 6－19 所示，在空间频率 50 lps/mm 处，中心视场（0.00°，0.00°）的 MTF 为 0.6，（0.00°，±8.00°）视场的 MTF 为 0.4，边缘视场（22.50°，±16.00°）的 MTF 为 0.2，由此可见，真实场景的成像质量得到了较大的提高。如图 6－18 所示，透视光路全视场范围内最大畸变小于 1.4%，完全可以忽略不计，而此前由 FFS 棱镜引入的畸变高达 10%，

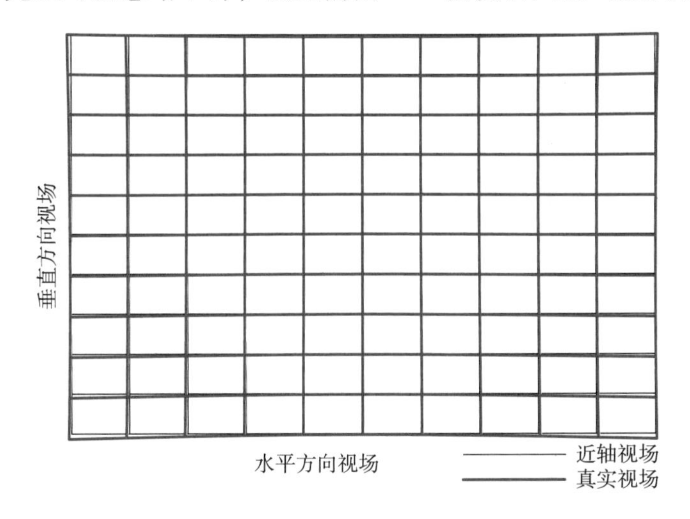

图 6－18　透射成像光路的畸变图

自由曲面辅助透镜不仅大大提高了透视光路的成像质量，还有效地补偿了楔形棱镜引起的视轴偏离和畸变。

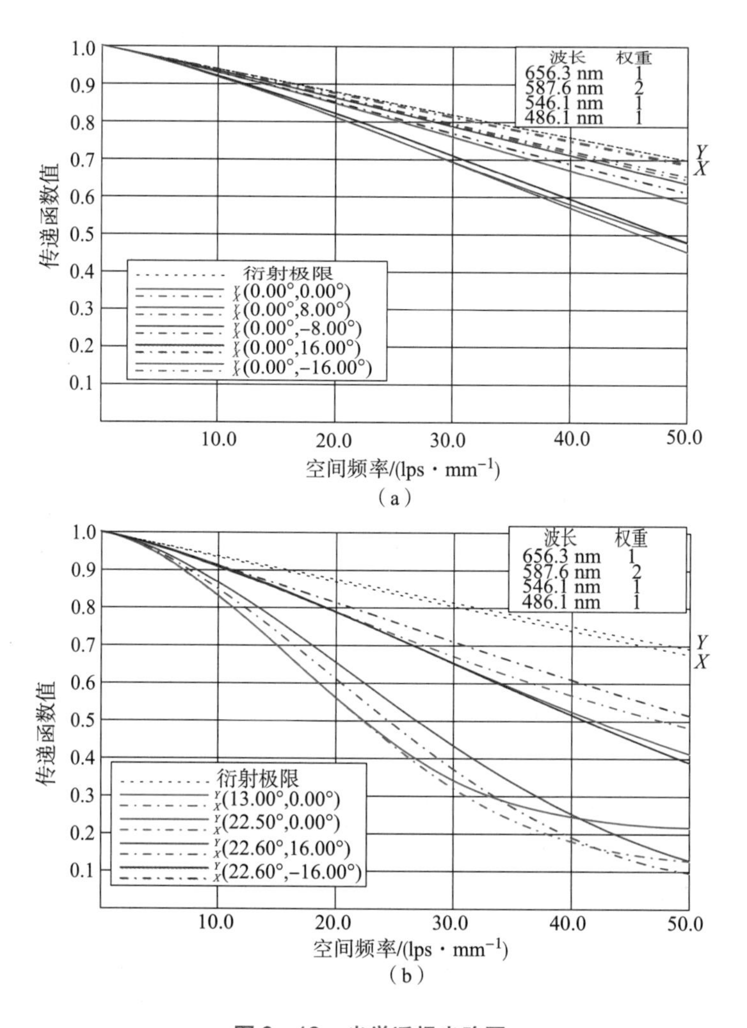

图 6－19　光学透视光路图

（a）中心区域视场的传递函数曲线图；（b）边缘视场的传递函数曲线图

FFS 棱镜与辅助透镜的最终设计组合图如图 6－20 所示。从中可看出透视光路部分的视轴偏离得到了非常好的校正。FFS 棱镜与辅助透镜胶合后的整体厚度几乎与单个自由曲面棱镜相同，胶合后光学元件的整体体积为 25 mm × 25 mm × 12 mm。

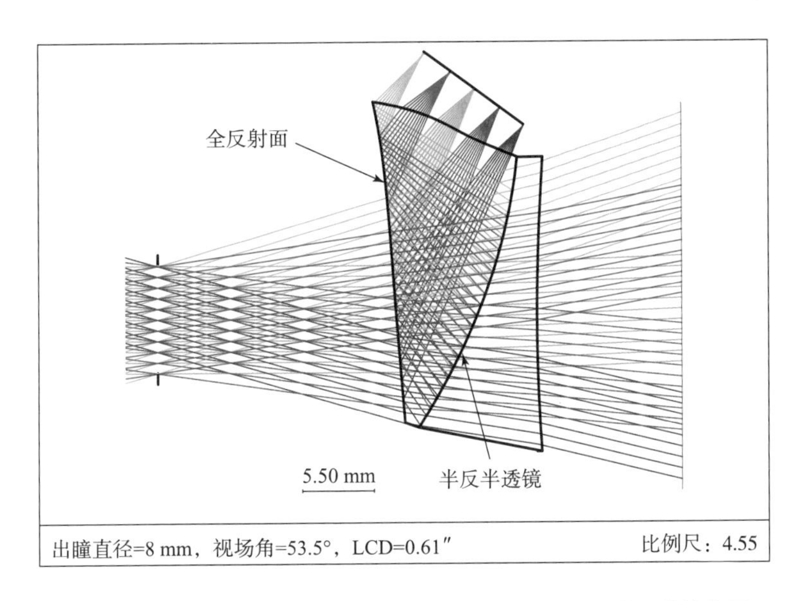

图 6－20　光学透射式自由曲面棱镜头盔显示器光学系统二维结构图

6.5.2　自由曲面光学透射式头盔显示器样机加工结果

图 6－21（a）显示的是双通道光学透射式头盔显示器原理样机内部光学结构的正面实物图，图 6－21（b）为样机的侧视图。

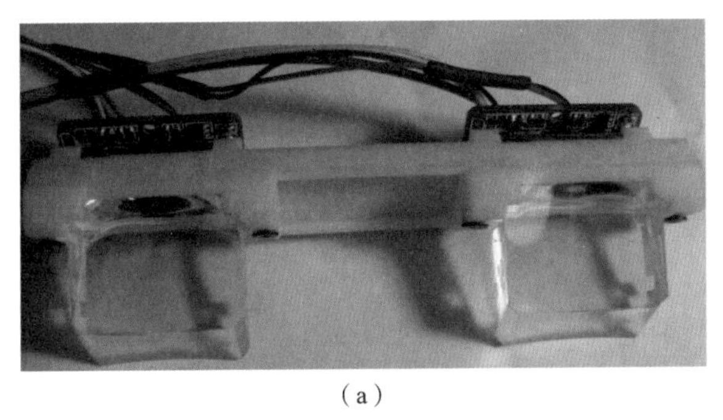

（a）

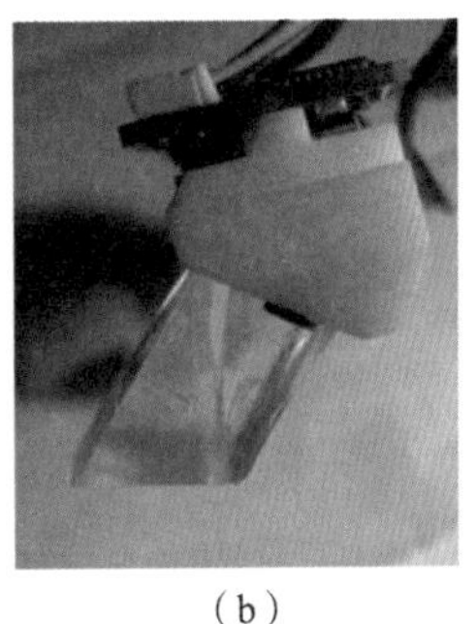

（b）

图 6－21　自由曲面光学透射式头盔显示器原理样机

（a）样机正面实物图；（b）样机侧视图

第7章

自由曲面高性能头盔显示系统的研究

大视场、高分辨率显示和真实立体感是头盔显示技术的两个重要发展趋势，它强调提升虚拟现实和增强现实系统的沉浸感和真实感，可广泛用于科学研究、医疗培训、模拟训练、沉浸式娱乐等高端场景。然而在采用单个微型图像源的头盔显示器中，视场角和分辨率两者之间存在着严重的相互制约关系。当视场角增大时，其分辨率必然降低，反之亦然。这种矛盾关系可称为视场/分辨率不变量，它使单通道头盔显示器难以同时满足大视场和高分辨率的要求。此外，立体头盔显示器容易引起视疲劳、眩晕等问题，不适合长时间使用，造成这些问题的主要原因是在使用立体显示器过程中人眼的辐辏与调焦不相协调。

为了解决以上两个科学难题，科研人员提出了一些相应的解决方案。本章对以下两个方面进行详细的研究：①大视场、高分辨率头盔显示方案；②多焦面和变焦面头盔显示方案。在深入分析已有方案中存在问题的基础上，充分发挥自由曲面光学的优越性，我们创造性地提出了一种新型大视场、高分辨率拼接式头盔显示器和一种双焦面真实立体感头盔显示器，研究了相应的设计方法，成功地设计了上述头盔显示器所需的自由曲面目视光学系统。基于已经完成加工的自由曲面楔形棱镜，研制了自由曲面拼接式头盔显示器原理样机。

7.1　大视场、高分辨率头盔显示方案及其存在的问题

单通道头盔显示光学系统的视场/分辨率不变量（Field of View and Resolution Invariant）可以描述为

$$R=\frac{\mathrm{FOV}}{N}\tag{7-1}$$

式中，R 是系统的显示分辨率；FOV 是系统水平方向的视场角，N 是微显示器件水平方向的总像素数。

表 7－1 列出了美国 Kopin 公司生产的微型显示器的技术参数[121]。图 7－1 为表 7－1 中的微型图像源用于单通道头盔显示器时系统的分辨率和视场角之间的关系曲线。图 7－1 中横坐标为头盔显示器水平方向的视场角大小，纵坐标代表了系统的显示分辨率。从图 7－1 中的同一条曲线可以明显看出，随着视场角的增大，分辨率迅速下降。以 230K 显示器为例，当水平视场角为 10°时，系统分辨率为 1.875′；当水平视场角扩大到 50°时，分辨率降到了 9.375′。在图像源的像素数增加但水平视场角不变的情况下，头盔显示器的分辨率有所提高。例如，水平视场角同为 50°时，使用 SXGA（Super eXtended Graphics Array）的头盔显示器的分辨率达到 2.34′，优于 230K 显示器的分辨率。因此，选取高分辨率的微型图像源能够部分缓解视场/分辨率不变量造成的问题，但微型 SXGA 显示芯片的售价很高，也会使头盔显示器的成本大幅上升。

表 7-1 Kopin 公司现有微型显示器参数[121]

微显示器类型	分辨率	典型尺寸/in	像素大小/μm
300M（单色）	300×225	0.16（3.3×2.475）	11
113K	521×218	0.16（3.29×2.46）	6.3
152K	695×218	0.2（4.38×2.46）	6.3
230K（QVGA）	320×240	0.24（4.8×3.6）	15
WQVGA	432×240	0.29（6.42×3.6）	15
VGA	640×480	0.44（8×6.8）	12.5
WVGA	854×480	0.58（12.81×7.2）	15
SVGA	800×600	0.59（12×9.0）	15
SXGA	1 280×1 024	0.97（19.2×15.36）	15

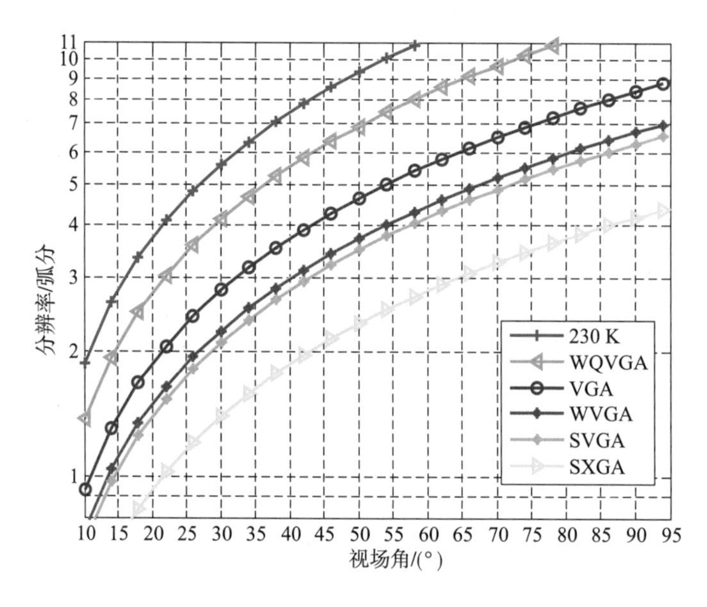

图 7-1 单通道头盔显示器中采用不种微型图像源时，系统的分辨率和视场角之间的关系曲线

为了解决单一显示通道头盔显示器中分辨率与视场角两者之间的矛盾，J. E. Melzer 等提出了几种解决方案[122-124]：①注视区域高清化头盔显示技术（High-resolution area of interest）[125]；②双目分视头盔

显示技术（Dichoptic area of interest）；③双目交叠头盔显示技术（Partial binocular overlap）；④高分辨率微型图像源头盔显示技术[126]；⑤光学拼接式头盔显示技术（Optical tiling）[127,128]。

7.1.1　注视区域高清化头盔显示技术

注视区域高清化头盔显示方案在大视场范围内显示一幅较低分辨率的背景图像，同时利用眼部跟踪技术获知用户的注视区域，另将一幅小视场的高分辨率图像重叠至该区域，从而使用户能够在大视场范围内看到清晰图像[125]。这种方案的优点是符合人眼视觉特性，即注视区域图像的分辨率高，而边缘图像的分辨率低。缺点是需要快速、低噪声、高精度的眼睛跟踪装置，系统整体结构比较复杂，两幅图像的过渡区域会有较大的反差。此外，背景图像的视场仍然受到目镜设计难度的限制，所以这只能是一种部分解决方案。产品有加拿大航空电子设备公司（CAE）的 FOHMD[125]。

7.1.2　双目分视头盔显示技术

双目分视头盔显示方案与注视区域高清化显示方案类似，但它是将一幅大视场低分辨率的背景图像投影到用户的一只眼睛，将一幅小视场高分辨率的图像投影到用户的另一只眼睛。两幅图像通过用户的大脑融合后，实现大视场、低分辨率的背景图像，中心是用户感兴趣的高分辨率图像。本方案原理简单、成本低廉，但用户只能在中心区域看到高清晰的图像，此外无法实现立体显示。美国 KEO 公司[129]已推出相关产品 HiDef™。

7.1.3　双目交叠头盔显示技术

双目交叠头盔显示技术方案使用户双眼看到的虚拟场景图案不完

全重叠，仅中心部分有交叠，实现了在不降低分辨率及不增加头盔体积重量的情况下扩大头盔显示器水平方向的视场。本方案原理简单，单眼仅使用一个显示通道，但是扩大视场的能力有限，且要求目视光学系统的畸变小，否则合像难度大，装调更为困难，还容易产生视疲劳等问题。产品有美国 KEO 公司的 SIM™系列。

7.1.4 高端微型图像源头盔显示技术

本书第 6 章设计和研制了一种大视场、超轻型自由曲面棱镜式头盔显示光学系统，但是该系统单片式楔形棱镜能够达到的视场还是受到了限制。因此，K. Inoguchi 等在自由曲面楔形棱镜的基础上增加了额外的光学元件，并结合高端的 SXGA 微型图像源，以此来满足大视场和分辨率的要求。增加的光学元件包括两个自由曲面棱镜、一个自由曲面透镜和一个柱面镜。在该系统中所有光线需要满足两次全反射条件[126]，系统结构非常复杂，加工、检测和装调都非常困难。由于在像面附近使用了半反半透镜，还容易产生杂散光和鬼像。同时由于采用了超高性能的 SXGA 微型图像源，价格昂贵，导致系统成本过高。即使成本和复杂程度等因素可以忽略，微型图像源的选择还是非常有限的，无论光学系统的结构多么复杂，该方案还是不能完全摆脱视场/分辨率不变量的束缚。

以上 4 种方法在一定程度上突破了视场/分辨率不变量矛盾造成的限制，但是并没有完全摆脱它的束缚。光学拼接式头盔显示方案可以完全突破视场/分辨率不变量的限制，实现真正意义上的大视场和高分辨率显示方案。

7.2　光学拼接式头盔显示方案

光学头盔显示拼接方案与电视墙类似，如图7－2（a）所示，它由一组小视场、高分辨率的目镜和微型图像源拼接组合而成，如图7－2（b）所示[130]。为了保证拼接成功，需要预先将相邻目镜边缘部分进行切除，接着绕它们各自的出瞳中心旋转相应的角度。旋转角度应小于目镜半视场角的大小，以保留一定的重叠视场，然后进行胶合成为一个整体。其中，一个目镜和微型图像源的组合成为一个子显示通道，如图7－3所示。各相邻子通道的显示视场有一定角度的重合，保证相邻区域的图像无缝过渡，进而形成一个大视场的目镜。

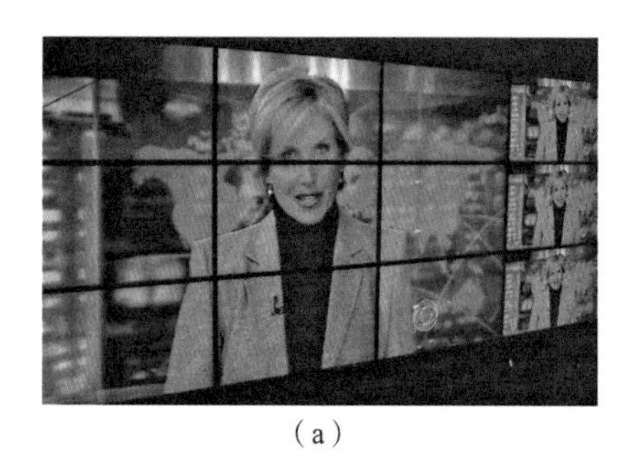

（a）

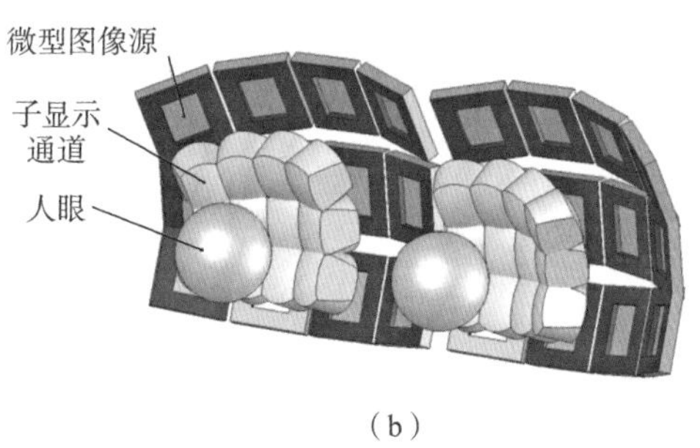

（b）

图7－2　拼接式显示技术

（a）类似电视墙；（b）拼接式头盔显示器结构示意图

光学拼接显示方案在保证分辨率的同时显著扩大了头盔显示器的显示视场，它有效地突破了视场/分辨率不变量的理论限制，是所有解决方案中唯一能够同时在整个视场内均匀显示高清图像的方法，非常适合用于浸没式的显示环境。

然而该方案包含多个显示通道，系统结构复杂，体积和重量大，装调相对困难。目前国际上此类头盔显示器的子光学系统均采用传统轴对称式目镜，各子显示通道在拼接时需要绕其出瞳中心旋转，虽然

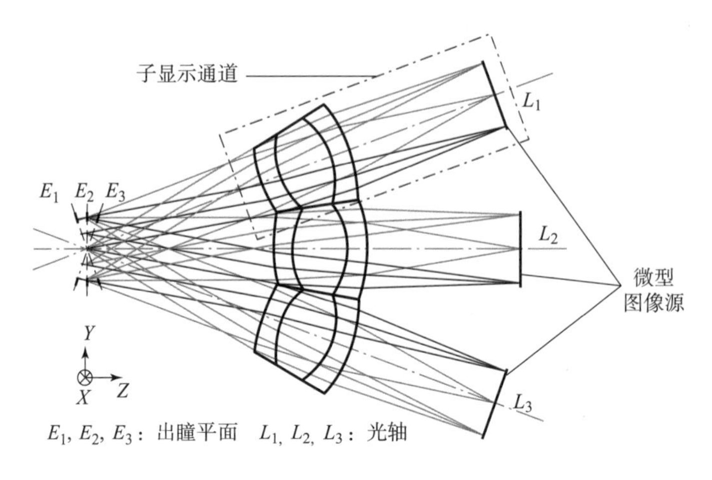

图 7－3 传统拼接式头盔显示器二维结构俯视示意图[127]

它们的出瞳中心重合，但是各自的光轴并不都与人眼的视轴重合，因此需要眼部跟踪设备探测人眼的注视方向，以便及时更新各子显示通道图像渲染的映射矩阵，避免出现因人眼移动或转动而观察到过渡区域不规则变化的缝隙[131]。此外，有效出瞳距离因边缘子显示通道的旋转而缩短；如果安装出现失调，还会造成各子显示通道的放大倍率和观察距离不一致。

目前国内外有关大视场、高分辨头盔显示技术的研究因难度太大而较少开展，现从事该项技术研究的单位有美国的 KEO[122,124,128,129] 公司、Sensics[136] 公司，加拿大的 CAE 电子等几家公司和一些大学研究机构[133]。KEO 公司是世界上著名的头盔显示器生产商，该公司开发的 Proview 产品系列[135] 就是基于拼接技术实现的，但是此类产品的价格非常昂贵，一般售价高达十几万美元。

7.2.1 显示图像的有效放大倍率

图像发生倾斜后，其等效投影面积为倾斜图像在人眼视轴垂直平面上的投影，因此其有效放大率 M 为倾斜角度的余弦[131]。

$$M = M_0 \times \cos(\theta) \tag{7-2}$$

式中，M_0 为人眼视轴垂直观察屏幕时图像的放大率，为比较分析，可归一化为 1；θ 为子显示通道光轴与视轴的夹角。

由于传统拼接式头盔显示器的子显示通道相对人眼视轴产生了一定的旋转角度。发生旋转后显示通道的图像的放大倍率发生了改变，且随着旋转角度的增大而迅速减小。当旋转角度为 60°时，其有效放大率下降到了 0.5（图 7 - 4）。如果倾斜角度不超过 36°，其有效放大率可以保持在 0.8 以上。

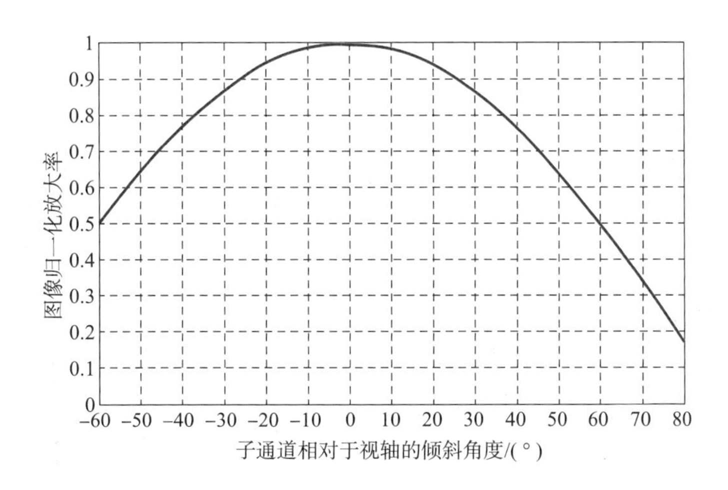

图 7 - 4　图像放大率随着目镜旋转角度的变化而产生的变化曲线图

7.2.2　显示图像的渲染

如果显示图像过渡区域缝隙很小、规则且恒定，并不需要特殊的渲染处理。如图 7 - 2（a）所示的类似电视墙，每相邻子显示面板之间有一定的缝隙，但人眼通常是可以接受的。因为与大面积的显示区域相比，缝隙小到可以忽略不计。

然而，在传统的拼接头盔显示方案中，由于各子显示通道的光轴和出瞳面分别与人眼的视轴和瞳孔面不相重合，人眼的转动、移动以及各子显示通道的失调对拼接头盔显示图像的连续性和完整性都会造成一定的影响。图 7－5（a）为传统拼接式头盔显示器的二维俯视结构示意图。当显示图像为规则网格且用户关注中心子显示通道时，如果不考虑子显示通道目镜自身的畸变，观察到的 3 个子图像的外形轮廓将如图 7－5（b）所示。当用户的眼睛注视到左边缘或右边缘子显示通道的显示图像时，各子显示通道微显示器上的图像将如图 7－5（c）或图 7－5（d）所示。即当人眼视轴转动时，各子通道所显示图像的外形在发生变化，如果图像渲染的映射矩阵不加以适当改变，将会导致用户观察到不连续的图像，或者是过渡区域的缝隙将随人眼注视位置的改变而变化。

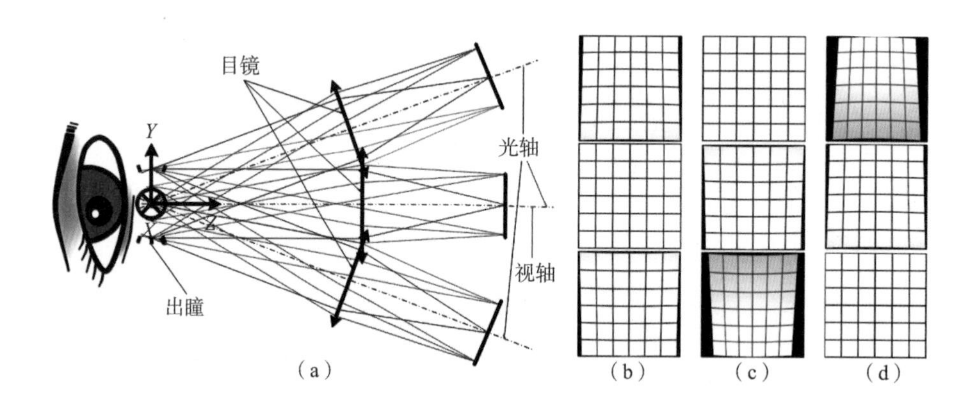

图 7－5　当显示图像为规则网格时，人眼注视不同方向时观察到的显示图像的仿真示意图

（a）拼接头盔显示器二维俯视结构示意图；（b）人眼注视中心显示通道的图像；（c）人眼注视左显示通道的图像；（d）人眼注视右显示通道的图像

因此，需要引入眼部跟踪设备来探测人眼的注视方向以便实时更新显示图像的渲染模型，而这将提高头盔系统的复杂程度和成本，使拼接方法的优势大打折扣。通常各子显示通道目镜本身也具有一定的畸变，这将使图像渲染变得更为复杂。然而，这些问题将随着各子显示通道光轴的重合而迎刃而解。

此外，微显示器和光学元件的失调，例如离焦等，也将会影响过渡区域图像的缝隙。因为离焦会改变用户的观察距离，图像的大小和形状都会发生变化，因此在拼接头盔显示器装调结束后都需要进行注册标定加以解决。

7.2.3　显示通道过渡区域的渐晕问题

用于拼接的目镜的边缘部分往往需要进行磨削形成特定的外形轮廓以便于拼接。此时，目镜外部的出瞳孔径不再是限制光线的唯一光阑，原本能通过镜头边缘部分进入人眼的光线不再能够进入人眼。过渡区域视场的渐晕（Vig）可以通过以下公式定义：

$$
\mathrm{Vig}=\begin{cases}100, & \theta<-\theta_0 \\ \left(\dfrac{1}{2}-\dfrac{\mathrm{ERF}}{\mathrm{EPD}}\times\tan(\theta)\right)\times 100, & -\theta_0\leqslant\theta\leqslant\theta_0 \\ 0, & \theta>\theta_0\end{cases}\qquad(7-3)
$$

式中，$\theta_0=\mathrm{atan}\left(\dfrac{\mathrm{EPD}}{2\times\mathrm{ERF}}\right)$；ERF 是出瞳距离；EPD 是出瞳直径；$\theta$ 是过渡区域沿拼接方向的视场角。

图 7－6 显示的是由于目镜光学元件边缘切除引起的渐晕情况。当出瞳直径为 4 mm、出瞳距离为 30 mm 时，完全消除渐晕所需的最小重叠角度为 4°。当出瞳直径增加以及出瞳距离减小，消除渐晕所需的最小重叠角度增加。当出瞳直径为 10 mm、出瞳距离 30 mm 时，最小重叠角度需要大于 9°。从式（7－3）和图 7－6 中可以看出，为了尽可能减小过渡区域视场的渐晕，应在设计时保留一定的重叠视场角，并选取合适的出瞳距离和出瞳直径。

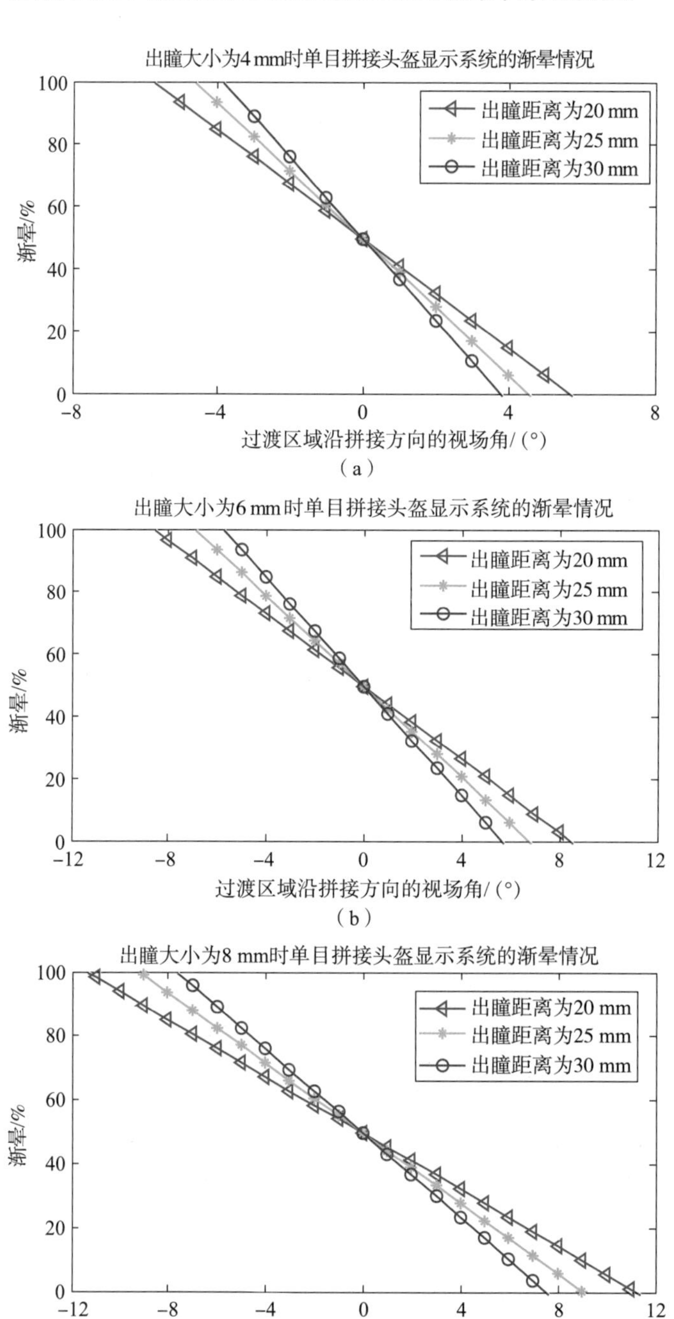

图7-6 不同出瞳距离和出瞳大小时拼接头盔显示系统边缘过渡区域的渐晕情况分析

(a) 出瞳直径 =4 mm；(b) 出瞳直径 =6 mm；(c) 出瞳直径 =8 mm

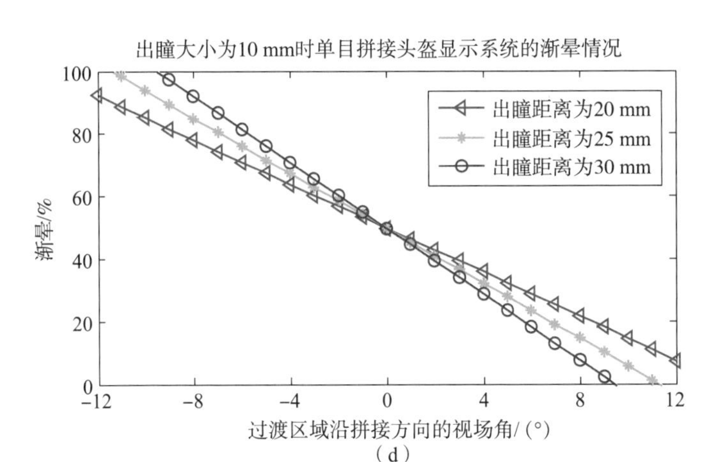

图 7 -6　不同出瞳距离和出瞳大小时拼接头盔显示系统边缘过渡区域的渐晕情况分析（续）

（d）出瞳直径 = 10 mm

7.2.4　有效出瞳大小和有效出瞳距离

由于子显示通道的旋转，其结构的物理位置发生了改变，边缘显示通道更靠近人眼，导致有效出瞳距离缩短；同时由于各子显示通道的出瞳面也发生了旋转，其有效出瞳大小也会减小。如图 7 -7 所示，单个显示通道的有效出瞳距离（ECL）与其出瞳距离相等，但是拼接系统的有效出瞳距离（ECL′）明显低于 ECL。

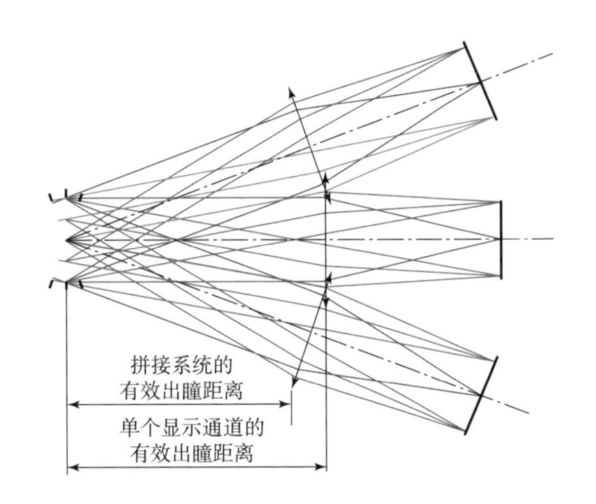

图 7 -7　拼接前后显示器系统的有效出瞳距离

7.2.5 拼接头盔显示器中的其他问题

除图像连续性、渐晕和有效放大倍率等几个关键问题外，传统拼接式头盔中还普遍存在以下问题。

（1）系统集成装调难度大。光学元件和像面的相对失调对图像的整体感有较大的影响，容易引起显示图像的旋转歪斜，造成各通道观察距离和放大倍率的不一致，需要通过精确的装调进行保证。

（2）系统庞大笨重。为了减轻拼接头盔系统的体积和重量，设计人员采用双胶合或三胶合透镜、菲涅尔透镜或非球面单透镜作为子显示通道的光学系统。这可以减轻单个显示通道的重量，但是其视场角小，因此需要更多的显示通道，并未明显减小系统整体的体积和重量。

（3）难以实现光学透射功能。传统旋转对称式目镜难以实现光学透射式功能，基于传统目镜的拼接式头盔显示器更是如此。实现此功能需要延长系统的出瞳距离，加入半反半透镜，这些都会使系统更为庞大笨重。

7.3 新型自由曲面拼接式头盔显示器

本章7.2节所述的部分问题是因为子显示通道的光轴与视轴不重合引起的。本节提出的新型拼接式头盔显示技术通过自由曲面和离轴反射式结构的结合，使各子显示通道的光轴与人眼的视轴重合，从而有效解决了拼接头盔系统中的部分关键问题。例如：保证拼接前后系统的有效出瞳距离一致；可通过增加自由曲面补偿透镜实现光学透射功能；有效减小拼接头盔系统的体积和重量；无须根据人眼注视方向的探测结果更新显示图像的渲染模型。

7.3.1　自由曲面拼接式头盔显示原理

本课题组提出利用自由曲面和离轴光学的优势，对光学拼接头盔显示器的光学系统进行针对性设计，有意把各子显示通道的光学元件相对于出瞳中心引入一定偏心与倾斜。如图 7 – 8 所示，在新型设计方案中，各子显示通道的光轴都与人眼的视轴重合。这样设计出的目镜可直接进行拼接形成大视场的头盔显示器，避免了物理结构的旋转，将解决传统拼接式头盔显示器中存在的严重问题，也降低了拼接时的装调难度。但这同时也增加了系统设计的难度，离轴倾斜引入了更大的像差。

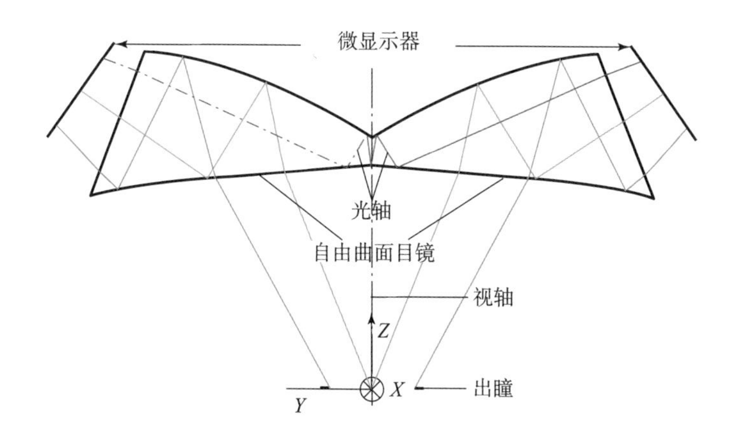

图 7 – 8　新型自由曲面拼接结构头盔显示系统示意图

7.3.2　自由曲面拼接式头盔显示器单通道目视光学系统设计

为了避免在拼接的过程中对目镜的旋转操作，需要在设计过程中将楔形棱镜整体向上偏移，使水平视场主光线以及人眼的视轴 L_1 通过棱镜的底面。为了实现大视场目标，单片自由曲面目镜的 Y 方向（拼接方向）全视场大小保持与普通用途自由曲面目镜的视场一致，这里取32°，并且沿 $+Y$ 方向偏移12°，这样可以保证两相邻显示通道之间留有 ±4°的重叠视场，以消除过渡区域的渐晕，方便拼接图像的标定融合，消除人眼转动产生的缝隙，X 方向视场的定义不变。

由于该结构的离轴偏心程度更大，设计难度大为增加。在优化设计过程中，需要加入的像差和结构控制条件为特殊的物理边界条件、全反射条件控制条件、像差约束控制条件、出瞳距离控制条件、控制畸变条件以及光学表面1的曲率半径控制条件等。在开始设计时可采用的初始结构系统相当少，在设计过程中再次采用了逐步逼近优化算法，采用球面光学系统满足所要求的光学特性和结构要求，对像差不做严格的控制。此后逐步将低阶曲面转换成更高阶的非球面或自由曲面，目的在于减小光学系统的高阶像差。在最终的设计阶段，使用自动平衡算法进一步提高系统的整体像质和平衡各视场间的成像质量。

7.3.2.1 成像光路设计与结果分析

成像光路的设计方法与第6章使用的优化设计方法基本一致，在此不再累述。不同之处在于优化过程中需要加入出瞳距离约束条件式（7-4），与出瞳直径匹配以控制拼接头盔显示器过渡区域对应视场的渐晕，同时充分发挥自由曲面楔形棱镜拼接式目镜的优势。因为如果出瞳距离过大，单通道目镜在过渡区域附近外侧视场的渐晕将非常大，出瞳的大部分会没有光线通过，在设计时将这些视场加入优化已无实际意义。

$$30 \geqslant Z_{P_d} \geqslant 25 \tag{7-4}$$

表7-2列出了拼接式头盔显示器单通道自由曲面目镜的光学特性参数，包括经过优选出的重叠视场、出瞳距离和出瞳直径等。

表 7－2　拼接式头盔显示器单通道自由曲面目镜的光学特性参数

参数项	特性参数值	
	新型拼接目镜单片结构	新型拼接目镜
显示器	单个 0. 61″ OLED	两个 0. 61″ OLED
波长	656. 3 ~486. 1 nm	656. 3 ~486. 1 nm
视场角/(°)	45°H ×32°(－4° ~28°) V	56°H ×45°V
有效焦距/mm	15	15
出瞳直径/mm	6	6
出瞳距离/mm	25	25
有效出瞳距离/mm	18	18
渐晕/%	80%(－22. 5° ~22. 5°，－4°)	20%(－22. 5° ~22. 5°，±4°)
畸变/%	<6	<6
传递函数	30 lps/mm 处 >0. 2	30 lps/mm 处 >0. 2

表 7－2 中新型拼接目镜单片结构的出瞳直径为 6 mm，出瞳距离为 25 mm，视场重叠角度为 ±4°。基于这种参数匹配的拼接式头盔显示器，在过渡区域内沿着拼接方向，4° ~10°以及 －4° ~ －10°的视场范围内会有一定程度的渐晕，对应的渐晕值从 20% 逐步降到 0% 。

图 7－9（a）是拼接式自由曲面棱镜目视光学系统虚拟成像光路的二维结构图。图 7－9（b）为该系统的网格畸变图，最大的畸变为 6% 。图 7－9（c）为该系统以 4 mm 出瞳直径时计算的 MTF 曲线图，人眼瞳孔通常为 2 ~4 mm，传递函数曲线在 30 lps/mm 处优于 20% 。

7. 3. 2. 2　透视光路设计与结果分析

透视光路系统是一个无焦系统，需要加入自由曲面补偿透镜消除单片自由曲面楔形棱镜引入的光焦度、畸变、视轴偏移以及严重恶化的像质。为了实现这一目标，在虚拟成像光路的设计过程中，已经预先控制了图 7－10（a）中楔形棱镜前表面 1 上红色区域曲面的光焦度，并且控制它在子午方向和弧矢方向上曲率半径的差异。

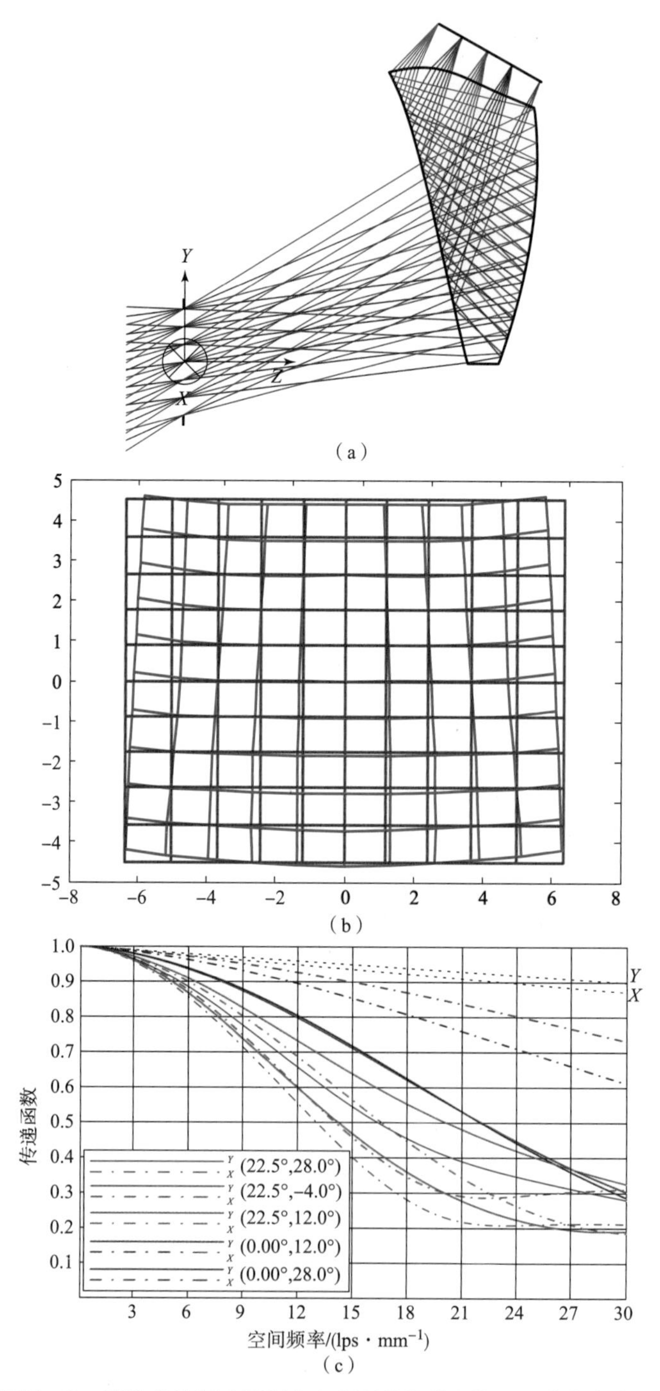

图 7-9　拼接式头盔显示器自由曲面单通道虚拟显示成像光路图

（a）二维结构图；（b）网格畸变图；（c）传递函数曲线图

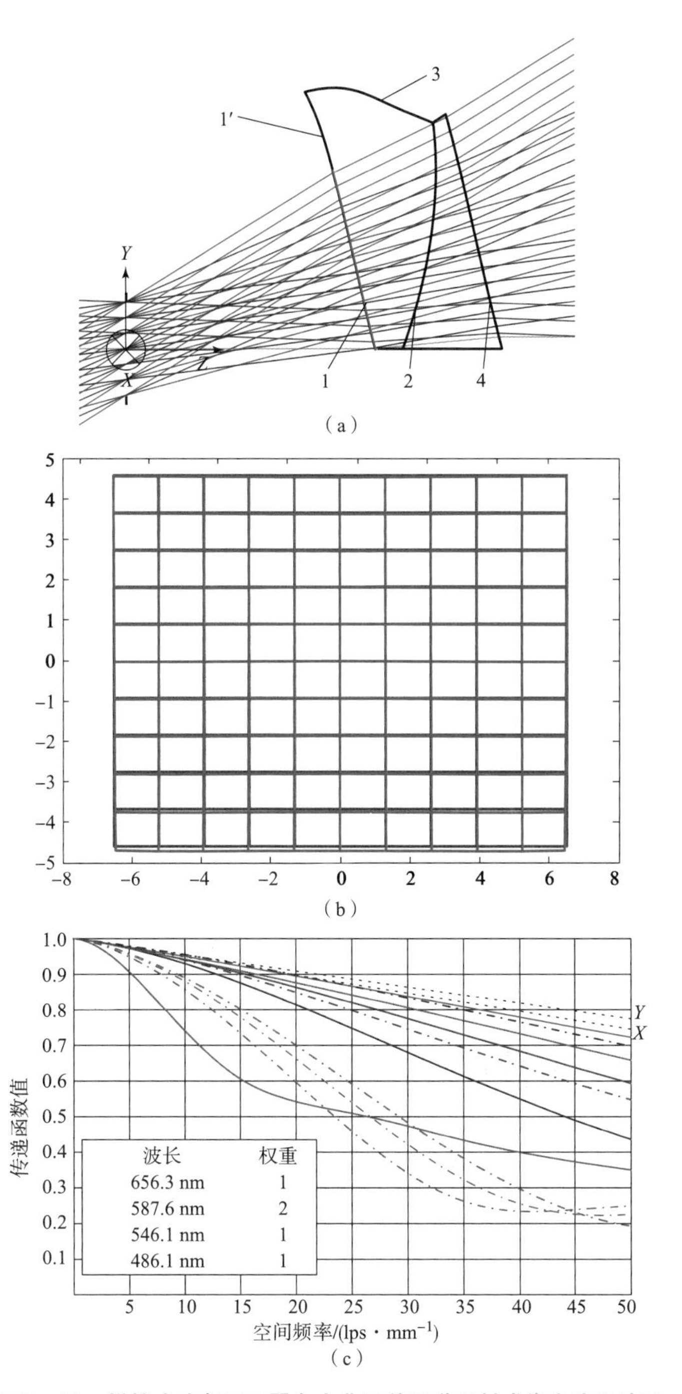

图 7-10　拼接式头盔显示器自由曲面单通道透射成像光路设计图

(a) 二维结构图；(b) 网格畸变图；(c) 传递函数曲线图

7.3.3 基本拼接方法

由于人眼水平方向的观察视场比较大，因此在完成单个通道自由曲面棱镜目镜的设计后，将其水平放置，通过将两个自由曲面棱镜的底部胶合，形成一个双通道显示的自由曲面拼接式头盔显示器，其结构如图 7－11 所示。该自由曲面拼接式头盔显示系统坐标轴的定义：$+Z$ 轴定义沿着人眼的视轴方向；$+Y$ 轴定义为人的右眼指向左眼的方向；$+X$ 轴则定义成使整个坐标系构成右手坐标系的方向。两个自由曲面楔形棱镜的光轴均与人眼的视轴重合，避免了传统拼接式头盔显示器中由于光轴不重合而造成显示图像整体感的不足。该系统的有效出瞳距离、出瞳直径和分辨率均与单个显示通道的一致，但视场角扩大到了 56°×45°，光学元件的尺寸为 44 mm×25 mm×17 mm，重量小于 20 g。

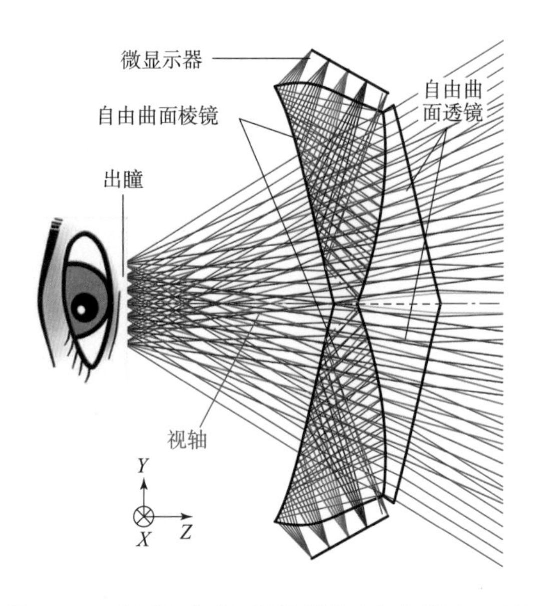

图 7－11　新型自由曲面棱镜拼接头盔光学显示系统

7.3.4　更大视场角拼接形式

我们还可以进一步将自由曲面棱镜在其侧面进行拼接，也可在侧面和底面同时进行拼接。虽然这些结构的设计也更为复杂和困难，但是它们都能够进一步扩大系统的视场角。图 7－12 为其他类型自由曲面拼接式结构头盔显示器示意图。

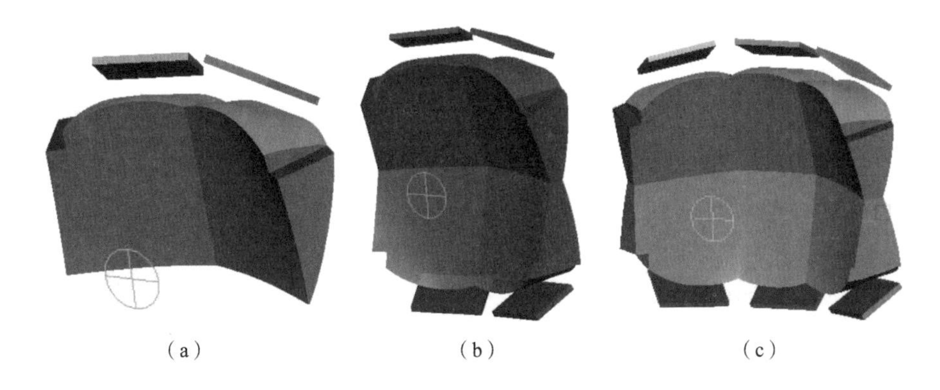

图 7－12　其他类型自由曲面拼接式结构头盔显示器示意图

(a) 侧面拼接式头盔显示器；(b) 底面和侧面同时拼接的头盔显示器；
(c) 由 6 个自由曲面棱镜拼接而成的头盔显示器

如图 7－12（a）所示，用两个自由曲面棱镜在它们的侧面进行拼接，视场角可达 82°×32°。图 7－12（b）所示的结构采用了 4 个自由曲面棱镜在它们的侧面和底面同时进行拼接，视场角可达 82°×56°；图 7－12（c）是采用 6 个自由曲面棱镜在侧面和底面同时进行拼接，视场角可达 119°×56°。

7.3.5　自由曲面拼接式头盔显示器样机研制

为了验证自由曲面楔形棱镜用于拼接头盔显示系统的可行性，考虑到加工周期的限制，基于第 6 章设计研制的非拼接用途自由曲面目镜，我们研制了一种自由曲面拼接式头盔显示器原理样机。如图 7－3 所示，将两个自由曲面棱镜绕各自的出瞳中心旋转一定的角度，并将棱镜的底部进行适当的切除以进行胶合，如图 7－11（a）中的虚线所标示，避免两棱镜在按指定位置摆放后发生结构碰撞。

该样机制作的难点在于寻找合适的方法和工具将棱镜的底部进行精确的磨削切除和抛光。虽然普通玻璃材料的研磨和抛光方法非常成熟，然而这些技术无法直接运用到树脂光学材料的研磨和抛光中，因为树脂光学材料的质地很软，用磨削玻璃材料相同的工具和力度去磨削树脂光学材料将会造成材料的过量去除，进而导致加工失败，并且 PMMA 是质地最软的一种树脂光学材料。为此需要找到合适的研磨抛光垫和抛光液以及制作合适的加工卡具。在使用不同抛光垫和抛光液体进行大量的研磨抛光试验后，最终选取的抛光垫牌号是 DPC 6350，抛光液为 NOVUS[134]。

图 7－13 为自由曲面传统拼接式结构式头盔显示器结构示意图。

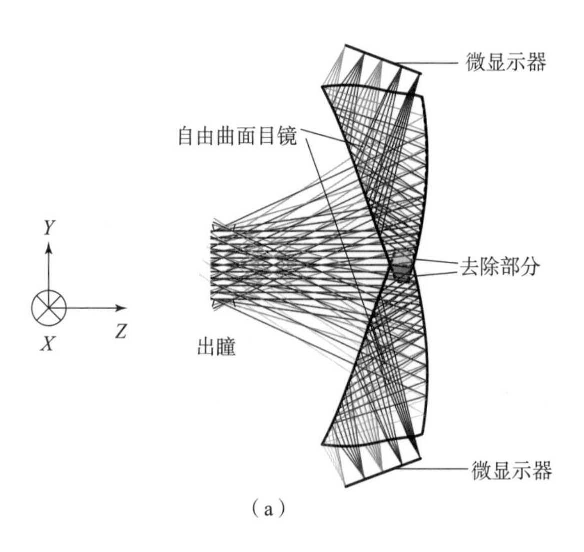

图 7－13　自由曲面拼接式结构头盔显示器结构示意图

（a）二维设计结构示意图

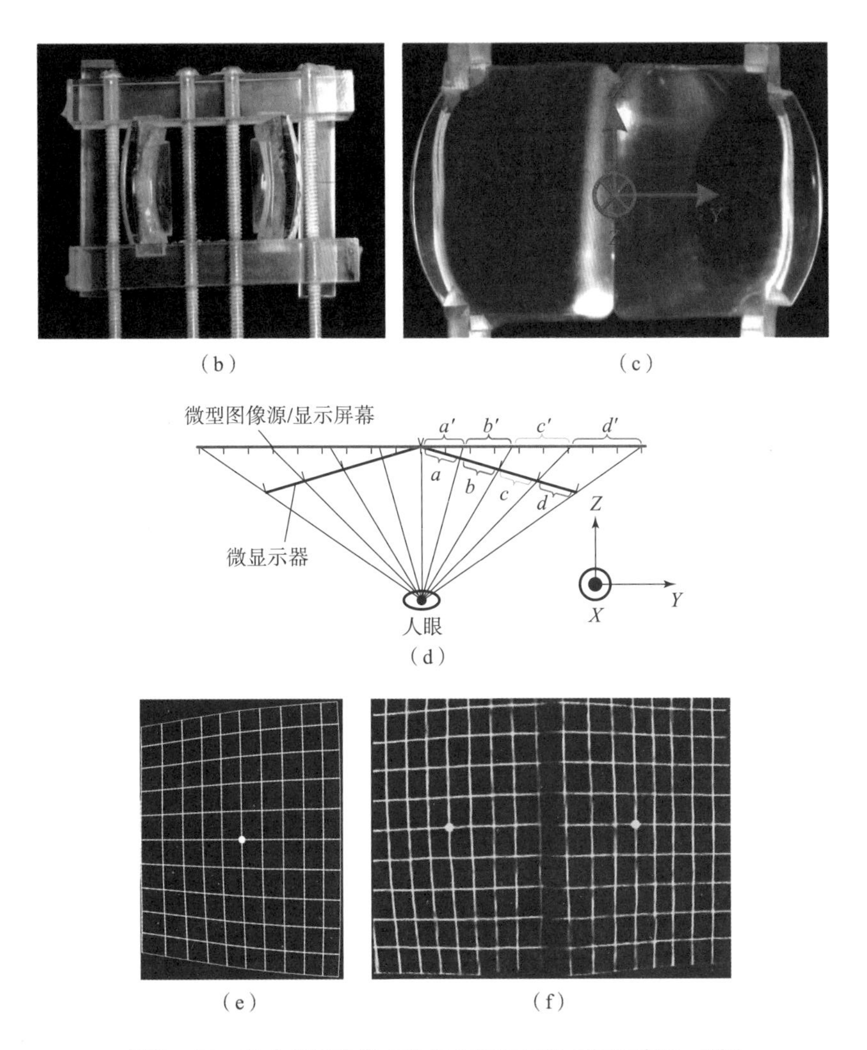

图7-13　自由曲面拼接式结构头盔显示器结构示意图（续）

（b）磨削棱镜底部材料的装卡装置；（c）拼接头盔结构示意图；
（d）图形渲染，像面和显示平面之间的图像映射；（e）经畸变
处理后微显示器上的显示图像；（f）通过拼接头盔显示器观察到的显示图像

按传统方式拼接的自由曲面头盔显示器的二维设计结构示意图和实物图分别如图7-13（a）和图7-13（c）所示。图7-13（b）给出的是用于研磨抛光棱镜底面的装卡装置。在完成棱镜底面的磨削和抛光之后，将两棱镜胶合成为一体。完成拼接后光学元件的整体尺寸

为 42 mm×25 mm×12.5 mm，整体重量小于 10 g。

由于拼接头盔显示器中单个显示通道的光轴与人眼的视轴有一定的夹角，其显示图像的有效放大率下降，造成梯形畸变。如图 7-13（d）所示，由于棱镜的旋转，子显示通道的图像相对于显示屏幕有一定的夹角。微显示器上显示的等长线段 a、b、c 和 d 投影到显示屏幕上时分别对应 a'、b'、c' 和 d'，在图 7-13（d）中，a' 长度不超过两个单元，而 d' 却占了 3 个单元。此外，自由曲面楔形棱镜目镜的设计本身具有一定程度的畸变。因此需要通过图像预畸变处理技术来进行弥补目镜自身的畸变和因子通道旋转引入的梯形畸变。在完成对这两种畸变的预处理后，微型图像源上显示的图像如图 7-13（e）所示，此时通过位于出瞳位置处的相机所拍摄的图像如图 7-13（f）所示，由于拼接头盔显示器的显示视场角很大，水平视场角达 58°，拍摄相机的焦距短、视场角大，造成最终拍摄图像有一定的畸变。

7.4 真实立体感头盔显示技术及其存在的问题

目前大多数三维显示技术都是运用了双目视差原理，通过给左右眼分别显示带视差的图像来实现三维显示。虽然这些显示技术能够产生很强的深度感，但显示在单个固定屏幕上的投影图像却不能准确地生成人眼调焦相关的体视信息，导致与人眼自然立体视觉密切相关的特性——人眼晶状体自动调焦和双眼的转动辐辏，以及视网膜成像模糊程度与离焦量成比例——不能够自然地协调变化。近年来很多三维视觉方面的研究表明，双目立体显示技术的这一根本缺陷是导致三维立体感压缩或者放大以及视觉疲劳等问题的主要原因。随着头盔显示系统的迅速发展和广泛使用，这些问题也得到了越来越广泛的重视。因此，真实立体感头盔显示技术成为国际上一个重要的研究热点[135-147]。

图7－14（a）给出了在观察真实三维物体过程中人眼的辐辏和调焦的关系。当人眼注视在观察物体上时，人眼的辐辏距离等于人眼的调焦距离，即两眼视线的夹角和人眼肌肉的松弛度是相协调的。图7－14（b）给出了人眼在佩戴头盔显示器观察三维物体时人眼的辐辏和调焦的关系。为了看清经由光学系统投影放大和放远的微显示器上的图像，人眼需要调焦在显示屏上，而通过双目视差形成的三维物体会位于显示屏的前后，因此人眼的辐辏距离一般不等于调焦距离。随着头盔显示器立体感的增强，辐辏和调焦的不协调程度越明显。此外，用户通过头盔显示器看到三维物体总是清晰的，不符合人眼自然视觉中注视点前后物体会发生不同程度模糊的情形，这也是造成人眼视疲劳的原因。

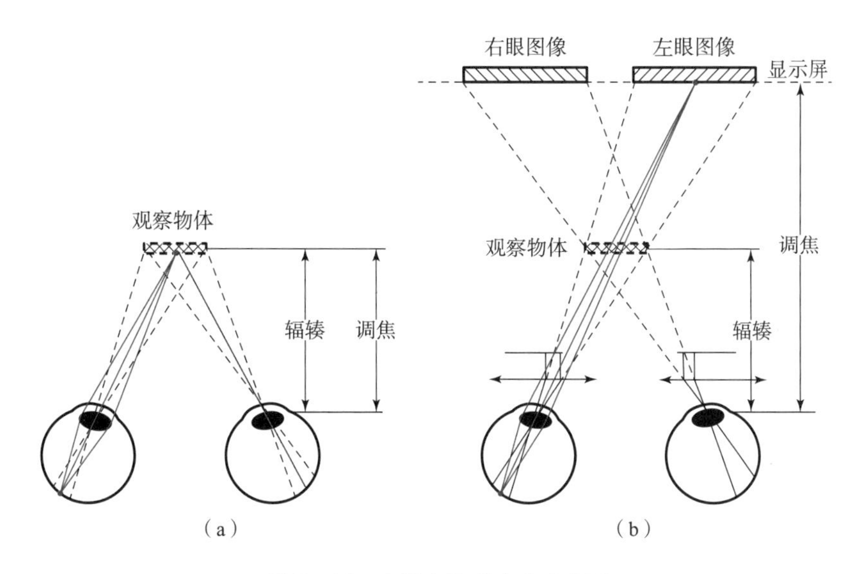

图7－14　人眼立体感产生示意图

（a）真实世界场景观看情形；（b）双目立体显示器中辐辏和调焦两者之间的关系

为了缓解使用双目立体显示器的过程中人眼的辐辏与调焦两者之间不协调的矛盾，为了减轻传统双目立体显示器中一些其他普遍存在的视觉缺陷，科研人员提出了一系列新颖的解决办法，即多焦面和变焦面的深度融合显示技术，其关键问题首先是要在光学系统中产生多个焦面。这些解决方案主要包括移动光学元件方法[136]、移动微显示器方法[137]、微显示器时分复用方法[138-144]和光路空间复用方法[145,146]。这些方法的基本原理就是在光学系统焦面附近生成一系列连续或离散的像面，这些像面对应多个不同显示深度的观察平面，然后进一步根据显示三维物体的深度和观察面的位置，运用高精度的图像渲染技术对显示图像的亮度进行控制，使用户观察时产生的立体感逼近人眼的自然立体视觉[138-147]。

7.4.1 时分复用多焦面显示方案

时分复用多焦面显示方案是指在头盔显示系统中，一个微型显示器在不同的时间对应多个不同显示深度的观察屏幕。它是通过改变光学系统和显示器件的相对物理位置或者借助光学系统中的变焦光学元件产生的。移动光学元件包括移动光学透镜和移动微显示器件，移动光学器件包括液体变焦镜头、双折射率材料透镜和变形镜。

7.4.1.1 改变光学元件和微显示器件相对位置显示方案

移动光学元件或移动微显示器件都是改变光学元件和微显示器件之间的相对物理位置。移动光学元件通过在光轴方向调整光学元件的位置来调整它与微显示器之间的距离，即改变微显示器在光学元件焦面附近的位置，也就产生了多个深度的观察平面。Shiwa 等提出了聚焦补偿的 3D 头盔显示器，通过改变中继光学元件的轴向位置来改变观察平面的位置[141]。移动显示器件直接调整微显示器的位置来生成多个深度的观察平面。Shibata 等提出了该类立体显示器通过轴向移动微显示器的位置，同时通过红外光度计实时跟踪人眼的聚焦位置，进而实现头盔显示器的显示距离与人眼辐辏距离两者的相互匹配[142]。

7.4.1.2　液体透镜

S. Suyama、Sheng 和 Hua 提出了液体变焦透镜改变光学系统焦距的方法，通过在液体镜头上施加不同强度的电压就可以改变中继透镜组的焦距，进而改变中间像面相对于前组目视光学系统的相对位置。Sheng 和 Hua 研究的双焦面立体显示器可以将聚焦距离从无穷远变化到 8 个屈光度[139,140,142,143]。

7.4.1.3　双折射透镜

Love 等提出了 通过运用起偏器，数对（m 对）双折射透镜和液晶偏振态调制器组相结合的方案。双折射材料对于 O 光和 E 光的折射率不同，即 O 光和 E 光的焦面位置不同。该方案中将双折射率透镜的快轴和慢轴设计成为两个相互垂直的方向，同时通过液晶偏振态调制器控制入射光束的偏振态来改变系统的焦面位置，进而改变显示距离，能够产生 2^m 个焦面。采用两对双折射透镜和液晶偏振态调制器，以及两个频率为 180 Hz 的 LCD 显示器，实现了刷新频率为 45 Hz 并具有 4 个观察深度的立体显示器[141]，显示深度范围为 5. 09 ~ 6. 89 屈光度。

7.4.1.4　变形镜

McQuaide 等利用变形镜表面形状的变化改变系统的光焦度，分时生成不同显示深度的焦面。当变形镜没有形变（即为平面）时，人眼看到的是一个较近的观察平面；当控制电压使变形镜表面有形变时，人眼观看到的是一个较远的观察平面[144]。

7.4.2　光路空间复用多焦面显示方案

7.4.2.1　层叠式显示器

Rolland 提出了在光学系统像面上放置堆栈式显示器的多焦面头盔

显示方案[144]，通过在光学系统的焦面附近放置一系列的显示器，每个显示器通过光学系统后所成的观察图像分别位于不同深度的空间上。分时点亮每个显示器，让用户看到具有一定深度且较为符合人眼自然视觉的立体图像。而 Kuribayashi 等直接在眼前放置两个距离人眼不同距离的显示屏[147]，通过控制图像的亮度实现连续的深度变化。

在层叠式显示器方案中亮度是个严重的问题，位于光学元件后方的显示器需要依次透过前面的显示器，亮度会下降很大，而且该显示器对应的观察面距离人眼越远，图像放大率更大，所需图像源的亮度更高。

7.4.2.2 分光路方式

Akeley 和 MacKenzie 等通过几块半反半透镜将一个液晶平板显示器分成若干部分，实现多个分支光路。显示器上的几个部分通过不同的半反半透镜到达人眼，因此到达人眼的显示距离各不相同，但是视场相互重叠。在渲染显示器不同部分图像时使用恰当的滤波器，使用户看到具有一定深度的三维物体[145,146]。

采用以上两种技术方案的系统体积庞大，要求光学系统有较大的焦深范围，增加了光学系统的复杂程度；部分方案需要采用复杂的光学元器件，难以实现便携，无法佩戴于用户的头部。

7.5 新型可穿戴式双焦面真实立体感头盔显示器

针对传统头盔显示方案中存在的根本问题以及现有相应解决方案中存在的不足，并结合本书前几章的研究工作，本章提出了基于自由曲面的新型双焦面真实立体感头盔显示器方案。本方案不仅能够有效解决头盔显示器中辐辏和调焦不一致的矛盾，还具有以下优点：①能够实现小型轻量化结构，可佩戴于用户头部；②能够产生两个或三个不同观察深度的焦面；③解决传统方案光学系统焦深必须很大的问题；④有效解决双焦面图像亮度匹配的问题。

本章提出的新型可穿戴式双焦面真实立体感头盔显示器方案采用两个自由曲面棱镜，它们中有一对胶合曲面，且在胶合前镀有半反半透膜层。一个自由曲面棱镜和对应的微显示器组成一个显示焦面，对应一个较近（较远）的观察距离；另外一个自由曲面棱镜和对应的微显示器组成第二显示焦面，对应一个较远（较近）的观察距离。两个显示通道的视场完全重合。综合两个显示焦面间的光能透过率和杂光等问题。本课题组提出了 4 种结构方案，并对这 4 种新型结构方案进行了深入的分析。

图 7－15（a）所示的是方案一——二维结构光路图。该方案结构紧凑，但是两个通道的亮度相差一倍，这是因为第一通道的光能量会因为在凹反射面上半反半透损失一半。第二通道的光能量由于经过凹反射面上两次而损失 3/4。同时两个显示器之间的夹角不大，且有相互重叠的区域，容易造成杂光。

此外，设计该方案难度比较大，由于凹反射面不仅参与第一显示通道的成像，而且在第二显示通道光路中，光线会通过该曲面两次，包括一次透射和一次反射。反射时会对像质造成显著的影响。因此在设计时需将两个显示通道一起进行优化设计，通过该曲面将两个显示通道的成像质量均衡化，这无疑大幅增加了设计的难度。

方案二由一个楔形棱镜和一个三角形棱镜组成。与方案一不同，方案二的第二显示通道的光线仅通过胶合面一次，因此胶合面对第二显示通道的成像质量影响几乎没有影响。与方案一相同，光线通过该结构的前表面三次，因此其作用比较关键。但是该方案解决了光强匹配的问题，两通道的光亮度相同，也降低了凹形反射面设计的难度。

方案三和方案四解决了前两种方案第一光学表面被三次共用的问题，但是方案三的杂光仍然会比较严重，因为两显示器相对且重叠面积区域大，并且光强不匹配。方案四较好地解决了设计难度和杂光的难题。本章针对方案四进行详细设计和深入分析。表 7－3 列出了双焦面立体头盔显示器的系统参数。该系统的对角视场角为 40°，出瞳距离为 20 mm，出瞳直径为 6 mm，显示深度为 1 ~2 m。

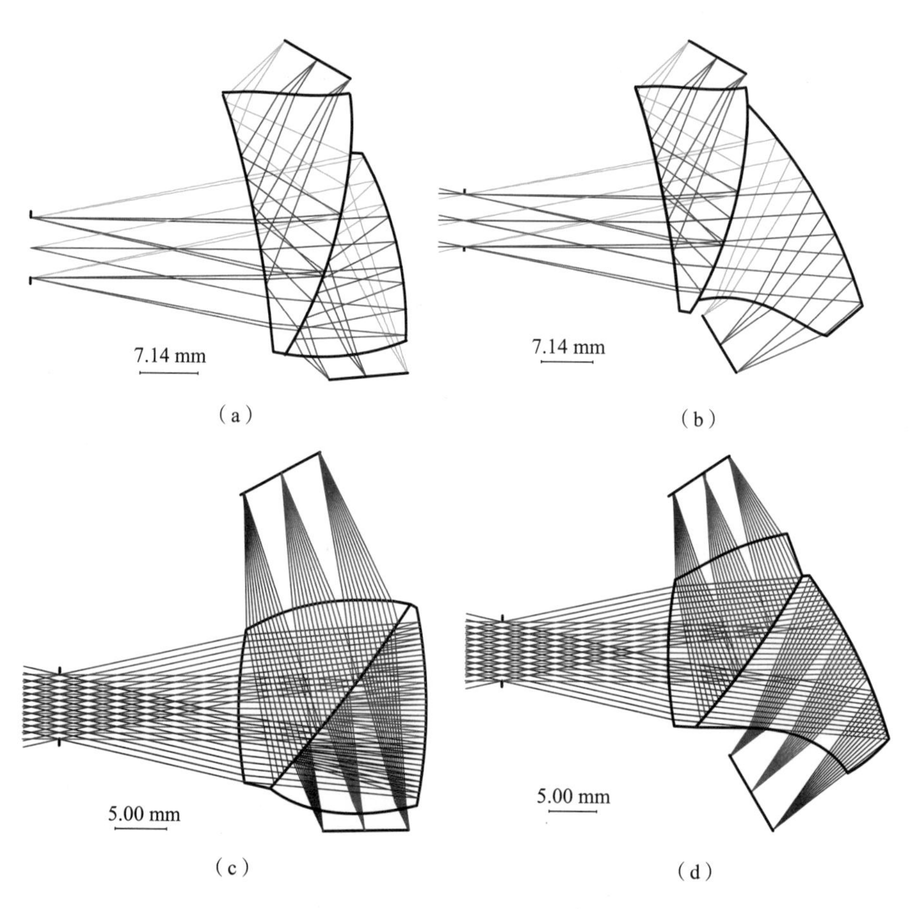

图 7 – 15　自由曲面双焦面真实立体感头盔显示器方案结构示意图

(a) 方案一；(b) 方案二；(c) 方案三；(d) 方案四

表 7 – 3　双焦面立体头盔显示器系统参数

参数项	参数值
波长/nm	656. 3 ~486. 1
视场角/(°)	对角 40° (32°H × 24°V)
出瞳直径/mm	6
出瞳距离/mm	>20

续表

参数项	参数值
渐晕	无
畸变/%	<10%最大边缘视场
成像质量/%	30 lps/mm 处 MTF >10%
第一通道显示深度/m	2
第二通道显示深度/m	1

图 7－16 给出了完成优化后第一焦面的光路设计结果，它对应的观察屏距离为 1m。图 7－16（a）为二维结构光路图，图 7－16（b）给出的是对应的网格畸变图，图 7－16（c）和图 7－16（d）分别给出了传递函数曲线图和点列图。

图 7－17 给出了完成优化后第二焦面的光路设计结果，它对应的观察屏距离为 2 m。图 7－17（a）为二维结构光路图，图 7－17（b）给出的是对应的网格畸变图，图 7－17（c）和图 7－17（d）分别给出了传递函数曲线图和点列图。图 7－18 给出了双焦面光学系统的组合图。

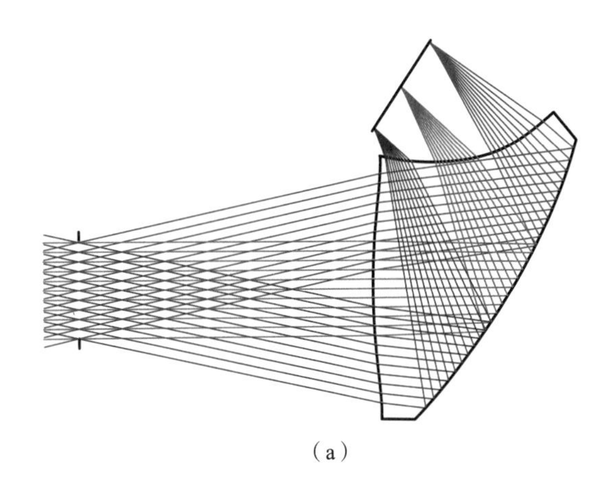

（a）

图 7－16　第一焦面光路的优化设计结果

（a）二维结构光路图

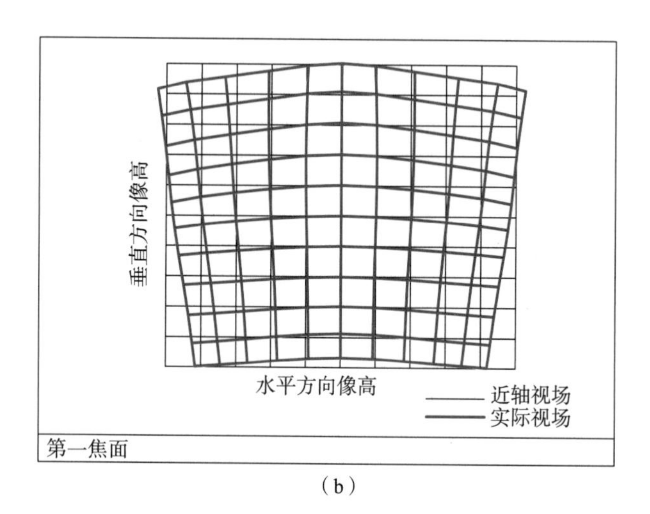

(b)

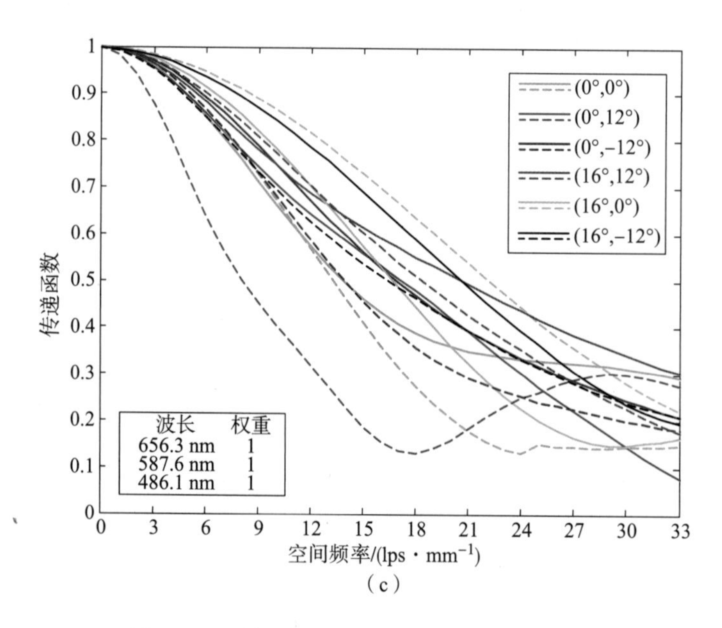

(c)

图 7-16 第一焦面光路的优化设计结果(续)

(b) 畸变网格图;(c) 传递函数曲线图

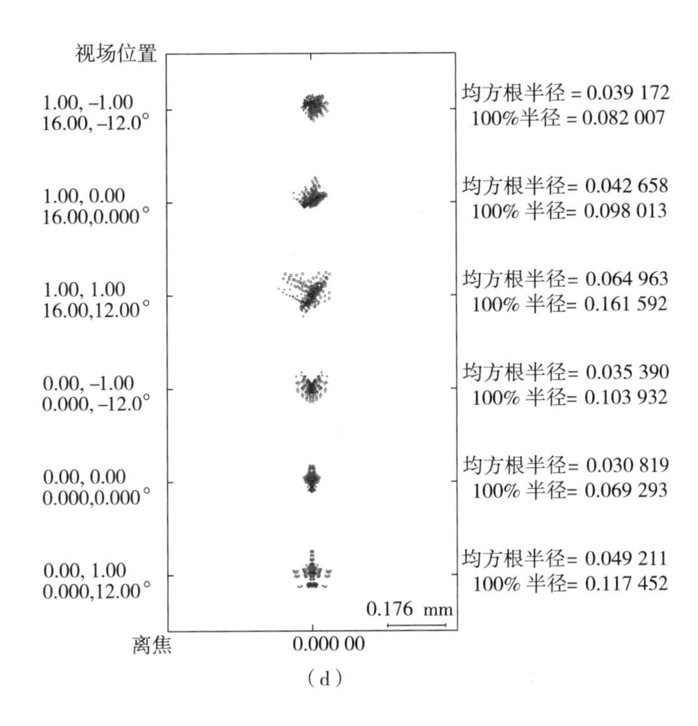

(d)

图 7－16　第一焦面光路的优化设计结果（续）

(d) 点列图

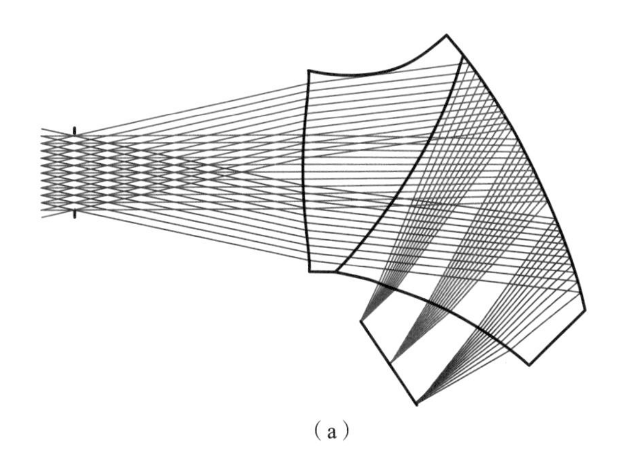

(a)

图 7－17　第二焦面光路的优化设计结果

(a) 二维结构光路图

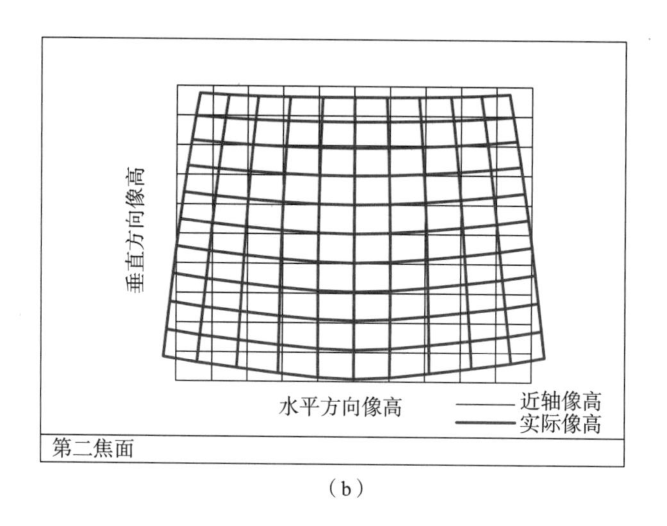

（b）

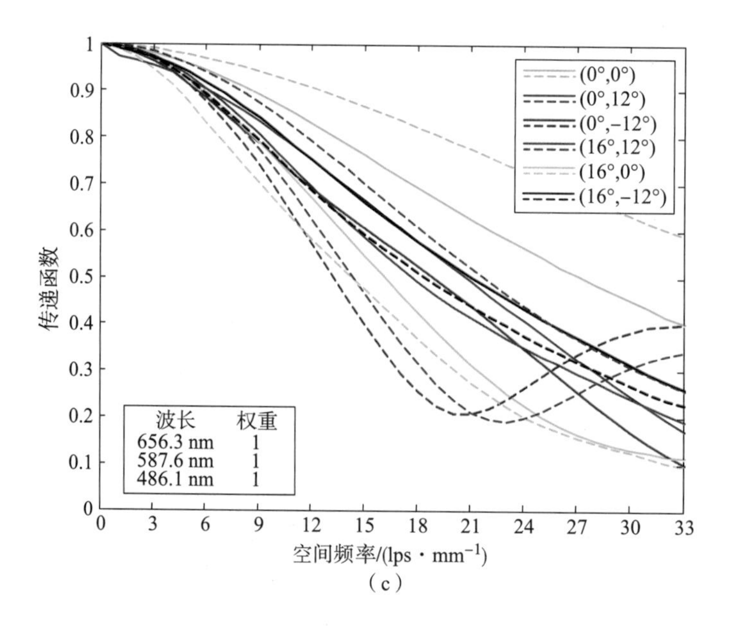

（c）

图 7-17 第二焦面光路的优化设计结果（续）

（b）畸变网格图；（c）传递函数曲线图

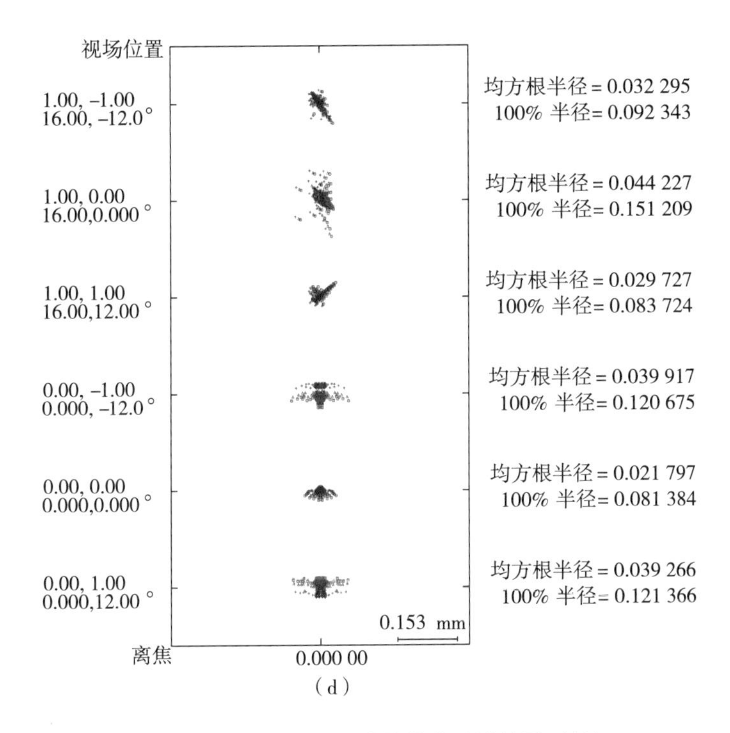

（d）

图 7－17　第二焦面光路的优化设计结果（续）

（d）点列图

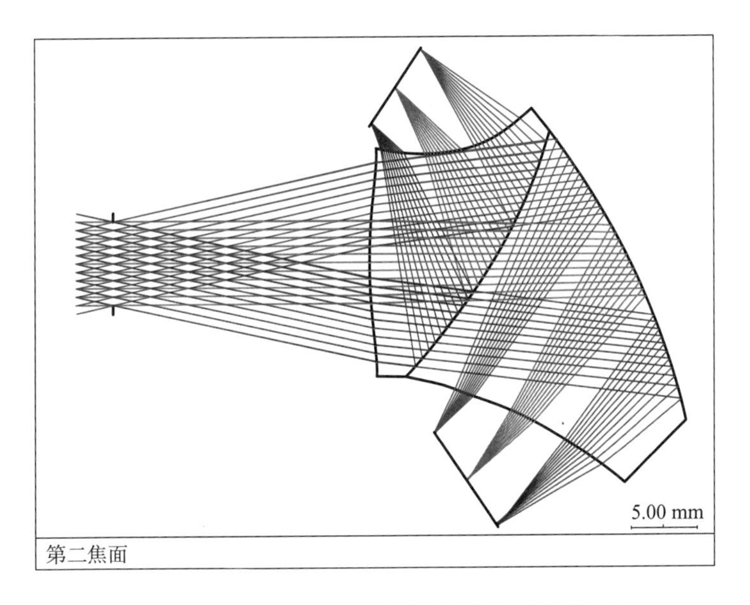

图 7－18　双焦面真实立体感头盔显示器光学系统

参 考 文 献

[1] 李荣彬，杜雪，张志辉. 自由曲面光学设计与先进制造技术 [M]. 香港：香港理工大学出版社，2005.

[2] Yi A Y, Huang C, Klocke F, et al. Development of a compression molding process for three-dimensional tailored free-form glass optics [J]. Applied Optics, 2006, 45 (25): 6511 - 6518.

[3] Walker D D, Beaucamp A T, Doubrovski V, et al. Recent advances in the control of form and texture on free-form surfaces [J]. Proc. SPIE, 2005 (5965): 59650S - 59657S.

[4] Hicks R A. Direct methods for freeform surface design [J]. Proc. SPIE, 2007 (6668): 666802 - 666810.

[5] 李荣彬，张志辉，杜雪，等. 自由曲面光学元件的设计、加工及面形测量的集成制造技术 [J]. 机械工程学报，2010，46 (11): 137 - 148.

[6] 李全胜，成晔，张伯鹏，等. 光学自由曲面数控化加工方法 [J]. 光学技术，1998，(6): 78 - 82.

[7] K Garrard, T Dow, A Sohn, T Bruegge, et al. Design tools for freeform optics [J]. Proc. SPIE, 2005 (5874): 587410 - 587411.

[8] X Jiang, P Scott and D Whitehouse. Freeform surface characterisation a fresh strategy [J]. CIRP Annals-Manufacturing Technology, 2007, 56 (1): 553 - 556.

[9] Anonymous. Television image enlarged by revolving spiral mirror

[J]. Popular Mechanics, 1936, 10 (2): 86 - 91.

[10] F Horn. Motion picture system for continuously utilizing moving film: America, 1937, 2 (73): 637 - 645.

[11] 秦琳玲, 余景池. 内渐进多焦点镜片的加工 [J]. 光学技术, 2008, 34 (1): 136 - 140.

[12] C Kanolt, Multifocal ophthalmic lenses: America [J]. 1959 (2): 878, 721.

[13] W T Plummer. Unusual optics of the Polaroid SX-70 land camera [J]. Applied Optics, 1982, 21 (2): 196 - 208.

[14] Plummer W T, Baker J G and Van Tassell J. Photographic optical systems with nonrotational aspheric surfaces [J]. Applied Optics, 1999, 38 (16): 3572 - 3592.

[15] [EB/OL]. http: //www. olympus-global. com/en/news/2004a/nr040126fslue. html.

[16] T Nagata, T Sato, A Sakurai, T Ishii, T Takahashi and K Matsumoto [J]. Image pickup optical system and optical apparatus using the same, 2004, 7 (515): 194.

[17] K Takahashi. Development of ultrawide-angle compact camera using free-form optics [J]. Optical Review, 2011, 18 (1): 55 - 59.

[18] H Jeong, H Yoo, S Lee, et al. Low-profile optic design for mobile camera using dual freeform reflective lenses [J]. Proc, SPIE, 2006 (15): 6288, 628801 - 628808.

[19] M J Riedl. Special optical surfaces and components in Optical design fundamentals for infrared systems [J]. A R Weeks, 2001 (8): 24 - 35.

[20] R A Hicks, R K Perline. Blind-spot problem for motor vehicles [J]. Applied Optics, 2005, 44 (19): 3893 - 3897.

[21] R A Hicks. Controlling a ray bundle with a free-form reflector [J].

Optics Letters, 2008, 33 (15): 1672 – 1674.

[22] J Schwiegerling, C Paleta-Toxqui. Minimal movement zoom lens [J]. Applied Optics, 2009, 48 (10): 1932 – 1935.

[23] T Ma, J Yu, P Liang, et al. Design of a freeform varifocal panoramic optical system with specified annular center of field of view [J]. Optics Express, 2011, 19 (5): 3843 – 3853.

[24] G Schulz. Achromatic and sharp real imaging of a point by a single aspheric lens [J]. Applied Optics, 1983, 22 (20): 3242 – 3248.

[25] J M Rodgers, K P Thompson. Benefits of freeform mirror surfaces in optical design [J]. Proc. ASPE, 2004 (31): 73 – 78.

[26] T Hisada, K Hirata, M Yatsu. Projection type image display apparatus: America , 7701639 (P). 2007.

[27] K Takahashi, Image display apparatus comprising an internally reflecting ocular optical system: America, 5699194 (P). 1997.

[28] A Okuyama, S Yamazaki. Optical system, and image observing apparatus and image pickup apparatus using it: America, 5706136 (P). 1998.

[29] R Zhang. Development and assessment of polarized head mounted projection displays [D]. University of Arizona, 2011.

[30] J M Rodgers. Nonstandard representations of aspheric surfaces in optical design [D]. University of Arizona, 1984.

[31] S A Lerner. Optical design using novel aspheric surfaces [D]. University of Arizona, 2000.

[32] G W Forbes. Shape specification for axially symmetric optical surfaces [J]. Optics Express, 2007, 15 (8): 5218 – 5226.

[33] Optical Research Associates, CODE V reference manual, 2007.

[34] O Cakmakci, S Vo, H Foroosh, et al. Application of radial basis functions to shape description in a dual-element off-axis magnifier

[J]. Optics Letters, 2008, 33 (11): 1237 - 1239.

[35] J R Rogers. A comparison of anamorphic, keystone, and Zernike surface types for aberration correction [J]. Proc. SPIE, 2010, 7652: 76520B - 76528B.

[36] K P Thompson. Aberration fields in tilted and decentered optical systems [M]. University of Arizona, 1980.

[37] J Sasian. Theory of sixth-order wave aberrations [J]. Applied Optics, 2010, 49 (16): D69 - D95.

[38] S Yuan. Aberrations of anamorphic optical systems [D]. University of Arizona, 2008.

[39] G D Wassermann, E Wolf. On the theory of aplanatic aspheric systems [J]. Proc, Phys Soc, 1949 (62): 2 - 8.

[40] E Vaskas. Note on the Wasserman-Wolf method for designing aspheric surfaces [J]. Journal of the Optical Society of America, 1957, 47 (7): 669 - 670.

[41] D Knapp. Conformal optical design [D]. University of Arizona, 2002.

[42] R A Hicks, C Croke. Designing coupled free-form surfaces [J]. Journal of the Optical Society of America A, 2010, 27 (10): 2132 - 2137.

[43] R A Hicks. Designing a mirror to realize a given projection [J]. Journal of the Optical Society of America A, 2005, 22 (2): 323 - 330.

[44] J Rubinstein, G Wolansky. Reconstruction of optical surfaces from ray data [J]. Optical Review, 2001, 8 (4): 281 - 283.

[45] J L Alvarez, M Hernandez, P Benitez, et al. TIR-R concentrator: a new compact high-gain SMS design [J]. Proc SPIE, 2001, 4446: 32 - 42.

[46] J C Minano, P Benitez, W Lin, et al. An application of the SMS method for imaging designs [J]. Optics Express, 2009, 17 (26): 24036 - 24044.

[47] 王涌天. 复杂面型的实际光路追迹 [J]. 光学技术, 1990 (5): 2 - 8.

[48] Y Wang, H H Hopkins. Ray-tracing and aberration formulae for a general optical system [J]. Journal of Modern Optics, 1992, 39: 1897 - 1938.

[49] 王涌天, 何定, 张思炯. GOLD——新一代复杂光学系统分析优化软件包 [J]. 光电工程, 1997, 24 (3): 43 - 49.

[50] X Cheng, Y Wang, Q Hao, et al. Automatic element addition and deletion in lens optimization [J]. Applied Optics, 2003, 42 (7): 1309 - 1317.

[51] 杨波, 王涌天. 自由曲面反射器的计算机辅助设计 [J]. 光学学报, 2004, 24 (6): 721 - 724.

[52] X Cheng, Y Wang, Q Hao, et al. Global and local optimization for optical systems [J]. Optik - International Journal for Light and Electron Optics, 2006, 117 (3): 111 - 117.

[53] L Xu, K Chen, Q He, et al. Design of freeform mirrors in Czerny-Turner spectrometers to suppress astigmatism [J]. Applied Optics, 2009, 48 (15): 2871 - 2879.

[54] Z Zheng, X Sun, X Liu, et al. Design of reflective projection lens with Zernike polynomials surfaces [J]. Displays, 2008, 29 (4): 412 - 417.

[55] 程德文, 王涌天, 常军, 等. 轻型大视场自由曲面棱镜头盔显示器的设计 [J]. 红外与激光工程, 2007, 36 (3): 309 - 311.

[56] D Cheng, Y Wang, H Hua, et al. Design of an optical see-through head-mounted display with a low f-number and large field of view

using a freeform prism [J]. Applied Optics, 2009, 48 (14): 2655 - 2668.

[57] 何玉兰，刘钧，焦明印，等. 利用 CODE V 设计含有自由曲面的光学系统 [J]. 应用光学，2006，27 (2)：120 - 123.

[58] 王云霞，卢振武，刘华，等. 自由曲面棱镜应用 [J]. 红外与激光工程，2007，36 (3)：319 - 321.

[59] Z Zheng, X Liu, H Li, et al. Design and fabrication of an off-axis see-through head-mounted display with an x-y polynomial surface [J]. Applied Optics, 2010, 49 (19): 3661 - 3668.

[60] X Yang, Z Wang, R Fu. Hybrid diffractive-refractive 67° diagonal field of view optical see-through head-mounted display [J]. Optik-International Journal for Light and Electron Optics, 2005, 116 (7): 351 - 355.

[61] D Cheng, Y Wang, H Hua, et al. Design of an optical see-through head-mounted display with a low f-number and large field of view using a freeform prism [J]. Applied Optics, 2009, 48 (14): 2655 - 2668.

[62] 程德文，王涌天，常军，等. 轻型大视场自由曲面棱镜头盔显示器的设计 [J]. 红外与激光工程，2007，36 (3)：309 - 311.

[63] D Cheng, Y Wang, H Hua. Large field-of-view and high resolution free-form head-mounted display [J]. Proc. SPIE, 2010, 7652: 76512D - 76520D.

[64] 张志辉，杜雪，李荣彬，等. 先进汽车照明系统—电子及光学设计与制造 [M]. 香港：香港理工大学出版社，2007.

[65] 张效栋，房丰洲，程颖. 自由曲面超精密车削加工路径优化设计 [J]. 天津大学学报，2009，42 (3)：278 - 282.

[66] P Su, G Kang, Q Tan, et al. Estimation and optimization of computer-generated hologram in null test of freeform surface [J].

Chinese Optics Letters, 2009, 7 (12): 1097 - 1100.

[67] M M Talha, J Chang, Y Wang, et al. Computer generated hologram null compensator for optical metrology of a freeform surface [J]. Optik-International Journal for Light and Electron Optics, 2010, 121 (24): 2262 - 2265.

[68] 王成彬，杨洪波，孙强，等. 头盔3D显示中塑料自由曲面棱镜热变形研究 [J]. 计算机仿真，2009，26 (7): 340 - 342.

[69] D G Treichler. Are you missing the boat in training aids? [J]. Film and Audio-Visual Communications, 1967, 1: 14 - 16.

[70] 王涌天，程德文. 头盔显示技术的发展趋势 [J]. 中国计算机学会通讯，2010，6 (7): 21 - 26.

[71] H Hua, D Cheng, Y Wang, et al. Near-eye displays: state-of-the-art and emerging technologies [J]. Proc. SPIE, 2010, 7690: 769009 - 769012.

[72] [EB/OL]. http://www. isuppli. com/catalog/detail. asp? id = 8612.

[73] J P McGuire. Next-generation head-mounted display [J]. Proc. SPIE, 2010, 7618: 761804 - 761808.

[74] O Cakmakci, J Rolland. Design and fabrication of a dual-element off-axis near-eye optical magnifier [J]. Optics Letters, 2007, 32 (11): 1363 - 1365.

[75] [EB/OL]. http: //en. wikipedia. org/wiki/Zernike_ polynomials.

[76] O Cakmakci, B Moore, H Foroosh, et al. Optimal local shape description for rotationally non-symmetric optical surface design and analysis [J]. Optics Express, 2008, 16 (3): 1583 - 1589.

[77] L Piegel, W Tiller. The NURBS Book [M]. Germany: Springer Verlag, 1997.

[78] 杨波. 自由曲面反射式照明系统的计算机辅助设计 [D]. 北京理工大学，2005.

[79] Focus Software Inc, Zemax manual, 2007.

[80] http://en.wikipedia.org/wiki/Computational_complexity_of_mathematical_operations.

[81] G W Forbes. Manufacturability estimates for optical aspheres [J]. Optics Express, 2011, 19 (10): 9923-9941.

[82] X Zhang, X Jiang, P J Scott. A new free-form surface fitting method for precision coordinate metrology [J]. Wear, 2009, 266 (5-6): 543-547.

[83] T Togino. Decentered prism optical system: UAS, 6034823 (P), 2000.

[84] T W J. Unti. Best-fit sphere approximation to a general, aspheric surface [J]. Applied Optics, 1966, 5 (2): 319.

[85] P Benitez, J C Minano. The future of illumination design [J]. Optics and Photonics News, 2007, 18 (5): 20-25.

[86] B A Hristov. Analytical solution of Wassermann-Wolf differential equations for optical system aplanatism [J]. Proc. SPIE, 2006, 6252: 625213-625215.

[87] 李东熙，卢振武，孙强，等．基于Wassermann-Wolf方程的共形光学系统设计研究[J]．物理学报，2007，56（10）：5766-5771.

[88] 李东熙，卢振武，孙强，等．利用Wassermann-Wolf原理设计共形光学系统[J]．光子学报，2008，37（4）：776-779.

[89] 徐况，常军，程德，等．适用于非对称系统的Wassermann-Wolf方程组[J]．光学技术，2007，33：355-356.

[90] 常军，刘莉萍，程德文，等．含特殊整流罩的红外光学系统设计[J]．红外与毫米波学报，2009，28（3）：204-206.

[91] W B King. Use of the modulation-transfer function (MTF) as an aberration-balancing merit function in automatic lens design [J].

Journal of the Optical Society of America, 1969, 59 (9): 1155 - 1158.

[92] M P Rimmer, T J Bruegge, T G Kuper. MTF optimization in lens design [J]. Proc. SPIE, 1991, 1354: 83 - 91.

[93] A Yabe. MTF optimization by automatic adjustment of aberration merit function [J]. Proc. SPIE, 2002, 4832: 206 - 217.

[94] H Hua, Y Ha, J P Rolland. Design of an ultralight and compact projection lens [J]. Applied Optics, 2003, 42 (1): 97 - 107.

[95] S Yamazaki, K Inoguchi, Y Saito, H Morishima, N Taniguchi. Thin wide-field-of-view HMD with free-form-surface prism and applications [J]. Proc. SPIE, 1999, 3639: 453 - 462.

[96] H Hoshi, N Taniguchi, H Morishima, et al. Off-axial HMD optical system consisting of aspherical surfaces without rotational symmetry [J]. Proc. SPIE, 1996, 2653: 234 - 242.

[97] C B Chen. Wide field of view, wide spectral band off-axis helmet-mounted display optical design [J]. Proc. SPIE, 2002, 4832: 61 - 66.

[98] J P Rolland, H Fuchs. Optical versus video see-through head-mounted displays in medical visualization [J]. Presence: Teleoperators and Virtual Environments, 2000 9 (3): 287 - 309.

[99] J G Droessler, D J Rotier. Tilted cat helmet-mounted display [J]. Optical Engineering, 1990, 29 (8): 849 - 854.

[100] 王涌天，程雪岷，刘越，等．一种头盔显示器的新型光学系统：中国，ZL 200510008494. 9 (P), 2005.

[101] J P Rolland. Wide-angle off-axis see-through head-mounted display [J]. Optical Engineering, 2000, 39 (7): 1760 - 1767.

[102] K Takahashi. Head or face mounted image display apparatus: America, 5701202 (P), 1997.

[103] J G Droessler, T A Fritz. High brightness see-through head-mounted display: America, 6147807 (P), 2000.

[104] 安连生，李林，李全臣．应用光学 [M]. 北京：北京理工大学出版社，2002.

[105] J P Rolland. Wide-angle, off-axis, see-through head-mounted display [J]. Optical Engineering, 2000, 39 (7): 1760 – 1767.

[106] [EB/OL]. http://www.emagin.com.

[107] N A Dodgson. Variation and extrema of human interpupillary distance [J]. Proc. SPIE, 2004, 5291: 36 – 46.

[108] J Takahashi. Image display apparatus: America, 5986812 (P), 1999.

[109] T Togino, J Takahashi. Head-mounted display apparatus comprising a rotationally asymmetric surface: America, 5959780 (P), 1999.

[110] J T akahashi. Image display apparatus: America, 6028709 (P), 2000.

[111] T Togino, T Takeyama, A Sakurai. Image-forming optical system and viewing optical system: USA, 6201646 (P), 2001.

[112] T Togino, M Nakaoka. Optical system and image display apparatus: America, 6181475 (P), 2001.

[113] T Togino. De-centered optical system and optical apparatus equipped therewith: America, 6646812 (P), 2003.

[114] J Takahashi, K Takahashi. Prism optical element, image observation apparatus and image display apparatus: America, 6760169 (P), 2004.

[115] 程德文，王涌天．目镜：中国，ZL 200910089422. X (P), 2011.

[116] B A Watson, L F Hodges. Using texture maps to correct for optical distortion in head-mounted displays [J]. Virtual Reality Annual

International Symposium, 1995, 172.

[117] Z Zhang. A flexible new technique for camera calibration [J]. IEEE Transactions on Pattern Analysis and Machine Intelligence, 2000, 22 (11): 1330 – 1334.

[118] D Weng, Y Liu, Y Wang. Real-time correction and fusion for optical distortions in head-mounted displays [J]. Proc. SPIE, 2009, 7506: 75013I – 75060I.

[119] D Weng, Y Wang, Y Liu. GPU based real-time correction for optical distortions in head-mounted displays [J]. Fifth International Conference on Image and Graphics, 2009, 672 – 676.

[120] [EB/OL]. http: //www. kopin. com/commercial-display-products/.

[121] J E Melzer. Overcoming the field-of-view/resolution invariant in head-mounted displays [J]. Proc. SPIE, 1998, 3362, 284 – 293.

[122] J P Rolland, H Hua. Head-mounted display systems [M]. America, in Encyclopedia of Optical Engineering, 2003.

[123] J E Melzer, F T Brozoski, T R Letowski, et al. Guidelines for HMD design, in Helmet-Mounted Displays: Sensation, Perception and Cognition Issues [M]. America, Army Aeromedical Research Laboratory, 2009.

[124] W P Siegmund, S E Antos, R M Robinson, et al. Fiber optic development for use on the fiber optic helmet-mounted display [J]. Optical Engineering, 1990, 29 (8): 855 – 862.

[125] K Inoguchi, M Matsunaga, S Yamazaki. The development of a high-resolution HMD with a wide FOV using the shuttle optical system [J]. Proc. SPIE, 2008, 6955: 695503 – 695508.

[126] M Gutin, O Gutin. Automated design and fabrication of ocular optics [J]. Proc. SPIE, 7060, 2008: 70600H – 70608H.

[127] M Hoppe, J E Melzer. Optical tiling for wide-field-of-view head-mounted displays [J]. Proc. SPIE, 1999, 3779: 146 -153.

[128] [EB/OL]. http://www. rockwellcollins. com.

[129] L G Brown, Y. S. Boger. Applications of the Sensics panoramic HMD [J]. J. Soc. Inf. Display, 2008, 39 (1): 77 -80.

[130] R W Massof, L G Brown, M D Shapiro. Head mounted display with full field of view and high resolution: America, 6529331 (P), 2003.

[131] C Chen, M J Johnson. Fundamentals of scalable high-resolution seamlessly tiled projection system [J]. Proc. SPIE, 2001, 4294: 67 -74.

[132] M Brown, A Majumder, R Yang. Camera-based calibration techniques for seamless multiprojector displays [J]. IEEE Transactions on Visualization and Computer Graphics, 2005, 11 (2): 193 -206.

[133] D Cheng, Y Wang, H Hua, J Sasian. Design of a wide-angle, lightweight head-mounted display using free-form optics tiling [J]. Optics Letters, 2011, 36 (11): 2098 -2100.

[134] D M Hoffman, A R Girshick, K Akeley, et al. Vergence-accommodation conflicts hinder visual performance and cause visual fatigue [J]. Journal of Vision, 2008, 8 (3): 85 -96.

[135] S Shiwa, K Omura, F Kishino. Proposal for a 3-D display with accommodative compensation: 3DDAC [J]. Journal of SID, 1996, 4 (4): 255 -261.

[136] T Shibata, T Kawai, K Ohta, et al. Stereoscopic 3-D display with optical correction for the reduction of the discrepancy between accommodation and convergence [J]. Journal of the SID, 2005, 13 (8): 665 -671.

[137] J P Rolland, M W Krueger, A Goon. Multi-focal planes head-mounted displays [J]. Appl Opt, 2000 (39): 3209 – 3215.

[138] Sheng Liu, Dewen Cheng, Hong Hua. An optical see-through head mounted display with addressable focal planes [J]. Proceedings of the seventh IEEE and ACM International Symposium on Mixed and Augmented Reality, 2008 (9): 33 – 42.

[139] S Liu, H Hua. Time-multiplexed dual-focal plane head-mounted display with a liquid lens [J]. Optics Letters, 2009, 34 (11): 1642 – 1644.

[140] G D Love, D M Hoffman, P J W Hands, et al. High-speed switchable lens enables the development of a volumetric stereoscopic display [J]. Optics Express, 2009, 17 (18): 15716 – 15725.

[141] S Liu, H Hua, D Cheng. A novel prototype for an optical see-through head mounted display with addressable focus cues [J]. IEEE Trans. Vis. Comput. Graph, 2010, 16: 381 – 393.

[142] S Suyama, M Date, H Takada. Three-dimensional display system with dual frequency liquid crystal varifocal lens [J]. Jpn J Appl Phys, 2000 (39): 480 – 484.

[143] S C McQuaide, E J Seibel, J P Kelly, et al. A retinal scanning display system that produces multiple focal planes with a deformable membrane mirror [J]. Displays, 2003, 24 (2), 65 – 72.

[144] K Akeley, S J Watt, A R Girshick, et al. A stereo display prototype with multiple focal distances [J]. ACM Trans, Graph, 2004 (23): 804 – 813.

[145] K J MacKenzie, R A Dickson, S J Watt. Vergence and accommodation to multiple-image-plane stereoscopic displays: 'Real world' responses with practical image-plane separations? [J]. Proc, SPIE, 2011, 7863: 786315.

[146] H Kuribayashi, M Date, S Suyama, et al. A method for reproducing apparent continuous depth in a stereoscopic display using "Depth-Fused 3D" technology [J]. J Soc Inf Disp, 2006, 14: 493 - 498.

[147] H Kuribayashi, M Date, S Suyama, T Hatada. A method for reproducing apparent continuous depth in a stereoscopic display using "Depth-Fused 3D" technology [J]. J Soc Inf Disp, 2006, 14: 493 - 498.

作者程德文获奖情况

[1] 荣获国际工程光学学会（SPIE）颁发的 2010 年度光学设计与工程（Optical Design and Engineering Scholarship）奖学金。该奖学金为纪念国际著名光学工程专家 B. Price 和 W. Smith 设立，是 SPIE 的顶级奖学金（Top Scholarship）之一。每年在世界范围内仅授予一名学生，此次是我国学生首次获得此类奖学金。2010 年 10 月 18 日，在中国北京国家会议中心召开的亚洲光电子国际会议上，SPIE 主席 R. James 博士亲自为程德文颁发了奖状。

[2] 荣获 SPIE 颁发的 2009 年度迈克尔基德纪念奖学金（Michael Kidger Memorial Scholarship）。该奖学金为纪念国际著名的光学设计专家 M. Kidger 设立，由 SPIE 和 Kidger 光学公司共同管理，致力于选拔优秀的光学设计人才，促进光学设计研究的发展。评审委员会由来自于美国、澳大利亚、英国、德国、爱尔兰、瑞典、芬兰、波兰等国的著名光学专家组成，每年在世界范围内仅授予一名学生。2009 年 8 月初，程德文赴美国圣地亚哥参加了西部光电（Phototnics West）国际会议，在 SPIE 各类奖学金的颁奖仪式上，该奖学金的执行主席 A. Woods 为程德文颁发了奖状。

[3] 2009 年荣获 ORA 公司颁发的全美学生光学设计竞赛第一名（最高奖）。

[4] 2008 年荣获 IEEE 和 ACM 联合举办的 ISMAR 国际会议最佳学生论文奖。

[5] 2010 年荣获国家教育部颁发的“博士研究生学术新人奖”。

[6] 2010 年荣获北京市教工委颁发的“北京高校成才表率”。

[7] 2010 年荣获北京市高校“优秀共产党员”称号。

[8] 荣获“2010 年中国大学生年度人物提名奖”。

[9] 2009 年荣获中国光学学会“王大珩高校学生光学奖”。

[10] 2011 年荣获北京理工大学颁发的“五四学术科技奖”。

[11] 2010 年荣获北京理工大学颁发的“T-More 学生创新奖”。